基于股票大数据分析的

Python

入门实战 视频教学版

胡书敏 著

清华大学出版社
北京

内 容 简 介

本书针对 Python 零基础的用户，主要讲解大量的股票指标技术分析的范例，由浅入深地介绍了使用 Python 语言编程开发的应用"图谱"。

全书分为三篇：基础篇（第 1~4 章）：讲述 Python 开发环境的搭建、基本语法、数据结构、代码的调试以及面向对象的编程思想；股票指标技术分析篇（第 5~10 章）：分别讲述使用网络爬虫技术获取股票数据，使用 Matplotlib 可视化组件，基于 NumPy 和 Pandas 库进行大数据分析，以股票的不同指标分析为范例的开发方法——MACD + Python 数据库编程，KDJ + Python 图形用户界面编程，RSI + Python 邮件编程；基于股票指标的交易策略之高级应用篇（第 11~13 章）：以股票的 BIAS 指标分析为范例讲述 Django 框架，以股票的 OBV 指标分析为范例讲述在 Django 中导入日志和数据库组件，结合股票指标分析讲述基于线性回归和 SVM（支持向量机）的机器学习的入门知识。

本书以结合股票交易大数据分析范例为主线来教学 Python 编程开发的入门教材。适合计算机、数学或金融等相关专业的师生作为课程设计和毕业设计辅导的教学参考用书，针对基于机器学习预测股票价格的范例程序也可单独作为参考用例。

图书在版编目（CIP）数据

基于股票大数据分析的 Python 入门实战：视频教学版 / 胡书敏著.—北京：清华大学出版社，2020.4（2021.12 重印）

ISBN 978-7-302-55217-8

Ⅰ.①基… Ⅱ.①胡… Ⅲ.①软件工具—程序设计 Ⅳ.①TP311.561

中国版本图书馆 CIP 数据核字（2020）第 046754 号

责任编辑： 夏毓彦
封面设计： 王　翔
责任校对： 闫秀华
责任印制： 宋　林
出版发行： 清华大学出版社
　　　　　　网　　　址：http://www.tup.com.cn，http://www.wqbook.com
　　　　　　地　　　址：北京清华大学学研大厦 A 座　　　　　　邮　　编：100084
　　　　　　社 总 机：010-62770175　　　　　　　　　　　　邮　　购：010-62786544
　　　　　　投稿与读者服务：010-62776969，c-service@tup.tsinghua.edu.cn
　　　　　　质 量 反 馈：010-62772015，zhiliang@tup.tsinghua.edu.cn
印 装 者： 三河市吉祥印务有限公司
经　　销： 全国新华书店
开　　本： 190mm×260mm　　　　　**印　张：** 18　　　　　**字　数：** 490 千字
版　　次： 2020 年 6 月第 1 版　　　　　　　　　**印　次：** 2021 年 12 月第 2 次印刷
定　　价： 69.00 元

产品编号：082573-01

前　　言

如果你对股票大数据分析感兴趣，又想学习一门适合进行这类大数据分析的通用语言，那么本书一定是不错的选择。

从知识体系上来看，本书的内容涵盖 Python 项目开发所需的知识点，包括 Python 基础语法知识、基于 Pandas 的大数据分析技术、基于 Matplotlib 的可视化编程技术、Python 爬虫技术和基于 Django 的网络编程技术，在本书的最后章节，讲述入门级的机器学习编程技术。

本书的作者具有多年 Python 的开发经验，谙熟 Python 高级开发所需要掌握的知识体系，也非常清楚从零基础学 Python 升级到应用开发可能会走的弯路，所以在本书的内容安排上：第一，对 Python 零基础人群讲述必要的知识点；第二，在讲述诸多知识点时都结合实际的范例程序；第三，在针对具体范例程序讲解时，会见缝插针地讲述从范例项目程序中提炼出来的开发经验。

本书的大多数范例程序基于股票分析的技术指标，部分范例程序还结合了"机器学习"和"爬虫"的使用。比如，根据股票代码爬取股票交易数据的范例程序来讲述爬虫技术和正则表达式，通过 K 线均线和成交量图的范例程序来讲述 Matplotlib 知识点，结合股票技术指标 BIAS 和 OBV 的范例程序来讲述 Django 框架，用股票走势预测的范例程序来讲述机器学习。在用股票分析的范例程序讲述知识点的同时，还会给出验证特定指标交易策略的范例程序源代码。

作者相信用这些饶有兴趣的范例程序来学习 Python，可以激发读者学习的兴趣，也就不用担心在学习过程中半途而废。而且，本书的范例程序大多篇幅适中，对于进行课程设计或大学毕业设计的读者，本书也非常适合作为参考用书。

如果读者对股票交易知之甚少，也不用担心无法看懂本书中的股票分析范例程序，这是因为：

- 本书以通俗易懂的文字讲述相关股票指标的含义和算法；
- 在给出待验证的股票交易策略时，所用到的数学方法仅限于加减乘除；
- 在用股票预测范例程序讲述机器学习时，计算方差用到的最复杂的数学公式只是二次函数，这是初中数学的知识。

由于本书是结合股票分析的范例带领读者入门 Python 语言，因此在读完本书之后，大家不仅能掌握 Python 开发所需的知识点，而且还能对股票技术指标乃至基于股票指标的交易策略有一定的理解。

为了让本书的读者能高效地理解本书的范例和知识点，作者在编写本书时，处处留心、字字斟酌，将书中所有范例程序代码均按行编号，读者在阅读时能看到大量"某行的代码是××含义"这类说明，这样做的目的是希望帮助读者没有遗漏地掌握各知识点的应用。再者，本书组织的文字里，尽量避免艰深、晦涩的"技术行话"，而是用朴素的文字，由浅入深地讲述 Python 语言的应用要点。

本书在编写过程中，得到了成立明老师的大力支持，她负责了本书第 2~7 章的编写工作，在此表示诚挚的感谢。由于学识浅陋，书中难免有疏漏之处，敬请读者批评指正。

本书为读者提供多媒体视频教学及范例程序的完整源代码，请扫描下方的二维码获取下载：

如果下载有问题，请电子邮件联系 booksaga@126.com，邮件主题为"求基于股票大数据分析的 Python 入门实战（视频教学版）"。

作　者

2020 年 1 月

目　　录

第1章

掌握实用的 Python 语法

Python 的语法不少，但在实际项目中并不是所有语法都经常使用。本章在介绍基本语法时，不会罗列出不常用的知识点，是结合大多数项目的实际需求，引导大家用比较高效的方式入门 Python。

怎么才能算入门 Python 语言了呢？首先能在开发环境中顺利运行第一个 Python 程序，其次是能通过运用基本数据结构，if...else 条件分支语句，或循环语句开发出较具规模的代码，然后是可以自定义函数和调用函数。

大家在阅读本章时，可以根据本书给出的步骤调试代码，并通过阅读书中的相关解释快速掌握 Python 的实用性语法。

1.1 安装 Python 开发环境

相对于 Java 比较适用于互联网编程领域（尤其是高并发的分布式领域），Python 在"数据分析""图形绘制""网络爬虫"和"人工智能"等领域独树一帜，这也是当前 Python 非常流行的一部分原因。本书将使用 MyEclipse，通过在其中安装 PyDev 插件包的方式来搭建开发环境。

1.1.1 在 MyEclipse 里安装开发插件和 Python 解释器

通过 PyDev 插件，我们可以在开发 Python 时享受到"提示语法错误"和"代码编辑提示"等的诸多便利，在 MyEclipse 中安装 PyDev 插件的具体步骤如下。

步骤 01 到 PyDev 官网上下载该插件包，本书用到的是 2.7.1 版本。解压缩后，把它复制到 MyEclipse 的 dropins 目录中，如图 1-1 所示。

注意，复制完成后，对应的目录结构是在 dropins\python 目录中有两个文件夹。而且，这里的

2.7.1 是 PyDev 的版本号，不是 Python 语言的版本号。

图 1-1　把 PyDev 复制到 MyEclipse 的 dropins 目录中

步骤02　由于 Python 是解释型语言，因此我们还需要下载 Python 的解释器，本书用到的安装包是 Python-3.4.4.msi。下载完成后，双击该安装包开始执行安装，本书选择的安装路径是 D:\Python34，安装完成后，就能在该目录下看到有 python.exe 这个解释器程序，也就是说，本书用到的语法是基于 Python3 的。

完成上述两个步骤后，我们还需要在 MyEclipse 里配置 Python 的解释器，具体做法是，依次单击菜单项"Window"→"Preferences"，在弹出的对话框的左侧找到 PyDev，并在 Interpreter – Python 这个选项中，通过 New 按钮导入 Python 的解释器，如图 1-2 所示。请注意，导入的解释器路径需要和刚才安装的路径保持一致。

这里请注意，如果大家更换了开发所用的工作空间（Workspace），则需要在新的工作空间重新导入解释器，否则就会无法创建项目乃至无法开发 Python 程序。

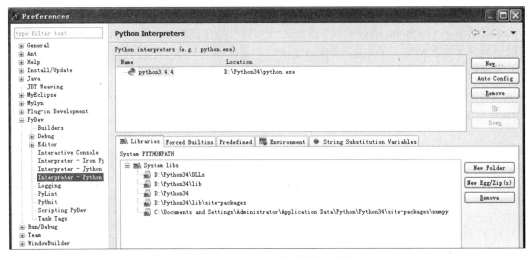

图 1-2　导入 Python 解释器的示意图

1.1.2　新建 Python 项目，开发第一个 Python 程序

通过上述步骤搭建好 Python 的开发环境后，就能通过如下的步骤来创建第一个 Python 项目和 Python 程序。

步骤01　通过"File"→"New"的菜单命令新建项目，项目的类型是"PyDev"，如图 1-3 所示。

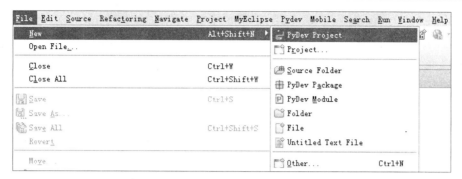

图 1-3　通过 New 菜单命令创建 Python 项目

在第一次创建项目时，未必能在 New 菜单中看到 PyDev Project 的选项，这时可以单击"Other"菜单选项，而后在如图 1-4 所示的界面中选择"PyDev Project"。

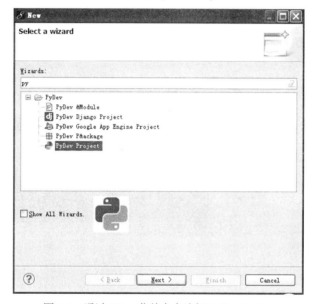

图 1-4　通过 Other 菜单命令选择 PyDev Project

步骤 02　不管用上述哪种方式，单击"PyDev Project"选项后，就能看到如图 1-5 所示的界面。

在图 1-5 所示的界面中，可以输入项目名为 MyFirstPython，选择"Create 'src' folder and add it to the PYTHONPATH"选项，其他选项都可以选择默认项，随后单击"Finish"按钮即可完成项目的创建。

在图 1-5 中，需要选择语法版本为"3.0"，同时选用 python3.4.4 作为解释器。

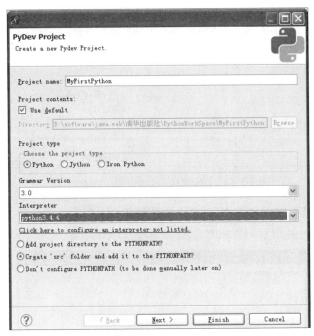

图 1-5　填写 Python 项目的相关信息

步骤 03　在创建好项目后，在该项目的 src 目录上，单击鼠标右键，在弹出的快捷菜单中依次选择 "New" → "PyDev Module"，创建 PyDev Module，如图 1-6 所示。

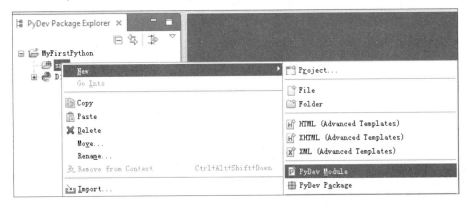

图 1-6　创建 PyDev Module 的示意图

在弹出的如图 1-7 所示的对话框中，输入文件名为 "HelloPython"，再单击 "Finish" 按钮，即可创建一个 py 文件。

图 1-7　输入 Python 文件名

步骤 04　完成上述步骤后，在 src 目录中可看到 HelloPython.py 文件，在其中编写如下代码。

```
1   #Print Hello World
2   print("Hello World")
3   #calculate sum
4   sum = 0
5   for i in range(11):
6       sum += i
7   print(sum)
```

其中，第 1 行和第 3 行是注释。在第 2 行里，通过 print 语句输出了一段话。在第 5 行和第 6 行里，使用 for 循环执行了 1 到 10 的累加和，并在第 7 行输出累计和的结果（结果是 55）。

步骤 05　完成代码编写后，可以在代码的空白位置单击鼠标右键，在随后弹出的菜单项中，依次选择菜单项"Run As"→"Python Run"，即可运行代码，如图 1-8 所示。

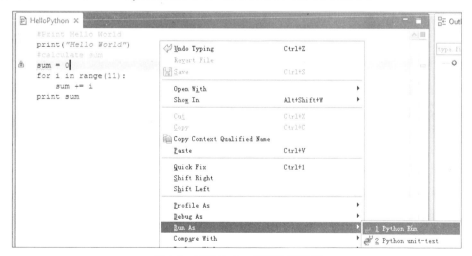

图 1-8　运行 Python 程序的示意图

运行之后就能在控制台中看到程序的输出结果，如图 1-9 所示。

图 1-9　查看运行的结果

1.2　快速入门 Python 语法

在入门阶段，我们建议的学习方法是：先运行书中给出的范例程序，再通过运行结果理解关键代码的含义。开始不建议大家直接动手编写代码，因为这样很容易由于细小的语法错误而导致程序无法运行，不断的挫败感会让学习积极性逐渐消退。

1.2.1　Python 的缩进与注释

Python 语言不是用大括号来定义语句块，也没有用类似 End 之类的结束符来表示语句块的结束，而是通过缩进来标识语句块的层次。大家能在之前的 HelloPython 范例程序中体会到这一点。

注释是代码里不可或缺的要素，之前我们是通过#来编写一行的注释，此外，还可以用三个单引号（'''）或三个双引号（"""）来进行多行的注释。下面改写 HelloPython 范例程序，来示范一下缩进和注释的具体用法。

```
1   #coding=utf-8
2   #Print Hello World
3   print("Hello World")
4   '''
5   1 到 10 的累加和
6   '''
7       #sum = 0
8   sum = 0
9   for i in range(11):
10  #sum += i
11      sum += i
12  print(sum)
```

在第 1 行里，通过#coding 的方式指定了本程序的编码格式是 utf-8，在第 2 行里，通过#编写了一行注释。在第 4 行到第 6 行里，是通过了'''来编写了跨行的注释（即多行的注释）。

请注意，在第 11 行中，通过缩进来定义了 for 循环语句的语句块，这里缩进了 4 个空格。在 Python 语言中并没有严格规定缩进多少空格，但要求同一个语句块层级缩进的空格数是一样的，比如当我们注释第 11 行的代码，同时取消第 10 行代码的注释（#），由于没有缩进，Python 解释器就会提示语法错误。按照一般的习惯，Python 语句块以四个空格一组作为一个基本单位进行缩进。

同样，如果我们取消第 7 行代码的注释，由于这行代码没有同之前的代码有逻辑上的从属关系或层级关系，所以不该缩进，如果缩进了也会报错。而且，这里我们缩进的单位是 4 个空格，所以之后的缩进都应该是 4 个空格为一组作为缩进的基本单位，即在同一种编码风格中，相同层次语句块（或代码段）的缩进空格数必须保持一致。

1.2.2　定义基本数据类型

在 Python 中，定义变量时不需要声明类型可以直接赋值，这看上去是好事，因为编程更方便了。其实不然，正因为没有约束，所以初学者更不能随心所欲地使用，否则会让程序代码的可读性变得很差。在下面的 PythonDataDemo.py 程序中，我们来看下基本数据类型的用法。

```
1   # coding=utf-8
2   # 演示基本数据类型
3   age = 12        # 整数类型
4   # age = 15.5 错误的用法
5   print(age)          # 打印 12
6   price = 69.8        # 浮点型
7   print(price)        # 打印 69.8
8   #distance = 20L     # 长整型，仅限 Python2
9   #print(distance)    # 打印 20
10  isMarried = True    # 布尔类型
11  print(isMarried)    # 打印 True
12  msg = "Hello"   # 字符串
13  print(msg)          # Hello
```

通过注释可以很清晰地看到，从第 3 行到第 13 行的程序语句定义并输出了各种类型的数据。语法非常简单，但请大家注意两点。

（1）由于在定义变量前，没有像 Java 或其他程序设计语言那样，通过 int、long、string 等关键字显式地定义数据类型，因此变量名应该尽量通俗易懂，让其他人一看就能知道变量的含义，而少用 i, j 之类的不含实际意义的单个字母。

（2）如果取消第 4 行的注释，代码也能运行，这时第 5 行就会输出 15.5。这种做法其实改变了 age 变量的数据类型，这样随意改变变量类型的做法不仅会增加代码的维护难度，更会在使用时造成很大的混淆，所以在定义和使用变量时，不要轻易地变动变量的类型。

1.2.3　字符串的常见用法

在 1.2.2 小节的样例代码中，我们是通过双引号定义了一个字符串。下面通过范例程序 PythonStrDemo.py 来演示字符串的基本用法。

```
1   # !/usr/bin/env python
2   # coding=utf-8
3   str = 'My String'
4   print(str)              # 输出完整字符串
5   print(str[0])           # 输出第 1 个字符 M
```

```
6    print(str[3:9])        # 输出第 3 至第 9 个字符串，即 String
7    print(str[3:])         # 输出第 3 至最后的字符串，也是 String
8    print(str * 2)         # 输出字符串 2 次，但这种写法不常用
9    print("He"+"llo")      # 字符串连接，输出 Hello
```

比起之前的代码，在本范例程序的第 1 行指定了执行 Python 的命令。

在 Windows 的 MyEclipse 中，是通过"Run As"的方式运行 Python 代码，但如果这段程序放入到 Linux 等其他操作系统中，就需要指定执行这段代码的 Python 命令，这里通过/usr/bin/env 目录下的"python"命令执行本 Python 脚本程序。

在第 3 行中定义了一个字符串（注意这里用的是一对单引号，在 Python 语言中，成对的单引号和成对的双引号都可以用来定义字符串常量），随后在第 4 行到第 9 行中，以各种方式输出了字符串。请注意，在第 5 行到第 7 行中，用到了字符串的下标（或称为索引），而下标值是从 0 开始的。在第 9 行中是通过"+"运算符拼接了字符串。

此外，Python 还提供了查找替换等字符串操作的方法，在下面的 PythonStrMore.py 范例程序中，可以看到平时项目中针对字符串的常见用法。

```
1    # !/usr/bin/env python
2    # coding=utf-8
3
4    Print("Hello 'World'")         # 双引号单引号夹杂使用
5    print ('Hello "World"')        # 单引号里套双引号
6    print ("Hello: \name is Peter." )  # \n 是换行符
7    print (r"Hello \name is Peter." )  # 加了前缀 r，则会原样输出
8    str = "123456789"
9    print (str.index("234"))       # 查找 234 这个字符串的位置，返回 1
10   #print (str.index("256"))      # 没找到则会抛出异常
11   print (str.find("456"))        # 查找 456 所在的位置，返回 3
12   print (str.find("256"))        # 没找到，返回-1
13   print (len(str) )              # 返回长度，结果是 9
14   print (str.replace("234", "334"))  # 把 234 替换成 334
```

前面讲过，在 Python 语言中，可以通过单引号定义字符串，在上述第 4 行和第 5 行中的代码里，演示了两种符号混合使用的效果。对此的建议是，在同一个 Python 项目中，如果没有特殊的需要，最好用统一的风格来定义字符串，比如都用单引号或都用双引号。如果确有必要混合使用，那么需要通过注释来说明。

在第 6 行中，是输出"Hello \name is Peter."这个字符串，但由于\n 是换行符，因此中间会换行，输出效果如下所示。因为"\"是转义字符，如果不想转义，则可以像第 7 行那样，在字符串之前加 r。

```
1    Hello:
2    ame is Peter.
```

从第 9 行到第 12 行的程序语句分别通过 index 和 find 来查找字符串，它们的差别是，通过 index 方法如果没找到，则会抛出异常，而 find 则会返回-1。这两种方法的相同点是：如果找到，则返回目标字符串的下标（或索引）位置。

在第 13 行和第 14 行的程序语句中，演示了计算字符串长度和字符串替换的方法，上述代码

同样是通过注释给出了运行结果，读者可以自己运行，并在控制台中对比一下运行结果。

1.2.4　定义函数与调用函数

为了提升代码的可读性和维护性，需要把调用次数比较多的代码块封装到函数中。函数（Function）在面向对象的程序设计中也叫方法（Method），在 Python 语言中，可以通过 def 来定义函数或方法，并且在函数名或方法名之后加冒号。

在下面的 PythonFuncDemo.py 范例程序中，演示了定义和调用带有返回值和不带返回值函数的两种方式。

```python
1   # !/usr/bin/env python
2   # coding=utf-8
3   # 定义没返回的函数
4   def printMsg(x,y):
5       print ("x is %d" %x)
6       print ("y is %d" %y)
7   # 通过 return 返回
8   def add(x,y):
9       return x + y
10
11  # 调用函数
12  printMsg(1,2)
13  # printMsg("1",2)   # 报错，这就是不注意参数类型的后果
14  print (add(100,50))
```

在第 4 行到第 6 行的代码中，通过 def 定义了 printMsg 函数，它有两个参数。在 Python 语言中，没有像其他程序设计语言那样通过大括号的方式来定义函数体，而是通过像第 5 行和第 6 行的缩进方式来定义函数体内部的语句块。在这个函数内部的 print 语句中，通过%d、%x 和%y 方式来输出参数传入的 x 和 y 这两个值。

在第 8 行和第 9 行的 add 函数中，同样是通过缩进定义了函数的层次结构，其中使用了 return 语句来返回函数内部的计算结果。

定义好函数之后，上面的范例程序中分别在第 12 行和第 14 行调用了 printMsg 和 add 这两个函数。这个范例程序的输出结果如下所示，其中前两行是 printMsg 函数的输出，第 3 行是 add 函数的输出。

```
x is 1
y is 2
150
```

由于在定义 Python 变量时，无法通过像其他程序设计语言那样用 int 等变量数据类型声明的方式来指定变量的数据类型，因此在使用变量时尤其要注意，如果像第 13 行那样，调用函数时本来要传入整型参数，但却传入了字符串类型的参数，结果就会报错。

1.3 控制条件分支与循环调用

和其他程序设计语言一样，if...else 条件分支语句和诸如 for 与 while 等的循环语句在 Python 项目开发时也是不可或缺的，由于 Python 不用 "{}" 来定义语句块，因此在条件分支和循环语句中，也得用缩进来表示语句块的逻辑层次结构。

可以这样说，结合前文提到的函数调用流程，再加上条件分支语句和循环语句，那么就能了解 Python 程序的大致结构，也就是说，学好这部分内容后，就能达到 Python 语言的入门标准了。

1.3.1 通过 if...else 控制程序的分支流程

Python 的条件分支语句的语法如下，其中 elif 的含义是 else if。

```
1    if 条件 1:
2        满足条件 1 后执行的代码
3    elif 条件 2
4        满足条件 1 后执行的代码
5    else
6        没有满足上述条件时执行的代码
```

下面通过一个判断闰年的 PythonIfDemo.py 范例程序来示范一下 if 条件分支语句的用法。

```
1    # !/usr/bin/env python
2    # coding=utf-8
3
4    # 判断闰年
5    year=2018
6    # year=2020
7    if (year%4 == 0) and (year%100 != 0):
8        print("%d 是闰年" %year)
9    elif year%400 == 0:
10       print("%d 是闰年" %year)
11   else:
12       print("%d 不是闰年" %year)
```

判断闰年的方法之一是：年份能被 4 整除，但不能被 100 整除，如第 7 行所示；方法之二是，能被 400 整除，如第 9 行的第二个判断条件。即满足这两个方法之一的年份就是闰年，否则就不是。

由于程序中 year 被赋值为 2018，因此输出结果是 "2018 不是闰年"。基于这个范例程序的运行结果，下面归纳一下使用 if 的要点。

（1）注意缩进，由于第 7 行、第 9 行和第 11 行属于同一逻辑层次，因此它们均没有缩进，而它们附属的第 8 行、第 10 行和第 12 行的代码均需要缩进。

（2）if，elif 和 else 等描述条件的语句均需要用冒号结尾。

（3）可通过==来判断两个值是否相等，在第 7 行中还用到了 and 逻辑运算符（即逻辑"与"），表示两个条件均满足时，整个 if 条件判断的结果为 True，此外，还可以用 or 来表示逻辑"或"，用 not 来表示逻辑"非"。

1.3.2　while 循环与 continue，break 关键字

Python 语言中的 while 循环语句和其他程序设计语言的 while 循环语句非常相似，它的主要结构如下。

```
while 条件
    满足条件后执行的语句
```

在实际应用中，Python 中的 while 一般会同 if 语句、break 和 continue 关键字配合使用，其中 continue 表示结束本轮循环继续下一轮循环（并没有跳离当前循环体），break 则表示跳离当前层的 while 循环体（即退出了 break 所在的循环体）。下面通过范例程序 PythonWhileDemo.py 来演示循环执行的效果。

```
1   # !/usr/bin/env python
2   # coding=utf-8
3   # 演示 while 的用法
4
5   number = 1
6   while number < 10:
7       number += 1
8       if not number%2 == 0:    # 不是双数时则跳过本轮循环
9           continue
10      else:
11          Print( number)       # 输出双数 2、4、6、8、10
12  # 以上输出 2，4，6,8,10 这些偶数
13
14  number = 1
15  while True:                  # 条件是 True 表示一直执行
16      print(number)            # 输出 1 到 5
17      number = number+1
18      if number > 5:           # 当 i 大于 5 时跳离循环体
19          break
20  # 以上输出 1,2,3,4,5
```

在第 6 行的 while 条件判断表达式中，设置的条件是 number 小于 10，表示满足这个条件才能执行第 7 行到第 11 行的 while 循环体内的程序语句。

从第 8 行到第 11 行的代码中，还嵌入了 if...else 语句，这部分代码的含义是：如果 number 是偶数，则执行第 9 行的 continue 跳出本轮循环，进入下一轮循环；否则就执行第 11 行的代码输出 number 变量的值。大家注意，while 和 if 的附属语句都用缩进来表示程序逻辑的层次关系。

在第 15 行的 while 语句中，条件为 True，表示一直会执行这个循环，但是在循环体内的第 18 行 if 语句判断 number 是否大于 5，如果是，则执行第 19 行的 break 语句跳离整个 while 循环体。

1.3.3 通过 for 循环来遍历对象

Python 中的 for 循环比较常见的用途是"遍历对象"，它的语法结构如下：

```
for 变量 in 对象:
    for 循环体内的程序语句
```

和 while 一样，在 for 的实际应用中，也经常会和 if、continue 和 break 配合使用。下面通过 PythonForDemo.py 范例程序来演示 for 的用法。

```
1   # !/usr/bin/env python
2   # coding=utf-8
3   # 演示 for 的用法
4
5   languages = ["Java", "Go", "C++", "Python", "C#"]
6   for tool in languages:
7       if tool == "C++":
8           continue # 不会输出 C++
9       if tool == "Python":
10          print("我正在学 Python。")
11          break
12      print(tool)
13  # 输出了 Java, Go, 我正在学 Python, 没有输出 C#
```

在第 5 行中，定义了名为 languages 的字符串类型的列表，在其中使用了描述若干程序设计语言名称的字符串。在第 6 行的 for 循环语句中，使用 tool 对象，通过 in 关键字来遍历 languages 列表。

在 for 循环体内的程序语句第 7 行和第 8 行中，通过 if 语句来判定，如果遍历到列表中 C++ 元素，则执行 continue 结束本轮 for 循环，否则继续 for 循环的下一轮循环。第 9 行的 if 语句定义，如果遍历到列表的 Python 元素，则输出"我正在学 Python。"，而后执行第 11 行的 break 语句退出当前 for 循环体。

本段范例程序的输出结果如第 13 行所说明的注释，由于第 8 行的 continue 语句，因此不会输出 C++，另外由于遍历到列表中的 Python 元素时，会执行第 11 行的 break 语句退出当前的 for 循环体，因此不会输出 C#。

1.4 通过范例程序加深对 Python 语法的认识

在本节中，我们将综合运用之前学到的函数、条件分支语句和循环语句来实现若干范例程序。在编写、调试、执行范例程序的过程中，也需要调试（Debug）代码中的问题，本节也会介绍调试代码的相关技巧。

1.4.1　实现冒泡排序算法

冒泡排序算法的执行步骤是，每次比较两个相邻的元素，如果它们次序有误，则交换位置。基于 Python 语言实现的冒泡排序范例程序如下：

```python
# !/usr/bin/env python
# coding=utf-8

# 定义冒泡排序的函数
def SortFunc(numArray):
    loopTimes = 0; # 记录循环冒泡比较的次数
    while loopTimes< len(numArray)-1:
        # index 为待比较元素的下标
        for index in range(len(numArray)-loopTimes-1):
            if numArray[index] > numArray[index+1]:
                tmp = numArray[index]
                numArray[index] = numArray[index+1]
                numArray[index+1] = tmp
        loopTimes=loopTimes+1
    return numArray

unSortedNums = [10,12,48,7,5,3]
print(SortFunc(unSortedNums))
```

从第 5 行到第 15 的程序代码中，使用 def 定义了实现冒泡算法的 SortFunc 函数，在其中是通过两层循环来实现排序过程中的交换操作。

在第 7 行的 while 循环条件中设置了循环比较的次数，由于是待比较元素之间的比较，因此循环次数是待比较列表的长度减 1。在第 10 行对比了相邻的两个元素，如果与目标的顺序不一致，则通过第 11 行到第 13 行的代码交换两个元素的位置。

在第 17 行中，定义了一个未经排序的列表，在第 18 行中调用了 SortFunc 函数，并在这行中通过 print 语句输出了排序后的结果。

1.4.2　计算指定范围内的质数

质数是只能被 1 和自身整除的自然数，在如下的 PythonCalPrime.py 范例程序中，将使用两层嵌套的 for 循环来寻找并打印指定范围内的质数。

```python
# !/usr/bin/env python
# coding=utf-8
# 打印质数的方法
def printPrime(maxNum):
    num=[];
    currentNum=2
    for currentNum in range(2,maxNum+1):
        devidedNum=2
```

```
9          for devidedNum in range(2,currentNum+1):
10            if(currentNum%devidedNum==0):
11                break
12          if currentNum == devidedNum:
13            num.append(currentNum)  # 把质数加入到列表里
14        #print(num)
15      print(num)
16
17  printPrime(101)
```

在第 4 行的 printPrime 方法（或称为函数）的定义中，通过参数 maxNum 来指定待打印质数的上限。在第 7 行的外层 for 循环中，通过调用 range 方法，依次遍历 2 到 maxNum 范围内的自然数，这里请注意，如果把外层条件写成"for currentNum in range(2,maxNum+):"，则无法遍历 maxNum 这个数。

在执行外层循环时，第 9 行的内层 for 循环会依次让 currentNum 除以从 2 到该数本身的各个自然数，请注意，这里第 9 行的写法依然是需要加 1，即"range(2, currentNum+1)"。

在执行内层循环时，如果通过第 10 行的判断，发现从 1 到该数本身之外还存在其他被整除的因数，则说明该数不是质数，那么就执行第 11 行的 break 语句退出内层 for 循环。如果内层循环完成后，且满足第 12 行的 if 条件，则说明这个数只有 1 和本身的因数，于是执行第 13 行的语句把该数加入到 num 列表中（num 就是存储已找到质数的列表）。

第 17 行调用 printPrime 函数，执行的结果就能打印出 101（含 101）内所有的质数。这里请注意，由于 Python 是通过缩进来判断程序语句块的层次，如果用错了缩进格式，比如把第 15 行的程序代码再缩进了 4 个空格（如第 14 行那样，即和第 14 行语句起始对齐），那么就会在每次外层循环的最后都打印出 num 中的内容，其实就是把执行的中间结果打印出来了。

1.4.3　通过 Debug 调试代码中的问题

在编写代码时，一旦出现了问题，就需要通过 Debug 方法来调试、排错和修改有问题的程序语句。

以 1.4.2 小节的 PythonCalPrime.py 范例程序为例，如果我们错误地把第 9 行的代码写成如下的样子，即在 range 中，没有对 currentNum 加 1。

```
for devidedNum in range(2,currentNum):
```

这时输出的结果只有 2，明显和我们预期的不一致，此时，就可以通过如下的步骤来排查程序中的问题。

步骤 01 在代码的左边，用鼠标双击加入断点，如图 1-10 所示。该程序用了两层嵌套 for 循环，为了调试方便，可以把断点设置在外层 for 语句代码的位置。

```
def printPrime(maxNum):
    num=[];
    currentNum=2
    for currentNum in range(2,maxNum+1):
        devidedNum=2
        for devidedNum in range(2,currentNum+1):
            if(currentNum%devidedNum==0):
                break
        if currentNum == devidedNum:
            num.append(currentNum)    #把质数加入到列表中
        #print(num)
    print(num)

printPrime(101)
```

图 1-10　调试时在程序代码里加入断点

步骤 02　在代码的空白位置，单击鼠标右键，在弹出的快捷菜单中，依次单击"Debug As"→ "Python Run"，以 Debug 的方式运行程序，如图 1-11 所示。

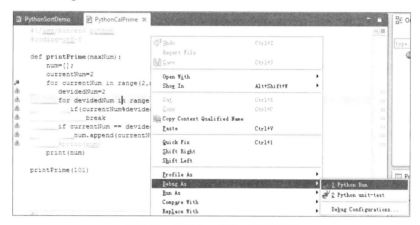

图 1-11　以 Debug 的方式运行程序

步骤 03　以 Debug 方式启动程序的运行后，光标会停在之前设置的断点位置，如果此时单击 "Step Over"按钮（快捷键为【F6】），光标则会依次跳到下一条语句上，如果此时把鼠标移动到 currentNum 等变量上，就能看到这个变量当前的值，如图 1-12 所示。

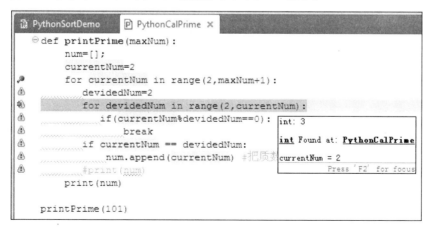

图 1-12　调试程序时查看变量当前值的效果图

当 currentNum 是 3 的时候，我们编写这句程序语句的本意是让 devidedNum 依次遍历 2 和 3 这两个数，这样在退出内层 for 循环，执行 if 语句时，currentNum 等于 devidedNum，结果就能判定 3 是质数。

但是，通过"单步执行"调试时，我们看到此时当 devidedNum 取值为 3 时，并没有执行内层循环的"if(currentNum%devidedNum==0):"语句，而是直接退出了内层循环，由此我们就发现了问题，原来是设置内层 for 循环条件时，range 变量的第二个参数设置得不对。于是改成如下的"currentNum+1"后再运行，结果就正确了。

```
for devidedNum in range(2,currentNum+1)
```

在开发 Python 应用程序时，读者或许用的是其他的开发环境。虽然在不同的开发环境中，代码调试的具体步骤可能不同，但通过代码调试排查问题的思路都是通用的。一般来说，通过如下三个调试的步骤，能发现程序中的绝大多数问题。

步骤 01 在合适的位置加上断点，如果不知道问题所在，就从程序的开始位置加上断点，待确认问题范围后再不断地添加或去掉断点。

步骤 02 可以通过单步执行，查看具体场景里每个变量的值，也可以通过不断地"单步执行"，观察程序运行的顺序是否和我们预期的一样。

步骤 03 还可以通过"Step Into"的方式，进入到具体函数内部排查问题，如图 1-13 所示，把断点设置在 printPrime 函数上，以 Debug 方式启动程序后，再单击"Step Into"菜单选项，就会进入到这个函数的第 1 行，如图 1-14 所示。

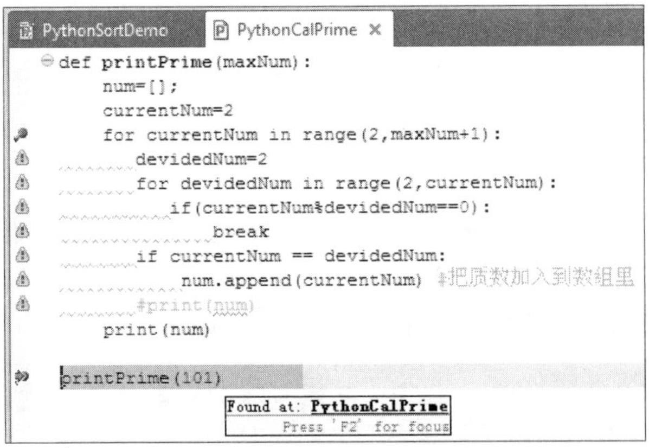

图 1-13 在函数上加断点

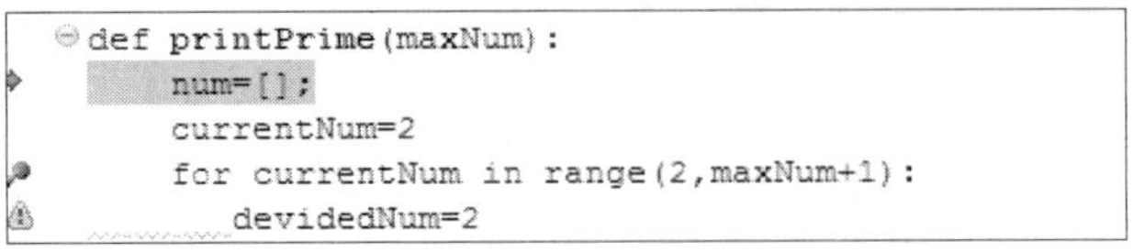

图 1-14 通过 Step Into 进入函数内部调试

1.5　本章小结

　　在本章里，我们没有华而不实地讲述 Python 语言的特点以及发展过程，而是开门见山地搭建 Python 开发环境，不但讲述了 Python 中常用的语句和语法，而且还通过了若干范例程序让大家加深了对基本语句和语法的认识。

　　本章还简单介绍了通过代码调试排查程序中问题的方法，一般来说，高级程序员和初级程序员之间很重要的一个方面就是能否会通过调试方法发现并修改问题，所以强烈建议读者在读完本部分内容后，尽快通过实践，熟悉并掌握代码调试的相关技巧。

第 2 章

Python 中的数据结构：集合对象

在实际的项目中，需要用到各种类型的对象类存储数据，比如用列表来存储收集到的股票指数信息，用键-值对（Key-Value Pair）的方式来关联"每个账户及所对应的股票列表"，我们把这种数据的存储和组织方式，叫作"数据结构"。

数据存储是数据分析和展示的基础，在实际的编程过程中，我们不仅会用到各种数据结构，还会频繁操作数据结构中的各种数据。在本章中，将会基于程序项目的实际用途来讲解列表、元组、字典和映射等类型的数据结构以及它们的用法。

2.1　列表和元组能存储线性表型数据

在用 Java 语言学数据结构时，会了解到这样的知识：第一，数组和链表是不同数据结构的对象；第二，在数组中，查找特定索引位置元素的效率比链表快，但插入和删除元素的效率却没链表高。不过，这和 Python 语言中定义线性表的方式不同，所以上述知识点无法应用在 Python 中。

在 Python 语言中，数组是个统称，它有三种类型：第一类是链表型，在其中可以动态添加和删除数据，本书中称此类型为列表（List）；第二类是元组型（Tuple），一旦定义后，其中的元素不能被修改；第三类是字典型（Dictionary），在这类数组中能存储若干个键-值对（Key-Value Pair）类型的数据。

2.1.1　列表的常见用法

列表是 Python 中常见的集合类数据结构，在下面的 ListDemo.py 范例程序中演示了 Python 数组的常见用法，需要注意的是：尽量不要在其中存储不同类型的数据。

```
1    # !/usr/bin/env python
```

```
2   # coding=utf-8
3   # 定义多个类型的列表
4   priceList = [10.58,25.47,100.58]     # 浮点型列表
5   cityList = ["ShangHai", "HangZhou", "NanJing"] # 字符串类型列表
6   mixList = [1, 3.14, "Company"]       # 混合类型的列表，谨慎使用
7
8   # 在控制台输出
9   print(priceList)      #[10.58, 25.47, 100.58]
10  print(cityList)       #['ShangHai', 'HangZhou', 'NanJing']
11  print(mixList)        #[1, 3.14, 'Company']
12
13  del mixList[2]
14  print(mixList)         # 没有了最后一个元素
15  # mixArr.remove(2)     # 去掉没有的元素，也会抛出异常
16  mixList.remove(1)
17  print(mixList)         # 也看不到 1 了
18
19  print(priceList[0])              # 获得数组指定位置的元素，这里输出是 10.58
20  priceList.append(200.74)         # 添加元素
21  print(priceList)                 # 能看到添加后的元素
22  print(cityList.index("ShangHai"));
23  #print(cityList.index("DaLian")); # 如果找不到，会抛出异常并终止程序
```

在上述范例程序代码中，演示了针对列表的常见用法，通过注释可以知道关键代码的含义，而且在各个输出语句的位置也通过注释说明了输出的结果。这里，请读者注意如下的要点。

（1）在定义列表时，如果没有特殊的需求，请不要像第 6 行那样，在列表中定义了不同类型的数据，因为在处理时不得不先判断数据的类型再进行针对性的读取，这样会增加代码的复杂度，非常不利于程序的维护。

（2）可以通过 del 和 remove 来删除元素，但在使用 remove 删除元素时，需要保证该元素存在，否则就会抛出异常，从而导致程序异常中止。如果去掉第 15 行的注释符号，就能看到因删除不存在元素而导致抛出异常的结果。如果希望在删除不存在元素时不抛出异常，那么可以调用 discard 方法。

（3）可以像第 19 行那样，通过诸如 priceList[0]的形式，以索引的方式操作其中的具体元素，这里请注意，元素的索引值是从 0 开始，priceArr[0]表示的是列表中的第一个元素。

（4）可以像第 22 行那样，用 index 的方式在数组里查找元素，如果找到，返回的是该元素的索引位置，同样请注意，如果去掉第 23 行的注释符号，去找一个不存在的元素，就会抛出异常而导致程序意外中止。

在实际的程序项目中，如果出现异常，我们期望的结果是，看到错误提示，同时程序继续执行。不过，在这个范例程序中，我们看到的是"抛出异常，程序意外中止"的结果，这种中止程序执行的做法是比较危险的，所以在本书的后续部分，会通过"异常处理机制"来专门解决这类问题。

2.1.2 链表、列表还是数组？这仅仅是叫法的不同

在 2.1.1 小节提到，链表类数组是数组类型的一种，所以在上一节范例程序中定义的 priceArr 对象，称它为链表（有人也称它列表）和数组，都不算错。事实上，Python 由于是弱数据类型的语言，即定义元素时无需定义数据类型，因此从使用方式上来看，列表（List）和数组（Array）的差别确实不大。

如果大家熟悉数据结构的知识，就会发现列表和数据在底层的实现是不同的，这在 Java 或 C# 等强数据类型（即定义元素必须要给出数据类型）的语言中确实会是个问题，但在 Python 语言中则不是。

通过 Python 语言给出的接口，我们可以用同一种方式来操作列表和数组，无需也无从选择，不能像 Java 等语言一样，在定义时必须强制指定是数组还是列表。

既然无从选择，那么可以这样说，在 Python 中，数组和列表其实是相通的，也就是用起来一样，但为了不让大家混淆，本书会把列表型的数组也称为"列表"，而尽量不出现"数组"的字样。

2.1.3 对列表中元素进行操作的方法

在常见的数据分析和统计场景中使用列表，可以调用 Python 提供的诸如排序和求最大值等操作列表中元素的方法。在下面的 ListSeniorUsage.py 范例程序中，可以看到操作列表中数据的常用方法。

```
1   # !/usr/bin/env python
2   # coding=utf-8
3
4   priceList = [10.58,25.47,100.58,500.47]
5   cityList = ["ShangHai", "HangZhou", "NanJing"]
6   # 进行排序
7   priceList.sort()
8   print(priceList);
9   # print(priceList.sort()); # 错误的用法
10
11  print(sum(priceList))        # 求和
12  print(max(priceList))        # 求最大值，输出 500.47
13  print(min(cityList))         # 求最小值，输出 HangZhou
14
15  subList = priceList[1:3]      # 截取列表中元素
16  print(subList)               # 输出[25.47, 100.58]
```

在第 7 行中，对 priceList 进行了排序，如果要输出排序后的列表，应该如第 8 行那样，而不能像第 9 行那样直接打印 priceList.sort()。

从第 11 行到第 13 行的程序语句，分别执行了求和，求最大值和最小值的操作。其中第 13 行是对字符串型列表中的字符串求最小值，结果是按字母顺序排序字符串并返回最小的字符串。

第 15 行的程序语句是截取了列表中的部分元素，请注意，冒号前的参数表示从哪个索引位置

开始截取，索引值也是从 0 开始，语句中的 1，表示从第 2 个元素开始。这里需特别注意，冒号后的参数表示截取到哪个索引位置，这条语句中是 3，表示截取到列表的第 4 个元素之前，但不含第 4 个元素（不含 500.47 这个元素）。

2.1.4　不能修改元组内的元素

在前文中，是通过方括号来定义列表，而元组（Tuple）是通过"()"来定义的。

元组内的元素不能被修改，具体含义就是：第一，不能修改和删除其中的元素；第二，创建好的元组无法再向其中添加元素。不过，可以针对整个元组进行其他操作。在实际应用中，一般用元组来存储不会变更的常量元素。在下面的 TupleDemo.py 代码中演示了元组的常见用法。

```
1   # !/usr/bin/env python
2   # coding=utf-8
3   # 定义两个元组
4   cityTup = ("TianJin","WuHan","ChengDu")
5   # cityTup[0] = "HeFei" # 会抛出异常
6   # del cityTup[0]    # 无法删除其中的元素，则会抛出异常
7   print(cityTup)       # 输出结果是('TianJin', 'WuHan', 'ChengDu')
8   # 把列表转为元组
9   bookList = ["Python book","Java Book"]
10  bookTup = tuple(bookList)
11
12  # 查询操作
13  print(cityTup[1])  # 输出 WuHan
14  print(cityTup[0:2])     # 输出('TianJin', 'WuHan')
15
16  # 统计元组里指定元素的个数
17  print(cityTup.count("TianJin"))  # 返回 1
18  # 统计元组的长度
19  print(len(cityTup))  # 返回 3
20
21  # 只能删除整个元组对象
22  del cityTup
```

范例程序的第 4 行通过小括号的方式定义了一个名为 cityTup 的元组，第 5 行的程序语句企图修改这个元组的第 1 个元素，由于元组无法被修改，因此会抛出异常。第 9 行的代码定义了一个列表，之后通过第 10 行的 tuple 方法，把列表转换成了元组，这样 bookTup 也就无法被修改了。

在第 13 和第 14 行中，以两种方式查询了元组内的元素，请注意，第 14 行语句中冒号前后的两个参数也是表示存取的"开始位置"和"终止位置"，截止到终止位置之前的元素都会输出，但终止位置的元素不会被输出。

在第 17 行中，调用 count 方法统计元组内指定元素出现的次数，在第 19 行中，通过调用 len 方法打印输出元组的长度。虽然我们无法删除元组中的单个元素，但却可以通过调用 del 方法删除整个元组，如第 22 行那样。

2.2 集合可以去除重复元素

Python 语言中的集合（Set）是无法包含重复元素的，所以在实际应用中，经常通过集合来执行去重操作。此外，在数据分析等应用场景中，还可以使用集合包含的各种操作方法，比如 union（并集）、intersection（交集）和 difference（差集）。

2.2.1 通过集合去掉重复的元素

在下面的 SetRemoveDup.py 范例程序中演示了集合的常见用法，可以从中看到集合具有自动去掉重复元素的功能。

```python
1    # !/usr/bin/env python
2    # coding=utf-8
3    # 调用集合的方法把列表转换成集合
4    set1 = set(["a", "a", "b", "b", "c"])
5    print(set1) # 输出 set(['a', 'c', 'b'])
6    # 添加元素
7    set1.add("d")
8    set1.add("c")          # 由于重复，因此无法添加
9    print(set1)            # set(['a', 'c', 'b', 'd'])
10
11   set2 = set1.copy()
12   set1.clear()
13   print(set1)       # 由于已清空，因此输出 set([])
14   print(set2)       # set(['a', 'c', 'b', 'd'])
15
16   set2.discard("f")  # 删除元素，哪怕没找到也不会抛出异常
17
18   list=[1,1,2,2,3,3,4,4,5]       # 含重复元素的列表
19   setFromList=set(list)          # 通过集合去掉重复的元素
20   print(setFromList)             # 输出为 set([1, 2, 3, 4, 5])
```

在第 4 行中通过调用 set 方法，把一组包含重复字母的列表转换成集合元素，从第 5 行的打印语句可知，在 set1 中，已经没有重复元素了，由此能体会到集合的去除重复元素的特性。

在第 7 行和第 8 行中，调用 add 方法向 set1 中添加元素，由于已经有了 c 这个字母，因此无法再插入重复的元素。在第 11 行和第 12 行中，可以看到常用于集合的 copy 和 clear 方法。

在第 16 行中，调用 discard 方法来去掉集合中的元素，该方法也适用于列表（List）。与之前提到的 remove 方法不同，调用这个方法删除元素时，哪怕元素不存在，也不会抛出异常。

在第 18 行和第 19 行中演示了集合的常规做法，即去掉列表中的重复元素。和第 4 行程序语句去重复功能不同的是，这里是通过列表保存了一份去重复前的原始数据，这样哪怕对去重复后的数据操作有误，也能通过原始数据进行恢复。

2.2.2　常见的集合操作方法

在数据统计和分析场景里，经常会对不同的对象进行各种集合操作，比如交集、并集和差集等，通过集合提供的方法，可以比较便捷地实现这一功能。在下面的 SetHandleData.py 范例程序中演示了集合的各种操作。

```python
1   # !/usr/bin/env python
2   # coding=utf-8
3   # 以大括号的方式定义集合
4   set1 = {'1', '3', '5', '7'}
5   set2 = {'2', '3', '6', '7'}
6   # 不能用中括号的方式定义集合，例如 set1 = ['1', '3', '5', '7']
7   # 交集
8   set3 = set1 & set2
9   print(set3)                  # 输出 set(['3', '7'])
10  print(set1 & set2)           # 输出 set(['3', '7'])
11  print(set1.intersection(set2)) # 输出 set(['3', '7'])
12  # 并集
13  set4 = set1 | set2
14  print(set4)                  # 输出 set(['1', '3', '2', '5', '7', '6'])
15  print(set1 | set2)           # set(['1', '3', '2', '5', '7', '6'])
16  print(set1.union(set2))      # set(['1', '3', '2', '5', '7', '6'])
17  # 差集
18  print(set1 - set2)           # 输出 set(['1', '5'])
19  print(set1.difference(set2)) # 输出 set(['1', '5'])
20  print(set2 - set1)           # 输出 set(['2', '6'])
21  print(set2.difference(set1)) # 输出 set(['2', '6'])
22  # 演示不可变集合的特性
23  unChangedSet = frozenset(3.14,9.8)
24  # unChangedSet.add(2.718)
25  # unChangedSet[0]=2.718
26  # unChangedSet.discard(3.14)
```

之前提到，定义列表时用方括号，定义元组时用小括号，定义集合对象时，要像第 4 行和第 5 行中那样通过大括号。这里请注意，如果像第 6 行那样，通过方括号定义的是列表，那么列表类对象是无法参与后面的各种针对集合的操作的。

从第 8 行到第 11 行的程序语句演示了集合交集的操作，具体可以像第 8 行和第 10 行程序语句那样使用"&"运算符，也可以像第 11 行那样通过调用 intersection 方法来求交集。通过打印语句可以看到，返回的结果是 set1 和 set2 中都有的元素，即交集，由此能验证求交集的结果。而从第 13 行到第 16 行的程序语句是使用"|"运算符和调用 union 方法来求并集。

从第 18 行到第 21 行的程序语句，是使用"-"运算符和调用 difference 方法来求两个集合的差集，即返回在第一个集合中有且在第二个集合中没有的元素。

在前文中介绍过，可以用元组来保证列表元素的不可操作性，在上面范例程序的第 23 行中通过调用 frozenset 来保证集合元素的不可操作性。如果去掉第 24 行到第 26 行的注释，就会发现无法通过程序代码来修改 frozenset 类型的 unChangedSet 中的元素，由此可以验证这种方式实现的列表的元素的"不可操作性"。

2.2.3 通过覆盖 sort 定义排序逻辑

在集合（以及之前的列表）中，都可以通过调用 sort 方法对集合内的元素进行排序。在默认的情况下，sort 方法是会按升序的方式排序集合中的元素，这里就涉及一个问题，程序员在开发时如何定义排序的标准？比如如何把排序的标准设置为"降序"？

在下面的 SetSortDemo.py 范例程序中，演示了列表降序排列的方法，具体做法是，在调用 sort 方法时，传入了"定义排序规则"的 desc 方法。

```
1   # !/usr/bin/env python
2   # coding=utf-8
3   # 定义降序规则
4   def desc(x, y):
5       if x < y:
6           return 1       # 如果 x 小于 y，则 x 排在 y 之前
7       elif x > y:
8           return -1      # 如果 x 大于 y，则 x 排在 y 之后
9       else:
10          return 0       # 否则并列
11  # 定义待排序的 numbers 列表
12  numbers = [5, 58, 47 ,75 ,100]
13  numbers.sort(desc)  # 在排序时用到 desc 方法
14  print numbers         # 输出[100, 75, 58, 47, 5]
15  numbers.sort()
16  print numbers         # 输出[5, 47, 58, 75, 100]
```

在第 13 行中通过调用 sort 方法对 numbers 列表进行排序，与之前不同的是，这里传入了 desc 方法，用来定义排序的规则。

第 4 行到第 10 行的程序语句定义 desc 方法时，定义的排序规则是：如果 x 小于 y，则返回 1，即 x 排在 y 之前；如果大于，则返回-1，x 排在 y 之后；如果相等则返回 0，即两数并列。在第 14 行和第 16 行中，打印了以不同方式排序后的列表，从输出结果上来看，分别实现了降序和升序的排序。

其实，这里定义排序规则和在 sort 方法里通过参数传入规则的代码都不复杂，但请大家熟悉这种"通过传入参数定义规则"的编写程序的方式，这种定义排序规则的做法在实际项目中会经常用到。

2.3　通过字典存放"键-值对"类型的数据

Python 中的字典（Dict）也是数组的一种，在其中能以"键-值对"（Key-Value Pair）的方式存放多个数据。在字典中，是用基于哈希表的方式来保存数据，所以数据查找的速度非常快，哪怕其中存储的数据再多，也能以 O(1)的计算复杂度找到数据，即基本是一次查找就命中。

和其他程序设计语言一样，Python 中的字典一般是用来存储多个数据，而不是一个。

2.3.1 针对字典的常见操作

字典主要用来存储"键-值对"的数据，在 DictDemo.py 范例程序中，展示了在项目中的常见操作字典的用法。

```python
1   # !/usr/bin/env python
2   # coding=utf-8
3   # 定义并打印字典
4   onePersonInfo = {'name': 'Mike', 'age': 7}
5   print(onePersonInfo)                # {'age': 7, 'name': 'Mike'}
6   onePersonInfo['age']=8              # 修改其中的元素
7   print(onePersonInfo)               # age 会变成 8
8   print(onePersonInfo['name'] )  # Mike
9   del onePersonInfo['name']
10  print(onePersonInfo)                  # age 会变成 8 #{'age': 8}
11  print(onePersonInfo.get('name'))      # None
12  print(onePersonInfo.get('age'))       # 8
13  if 'name' not in onePersonInfo:
14      onePersonInfo['name']="Mike"     # 增加新元素
15  print(onePersonInfo.get('name'))      # Mike
16  # 通过 for 循环遍历字典
17  for i,v in onePersonInfo.items():
18      print(i,v) # 得到键和值
```

在上述范例程序中的第 4 行是通过大括号（即{}）来定义字典，而且是通过冒号的方式来定义"键-值对"，比如用'name': 'Mike'的形式，即表示 name 这个键的值是 Mike。请注意，多个"键-值对"之间是用逗号分隔。

在第 6 行中，演示了可以通过方括号的方式来访问 onePersonInfo 这个字典类型中的 'age' 键，并把它的值改成 8，通过第 7 行的打印语句就能看到这一修改后的结果。

可以像第 9 行那样用 del 语句，还是通过方括号的形式，删除字典中指定的"键-值对"，完成删除后，如果通过第 11 行的 get 语句来获取 'name'，则会返回 None，即表示没找到对应的值。这里 get 的作用是获取字典中指定键对应的值，比如在第 12 行中，可以通过 get，输出 'age'这个键对应的值。

还可以通过 in 和 not in 来判断在字典里有没有指定的键，比如在第 13 行中，在 if 语句中用 not in 来判断 onePersonInfo 这个字典里是否有 'name'，由于之前在第 9 行中已经删除了这个键，因此这里执行第 14 行的代码，在字典里增加 'name' 等于 "Mike" 这个"键-值对"。

在第 17 行和 18 行中，通过 for 循环遍历了 onePersonInfo 字典，其中值得关注的是，首先是通过 items 方法获取字典中所有的"键-值对"，其次是在 for 循环中通过 i 和 v 来映射字典中的"键-值对"。第 17 行程序语句中的 i 和 v 的变量名可以随便起，和第 18 行 print 语句中保持一致即可。

2.3.2 在字典中以复杂的格式存储多个数据

在 2.3.1 小节中，我们在字典中存放了一条关于人的信息，比如名字叫 Mike，年龄是 7 岁。而

在实际项目中，往往会在字典中存储相同数据类型格式的多个数据，而且还会出现在字典中嵌套了列表等的复杂用法。在下面的 DictMoreData.py 范例程序中将演示这些用法。

```python
1   # !/usr/bin/env python
2   # coding=utf-8
3   # 以列表方式定义 Mike 和 Tom 两个人的账户
4   accountsInfoList = [{'name': 'Mike', 'balance':
    100,'stockList':['600123','600158']},{'name': 'Tom', 'balance':
    200,'stockList':['600243','600558']} ]
5   # 通过 for 循环，依次输出列表中的元素
6   for item in accountsInfoList:
7       print(item['name'],)     # print 后带逗号表示不换行
8       print(item['balance'],)
9       print(item['stockList'])
10  # 以字典的方式定义
11  accountInfoDict={ 'Peter':{'balance': 100,'stockList':['600123',
    '600158'] },'Tom': { 'balance': 200,'stockList':['600243','600558']} }
12  # 输出{'balance': 100, 'stockList': ['600123', '600158']}
13  print(accountInfoDict.get('Peter'))
14  PeterAccount={ 'Peter':{'balance':
    200,'stockList':['600223','600158',600458] }}
15  accountInfoDict.update(PeterAccount)
16  print(accountInfoDict.get('Peter')) # 能看到更新后的内容
17  JohnAccount={ 'John':{'balance': 200,'stockList':[] }}
18  accountInfoDict.update(JohnAccount)
19  # 利用双层循环打印
20  for name,account in accountInfoDict.items():
21      print ("name is %s:"%(name)),    # 输出 name 后不换行
22      for key,value in account.items():
23          print(value,)
24      Print() # 输完一个人的信息后换行
```

在第 4 行中用方括号的方式定义了 accountsInfoList 列表对象，在其中用大括号的方式定义了两个"键-值对"类型的账户信息，在第 6 行到第 9 行的 for 循环里，依次输出了这两个账户信息里的三个"键-值对"，输出的结果如下所示：

```
Mike 100 ['600123', '600158']
Tom 200 ['600243', '600558']
```

在第 11 行中用大括号的方式定义了 accountInfoDict 这个字典类型的数据，其中同样存放了两个人的账户信息。在实际项目的集合对象中，不可能只存储一个数据，大家要掌握这种用列表或字典保存多个数据的方式。

字典对象中的另一个比较实用的方法是 update，它有两层含义，如果字典对象中已经有相同的键，那么就用对应的值更新原来的值。比如在第 14 行中，更新了 Peter 的 balance 和 stockList 信息，在第 15 行的 update 语句中，就会用第 14 行中定义的对应值（即 balance 和 stockList）更新掉原来的值，通过第 16 行的 print 语句就能看到这一更新后的结果。

update 语句另外的一层含义是，如果在字典中没有待更新的"键"，那么就会插入对应的"键-值对"。比如在第 17 行中，定义原本不存在于 accountInfoDict 字典对象的 JohnAccount，一旦执

行了第 18 行的 update 语句就会完成更新，后面的打印语句即可看到插入更新后的结果。

由于在 accountInfoDict 这个字典类对象中存储了结构比较复杂的对象，比如值也是字典类型，而 stockList 是列表类型，因此在 20 行到第 24 行中用双层 for 循环来遍历这个字典对象。

其中，在第 21 行中输出了每个字典中的"键"，即姓名信息，输完后不换行。在第 22 行的内层 for 循环里调用了 item 方法，依次遍历了 accountInfoDict 对象中的"值"信息（也是字典类型的对象），遍历完一个人的账户信息后，会在第 24 行中通过 print 语句进行换行，这段语句的输出结果如下，其中包含新增的 John 的账户信息。

```
name is Peter: 200 ['600223', '600158', 600458]
name is John: 200 []
name is Tom: 200 ['600243', '600558']
```

虽然可以在字典中存放各种类型的数据，但应当用同一种格式存储多个数据，比如在第 11 行中用'name':{'balance': xx, 'stockList':[xx]}的格式输入并存储多个人的账户信息。

这样做的好处是，由于事先约定好能用同一种方式来解析字典中的数据，因此解析数据的规则是统一的。这点在 Java 等语言中能用泛型来保证，但在 Python 语言中，如果两个数据的格式不一致，也不会出现语法错误，但这样的做法就会造成处理方式的不统一。所以在使用 Python 字典类对象时，程序员应当时刻注意这点。

2.4　针对数据结构对象的常用操作

在数据分析等应用场景中，比较关键的就是数据存储与数据操作。在前文中，讲述了以列表、元组和字典的形式存储数据的方法，下面将讲述 Python 中常用的操作数据的方法。

2.4.1　映射函数 map

通过调用 map 函数，就能根据指定的函数对指定序列执行映射运算，它的语法如下。

```
map(function, parameter)
```

其中，第一个参数 function 表示映射运算的规则，第二个参数 parameter 则表示待映射的对象。在下面的 MapDemo.py 范例程序中演示的是映射的效果。

```
1   # !/usr/bin/env python
2   # coding=utf-8
3   def square(x):        # 计算平方数
4       return x ** 2
5   print (list(map(square, [1,3,5])))   # 输出[1, 9, 25]
6
7   def strToLowCase(str):
8       return str.lower()
9   strList=["Company","OFFICE"]
10  strList = map(strToLowCase,strList)
```

```
11  print(list(strList))    # ['company', 'office']
12
13  def tagCustomer(num):
14      if num>5000:
15          return "VIP"
16      else:
17          return "Normal"
18  print (list(map(tagCustomer,[1000])))   # ['Normal']
19  #print map(tagCustomer,1000)              # 会报错
```

在第 3 行和第 4 行中通过 def 定义了一个计算平方数的函数 square，在第 5 行的 map 方法中，第一个参数是这个函数，第二个参数则是待计算平方数的列表，从第 5 行的打印语句来看，输出的是 1，3，5 的平方数。从中可知，map 方法会把用第 1 个参数指定的函数运用于第 2 个参数指定的序列，并把计算好的结果返回。

在第 7 行和第 8 行的函数中实现了"把输入参数转为小写字母"的功能，在第 10 行中，同样调用了 map 方法，把 strList 这个列表里的元素转成了小写字母，从第 11 行输出语句的结果中即可看到"转为小写字母"的效果。

通过调用 map 方法还可以实现基于规则的映射，比如在某个项目中有这样的定义，凡是消费金额高于 5000 元的客户，将加上 VIP 的标识，否则是一般用户。通过第 13 行到第 18 行的代码，调用 map 函数即可实现这一映射的效果。

不过要注意的是，map 方法第二个参数需要是"可以遍历"（或可迭代）的对象，比如列表元素或字典等，如果像第 19 行那样，把整数数据类型作为参数，则会出现如下的错误提示，因为第二个参数不具有可迭代特性（Iteration）。

```
TypeError: argument 2 to map() must support iteration
```

2.4.2 筛选函数 filter

该函数的语法为 filter(function, iterable)。具体的含义是，根据第 1 个参数指定的函数，过滤掉第 2 个参数指定对象中不符合要求的元素。在下面的 FilterDemo.py 范例程序中来演示一下 filter 函数的相关用法。

```
1   # !/usr/bin/env python
2   # coding=utf-8
3   # 判断输入参数是否是小写字母的函数
4   def isLowCase(str):
5       return str.lower() == str
6   strlist = filter(isLowCase, ["Hello","world"])
7   print(list(strlist)) # ['world']
8   # 判断输入参数是否为空的函数
9   def filterNull(empNo):
10      return empNo.strip() !=''
11  dataFromFile=['101','102','103','']
12  empList = filter(filterNull,dataFromFile)
13  print(list(empList)) # ['101', '102', '103']
```

在第 4 行和第 5 行中定义了 isLowCase 函数，在其中判断输入参数是否为小写字母。

在第 6 行中定义的 filter 方法第一个参数即为 isLowCase，指定判断的规则是"都为小写字母"，第二个参数是一个包含字符串的列表。这里 filter 方法的作用是，依次对 "Hello" 和 "world" 这两个字符串运行 isLowCase 函数，如果返回 false 则过滤掉，返回 true 则保留。这样 strList 对象就只包含了小写字母的字符串，从第 7 行打印语句的输出结果中即可看到这一过滤结果。

在第 9 行和第 10 行的 filterNull 方法中，用来判断输入参数是否为空，在第 11 行中定义的 dataFromFile 列表里，包含了一个空的元素，这样执行第 12 行的 filter 方法，就能把其中空元素过滤掉，从第 13 行 print 语句的输出结果中即可看到过滤掉空元素之后的效果。

2.4.3　累计处理函数 reduce

Python 中的 reduce 函数会调用指定的函数对参数序列中的元素从左到右进行累计处理，这句话看上去有些难懂，下面通过 ReduceDemo.py 范例程序来看看这个函数的作用。

```
1   # coding=utf-8
2   from functools import reduce
3   # 定义一个加法的函数 add
4   def add(x, y):
5       return x + y
6   print(reduce(add, [1,2,3,4,5]))        # 输出 15
7   print(reduce(add, [1,2,3,4,5],100))    # 输出 115
8   # 定义乘法的函数
9   def multiply(x,y):
10      return x*y
11  print(reduce(multiply, [1,2,3,4,5]))        # 输出 120
12  # 定义拼接数字的函数
13  def combineNumber(x, y):
14      return x * 10 + y
15  print(reduce(combineNumber, [1,2,3,4,5]))   # 输出 12345
```

在第 4 行和第 5 行中定义了一个实现加法功能的 add 函数（或称为方法），在第 6 行中，reduce 的第一个参数即为 add，第二个参数是一个包含 1 到 5 的序列。

这里 reduce 函数的含义是，先取左边的两个参数 1 和 2，把它们作为 add 方法的两个输入参数，经 add 函数返回的结果是 3，再把 3 和从左到右的第 3 个序列（也是 3）作为 add 函数的两个输入参数，这时 add 函数的返回值是 6，再用 6 和第 4 个序列（数字 4）作为 add 函数的两个输入参数，以此类推。所以结果是 1 到 5 的累加和，即 15，第 7 行的输出语句验证了这一结果。同理，通过第 11 行的 reduce 方法，实现了 1 到 5 的阶乘效果。

在第 13 行和第 14 行的 combineNumber 方法中，定义了拼装两个数字的函数，比如输入参数是 1 和 2，那么会返回 12。在第 15 行中通过调用 reduce 方法，从左到右拼装了 1 到 5 这个序列，返回结果是 12345。

从这个范例程序的代码中可知，reduce 具有"递归操作"的功能，即从左到右读取序列，把两个数值（或上一次运算的结果和下一个数值）作为参数传入指定的函数，由此完成针对整个序列的操作或运算。

2.4.4　通过 Lambda 表达式定义匿名函数

在之前的范例程序中，我们通过 def 语句定义函数时，会指定函数的名字，但在某些场合，函数内的代码非常简单，不值得"大张旗鼓"地定义函数名以及用 return 返回结果，这时就可以通过 Lambda 表达式来定义匿名函数，以此来简化代码。

在下面的 LambdaSimpleDemo.py 范例程序中演示了 Lambda 的用法，请大家注意 Lambda 和 map 等函数整合使用的编程逻辑。

```
1    # !/usr/bin/env python
2    # coding=utf-8
3    # 通过 lambda 表达式定义了一个匿名函数
4    add = lambda a,b,c:a+b+c
5    print(add(1,2,3)) # 输出 6
6    # 计算奇数
7    numbers = [1,3,6,7,10,11]
8    # 与 filter 整合使用
9    numbers = filter(lambda input: input%2!=0, numbers)
10   print numbers #[1, 3, 7, 11]
11   numbers = [2, 3, 4]
12   # 与 map 整合使用
13   numbers = map(lambda x: x*x, numbers)
14   print numbers #[4, 9, 16]
15   # 与 reduce 整合使用
16   numbers = [1,2,3,4,5]
17   sum = reduce(lambda x, y: x + y, numbers)
18   print sum # 输出 15
19   # 与 sorted 整合使用
20   numbers = [1,-2, 3, -4,5]
21   numbers = sorted(numbers, lambda x, y: abs(y)-abs(x))
22   print numbers # [5, -4, 3, -2, 1]
```

在第 4 行中演示了 Lambda 定义匿名函数的基本做法。这里没有定义函数名，也即是定义了个匿名函数。在 lambda 关键字之后有 3 个变量，即为匿名函数的三个参数，在冒号之后则定义了该 Lambda 表达式（也就是匿名函数）的返回值，这个匿名函数是计算三个输入参数的和，而在等号左边的 add 则是这个 lambda 表达式的名字。第 5 行的程序语句用到了 add 来调用第 4 行定义的 Lambda 表达式。

在第 9 行中把 Lambda 表达式和 filter 函数整合到一起。前面介绍过，filter 函数的第一个参数指定了过滤规则，这里通过 Lambda 表达式指定"只保留满足 input%2!=0 条件"的数，即只保留奇数，第 10 行的 print 语句验证了这个 filter 函数的效果。

在第 13 行中整合使用了 Lambda 表达式和 map 函数，依次对列表中的每个元素进行了"乘积"的操作，对第 16 行定义的 numbers 列表中的每个值进行了累加的操作，在第 17 行中整合了 Lambda 表达式和 reduce 函数。

在第 21 行中，在 sorted 函数的第二个参数中，通过 Lambda 表达式定义了针对 numbers 序列的排序规则。通过 Lambda 表达式定义的排序规则是：如果 y 的绝对值大于 x 的绝对值，则 y 排在

x 之前，反之则 y 在 x 之后。通过第 22 行的输出即可验证这一结果。

　　除了能定义匿名函数，Lambda 表达式的另一个用法是把函数作为"输入参数"，即可以定义"高级函数"，在下面的 LambdaSeniorDemo.py 范例程序中示范了这种用法。

```
1   # !/usr/bin/env python
2   # coding=utf-8
3   # 第 3 个参数是 Lambda 表达式
4   def add(x,y,func):
5       return func(x) + func(y)
6   print(add(2,4,lambda a:a*a)) # 2 的平方加 4 的平方等于 20
7
8   print("My Stock List".find("stock")) # 输出-1，表示没找到
9   def existKey(key,words,func):
10      return func(words).find(key)
11  # 输出 3，表示找到了
12  print(existKey("stock","My Stock List" ,lambda words:words.lower()))
```

　　在第 4 行定义的 add 函数中，第 3 个参数 func 其实是个函数，在第 6 行的调用中，我们传入的 func 函数是对输入参数 a 进行平方运算，所以 add 函数返回的结果是 x 和 y 的平方和。

　　在字符串比较的过程中，一般不会区分字母大小写，一般的做法是把目标字符串转成小写字母，而把待比较的字符串也转换成小写字母。

　　在第 9 行的 existKey 函数中，通过第 3 个参数定义了针对 words 输入参数的操作。而在第 12 行的调用时，用 Lambda 编写的操作是通过 lower 把输入参数转小写，所以在 existKey 的函数中，首先是调用 func 函数，把输入参数 words 转成小写，随后再看其中是否存在 key（即 stock），由于存在，因此第 12 行的 print 语句会输出 3，表示 stock 在字符串中所处的位置。

　　从上述两个范例程序中，大家看到了 Lambda 作为函数输入参数的做法。请注意，一般通过 Lambda 表达式只会定义功能比较简单的匿名函数。

　　如果函数需要实现的功能比较复杂，那么应该采用比较复杂的 def 方式来定义函数，因为用 Lambda 表达式定义复杂的逻辑，第一是实现起来很难，第二则是可读性很差。

2.5　本章小结

　　数据分析是 Python 语言比较广泛的用途之一，数据存储也是 Python 语言中的一个重要知识点，在本章里，读者学到了列表、元组和字典类数据对象的常见操作用法。

　　数据存储和数据操作是两个密不可分的课题，所以本章没有过于简单地讲解集合类对象的用法，也没机械地罗列出数据操作函数或方法的名称和参数，而是重点讲述了"数据操作"如何作用于"数据结构"的知识，让大家通过范例程序看到 map、filter、reduce 函数（或称为方法）和 Lambda 表达式作用于列表等集合类对象的做法。

　　如果读者在学习 Python 集合对象时，能围绕"数据存储方式"和"数据操作"这两大主题，那么在学习时一定能起到事半功倍的效果。

第3章

Python 面向对象程序设计思想的实践

开发程序的精髓在于"复用"和"可扩展"——首先能复用功能相同的模块,其次,当现有项目的需求点有变更时,程序员能用很小的代价实现对应的更改,要做到这两点,离不开面向对象程序设计的思想。

封装、继承和多态是面向对象程序设计思想的三大要素,虽然在实际的项目中,开发者可能还没意识到已经用到了面向对象。相反,如果不使用这三大要素,很多功能实现起来要么代码的结构很差,要么编写出来的代码很难扩展。

在本章中,读者不会看到枯燥的关于面向对象理论的描述,也看不到条列式地列举相关的语法,而会看到综合性地使用面向对象三大要素提升代码结构的做法。并且,本章给出的大多数知识点不是"假大空"的万金油,而是专门适用于 Python 语言。

3.1 把属性和方法封装成类,方便重复使用

假如我们要经常实现买卖股票的功能,一种做法是在每一处都定义一遍股票价格交易日期等属性,外带实现买卖功能的方法。与这种极不方便做法相比,基于面向对象的做法是,用类(Class)把股票的相关属性和方法封装起来,用的时候再通过创建实例来操作具体的股票。注意:在面向对象的程序设计中,更习惯把传统函数(Function)功能模块称为方法(Method),因为方法是面向对象程序设计的标准术语。因此,在本书描述中当只强调功能时,会混用"函数"和"方法"不太加以区分。而在特别强调面向对象程序设计概念的描述中,则一般只使用"方法"。

上述描述中涉及两个概念:类和对象。其中类是比较抽象的概念,比如人类,股票类,而对象也叫类的实例,是相对具体的概念,比如人类的实例是"张三"这个活生生的人,股票类的实例则是某一只具体的股票。对象是通过类来创建的,创建对象的过程也叫"实例化"。

3.1.1　在 Python 中定义和使用类

当大家熟悉面向对象程序设计的思想后，一提到封装，就应当想到类，因为在项目中是在类里封装属性和方法。

在下面的 ClassUsageDemo.py 范例程序中，可以看到定义和使用类的基本方式。通过这段代码，可以看到类是通过封装属性（比如 stockCode 和 price）和方法实现了功能的重复使用（简称复用）。

```python
1   # !/usr/bin/env python
2   # coding=utf-8
3   # 定义类
4   class Stock:
5       def __init__(self, stockCode, price):
6           self.stockCode, self.price = stockCode,price
7       def get_stockCode(self):
8           return self.stockCode
9       def set_stockCode(self,stockCode):
10          self.stockCode = stockCode
11      def get_price(self):
12          return self.price
13      def set_price(self,price):
14          self.price = price
15      def display(self):
16          print("Stock code is:{}, price is:{}.".format(self.stockCode,self.price))
17  # 使用类
18  myStock = Stock("600018",50)      # 实例化一个对象myStock
19  myStock.display() #Stock code is:600018, price is:50.
20  # 更改其中的值
21  myStock.set_stockCode("600020")
22  print(myStock.get_stockCode()) # 600020
23  myStock.set_price(60)
24  print(myStock.get_price())      # 60
```

在第 4 行中通过 class 关键字定义了一个名为 Stock 的类，在之后的第 5 行到第 16 行中通过 def 定义了 Stock 类的若干个方法，请注意，在这些方法中都能看到 self 关键字。

self 是指自身类，这里即是指 Stock 类，比如在第 6 行的 init 方法中，是用 self.stockCode, self.price = stockCode,price 的方式，用参数传入的 stockCode 和 price 给类的对应属性赋值。在第 7 行到第 14 行的 get 和 set 类方法中，用参数给 self 指向的本类的对应属性赋值。而在第 16 行的 display 方法中，通过 print 语句输出了本类中的两个属性的值。

在第 18 行中定义了 Stock 类的一个实例对象 myStock，并在实例化时，传入了该对象对应的两个属性的值。在第 19 行中，通过 myStock 这个实例（请注意是 myStock 实例，而不是 Stock 类）调用了 display 方法。

请注意，调用方法（或函数）的主体是实例，而不是类（Stock.display），这是符合逻辑的。比如在展示股票信息时，不是展示抽象的股票类信息（即 Stock 类的信息），而是要展示具体股票实例对象（比如 600018）的信息。

在第 21 行和第 23 行中通过 set 方法变更了属性值，在之后的第 22 行和第 24 行的 print 语句中，是通过调用 get 方法得到了 myStock 实例中的值。

3.1.2　通过__init__了解常用的魔术方法

在刚才的范例程序中看到了一个现象，在通过 myStock = Stock("600018", 50)实例化一个股票对象时，会自动触发 Stock 类里的__init__方法。像这样在开头和结尾都是两个下画线的方法叫魔术方法，它们会在特定的时间点被自动触发，比如__init__方法会在初始化类的时候被触发。

魔术方法虽然不少，但在实际项目中经常被用到的却不多。下面通过 MagicFuncDemo.py 范例程序来看看使用频率比较高的魔术方法。

```
1   # !/usr/bin/env python
2   # coding=utf-8
3   # 定义类
4   class Stock:
5       def __init__(self,stockCode):
6           print("in __init__")
7           self.stockCode = stockCode
8       # 回收类的时候被触发
9       def __del__(self):
10          print("In __del__")
11      def __str__(self):
12          print("in __str__")
13          return "stockCode is: "+self.stockCode
14      def __repr__(self):
15          return "stockCode is: "+self.stockCode
16      def __setattr__(self, name, value):
17          print("in __setattr__")
18          self.__dict__[name] = value   # 给类中的属性名分配值
19      def __getattr__(self, key):
20          print("in __setattr__")
21          if key == "stockCode":
22              return self.stockCode
23          else:
24              print("Class has no attribute '%s'" % key)
25  # 初始化类，并调用类里的方法
26  myStock = Stock("600128")      # 触发__init__和__setattr__方法
27  print(myStock)                 # 触发__str__和__repr__方法
28  myStock.stockCode = "600020"   # 触发__setattr__方法
```

在第 5 行定义的__init__方法内，在第 26 行创建对象实例时会被触发，这里的__init__方法只有两个参数，而前一节的范例程序中有 3 个。事实上，该方法可以支持多个或多种不同参数的组合，在后文提到"重载"（Overloaded）概念时会详细介绍。

第 9 行的__del__方法会在类被回收时触发，它有些像析构函数，可以在范例程序中使用打印语句来查看类的回收时间点，如果在类里还打开了文件等的资源，也可以在这个方法中关闭这些资源，以交还给系统。

第 11 行的__str__和第 14 行的__repr__方法一般会配套使用，这两个方法是在第 27 行被触发。当调用 print 方法打印对象时，首先会触发__repr__方法，这里如果不写__str__方法，运行时会报错，原因是在 print 方法的参数里传入的是 myStock 对象，而打印时，一般是会输出字符串，所以这里就需要通过__str__方法定义"把类转换成字符串打印"的方法，在第 13 行中打印 stockCode 的信息。

相比之下，第 16 行的__setattr__和第 19 行的__getattr__被调用的频率就没有之前的方法高，它们分别会在设置和获取属性时被触发。它们被调用的频率不高的原因是，一般在代码中是通过诸如 get_price 和 set_price 的方式获取和设置指定的属性值，而在设置和获取属性值时，一般无需执行其他的操作，所以就无需在__setattr__和__getattr__这两个魔术方法里编写"自动触发"的操作。出于同样的原因，__setitem__和__getitem__这两个魔术方法被调用的频率也不高。

3.1.3　对外屏蔽类中的不可见方法

出于封装性的考虑，类的一些方法就不该让外部使用，比如启动汽车，就应该使用提供的"用钥匙发动"的方法启动汽车，而不该通过汽车类里的"连接线路启动"的方法来启动。

出于同样的道理，为了防止误用，在定义类时，应当通过控制访问权限的方式来限制某些方法和属性被外部调用。

在 Python 语言中，诸如_xx 这样以单下画线开头的是 protected（受保护）类型的变量和方法，它们只能在本类和子类中访问。而诸如__xx 以双下画线表示的是 private（私有）类型的变量和方法，它们只能在本类中被调用。

下面通过 ClassAvailableDemo.py 范例程序来演示私有变量和方法的使用或调用方式，而 protected 类型的变量和方法，将在介绍"继承"章节中说明。

```
1   # !/usr/bin/env python
2   # coding=utf-8
3   # 定义类
4   class Car:
5       def __init__(self,owner,area):
6           self.owner = owner
7           self.__area = area
8       def __engineStart(self):
9           print("Engine Start")
10      def start(self):
11          print("Start Car")
12          self.__engineStart()
13      def get_area(self):
14          return self.__area
15      def set_area(self,area):
16          self.__area = area
17  # 使用变量
18  carForPeter = Car("Peter",'ShangHai')
19  # print(carForPeter.__area)
20  print(carForPeter.owner) # Peter
```

```
21  carForPeter.set_area("HangZhou")
22  print(carForPeter.get_area())    # HangZhou
23  carForPeter.start()
24  # carForPeter.__engineStart()   # 报错
```

在第 7 行的__init__方法中通过输入参数给 self.__area 变量赋值，这里的__area 是私有变量，而第 8 行的__engineStart 是私有方法。

这些私有变量只能在 Car 类内部被用到，如果去除第 19 行的注释，程序运行就会出错，因为企图在类的外部使用私有变量。与之相比，由于 owner 是公有变量，因此通过第 20 行的代码直接在类的外部通过类的实例来访问。同样，如果去掉第 24 行的注释，也会报错，因为企图通过实例调用私有的方法。

下面给出在项目中使用私有变量和私有方法的一些调用准则。

（1）一定要把不该让外部看到的属性和方法设置成私有的（或受保护的），比如上述范例程序第 8 行的__engineStart 属于汽车启动时的内部操作，不该让用户直接调用，所以应该毫不犹豫地设置成私有。

（2）私有的或受保护的属性，应该通过如第 13 行和第 15 行的 get 类和 set 类的方法供外部调用。

（3）应该尽可能地缩小类和属性的可见范围。比如把某个私有方法设置成公有的，这在语法上不会有错，而且用起来会更方便，因为能在类外部直接调用了。但是，一旦让外部用户能直接调用内部方法，就相当于破坏了类的封装特性，很容易导致程序出错，所以上述"访问私有变量和私有方法而报错"的特性，其实是一种保护机制。

（4）如果没有特殊理由，一般都是把属性设置成私有的或受保护的，同时提供公有的 get 和 set 类方法供外部访问，而不该直接把属性设置成公有的。

3.1.4 私有属性的错误用法

可以这样说，初学者在使用私有变量时，很容易出现如下 PrivateBadUsage.py 范例程序中所示的问题。

```
1   # !/usr/bin/env python
2   # coding=utf-8
3   # 定义类
4   class Car:
5       def __init__(self,area):
6           self.__area = area
7       def get_area(self):
8           return self.__area
9       def set_area(self,area):
10          self.__area = area
11  # 使用类
12  carForPeter = Car("ShangHai")
13  carForPeter.__area="HangZhou"
14  print(carForPeter.get_area())            # 发现并没改变__area
15  carForPeter.set_area("WuXi")
```

```
16   print(carForPeter.get_area())        # WuXi
17   carForPeter._Car__area="Bad Usage"   # 不建议这样做
18   print(carForPeter.get_area())        # 发现修改了__area 的值
```

在这个范例程序的第 6 行中，在__init__的初始化方法内，给__area 这个私有变量赋值，同时在第 7 行和第 9 行中，定义了针对该私有属性的 get 和 set 方法。

在第 13 行中，看上去是直接通过 carForPeter 对象给__area 私有变量赋值，但这里有两点出乎我们的意料：第一，明明不能在外部直接访问私有变量，为什么这行代码运行时没报错呢？第二，通过第 14 行的代码打印 carForPeter.get_area()的值，发现 carForPeter 内部的__area 变量依然是 ShangHai，没有变成 HangZhou。

原因很简单，在实例化对象的时候，Python 会把类的私有变量改个名字，该名字的规则如第 17 行所示，是_类名加上私有变量名。也就是说，前面定义的私有变量被转换成_Car__area，而在第 13 行中，是在 carForPeter 这个对象里新建了一个属性__area，并给它赋了 HangZhou 这个值，因此在第 13 行中没有对 Car 类的私有变量__area 进行修改。

在第 17 行中，进一步验证了"对私有变量进行改名"的这个规则，这里给_Car__area 变量赋予了一个新的值，在项目中不建议这样做，应该通过对应的 get 和 set 方法操作私有属性。第 18 行中的输出结果是 Bad Usage，由此验证了_Car__area 变量确实对应到 Car 内部私有的__area，也就是说验证了 Python 对私有变量的"更名规则"。

最后要强调的是，本节讲述了私有变量的更名规则，目的不是让大家通过变更后的名字来访问私有变量，而是让大家了解这个技术细节，从而避免上述似是而非的使用私有属性的不规范和不建议的用法。

3.1.5　静态方法和类方法

前文介绍了通过对象.方法()的形式来调用方法，比如张三.吃饭()，而不是人类.吃饭()，因为吃饭的主体是具体的某个人，而不是抽象的人类概念。但是，在一些应用场景里，无需实例化对象就可以调用方法。

比如在提供计算功能的工具类里，类本身即可当成"计算工具"，再实例化对象就没意义了，对于这种情况就可以通过定义静态方法和类方法来简化调用过程。

在 Python 语言中，类方法（classmethod） 和静态方法（staticmethod）的差别是，类方法的第一个参数必须是指向本身的引用，而静态方法可以没有任何参数。在下面的 MethodDemo.py 范例程序中来看一下两者的常见用法。

```
1    # !/usr/bin/env python
2    # coding=utf-8
3    class CalculateTool:
4        __PI = 3.14
5        @staticmethod
6        def add(x,y):
7            __result = x+y
8            print(x + y)
9        @classmethod
10       def calCircle(self,r):
```

```
11          print(self.__PI*r*r)
12 CalculateTool.add(23, 22)          # 输出 45
13 CalculateTool.calCircle(1)         # 输出 3.14
14 # 不建议通过对象访问静态方法和类方法
15 tool = CalculateTool()
16 tool.add(23, 22)
17 tool.calCircle(1)
```

在第 6 行的 add 方法前面加了@staticmethod 注解，用来说明这个方法是静态方法，而给第 10 行的 calCircle 方法在第 9 行加了@classmethod 注解，说明这个方法是类方法。

在 add 这个静态方法中，由于没有通过 self 之类的参数来指向本身，因此它不能访问类的内部属性和方法，而对于 calCircle 这个类方法而言，由于第一个参数 self 指向类本身，因此能访问类的变量 PI。在第 12 行和第 13 行中，通过类名 CalculateTool 来直接访问静态方法和类方法，这里不建议使用第 15 行到第 17 行的方式，即不建议通过对象来访问静态方法和类方法。

需要强调的是，静态方法和类方法会破坏类的封装性，那么无需实例化对象即可访问，所以使用时请慎重，确实有"无需实例化对象"的需求时，才能使用。

3.2　通过继承扩展新的功能

通过继承可以复用已有类的功能，并可以在无需重新编写原来功能的基础上对现有功能进行扩展。在实际应用中，会把通用性的代码封装到父类，通过子类继承父类的方式优化代码的结构，避免相同的代码被多次重复编写。

3.2.1　继承的常见用法

继承的语法是在方法名后加个括号，在括号中写要继承父类的名字。在 Python 语言中，由于 object 类是所有类的基类，因此如果定义一个类时没有指定继承哪个类，就默认继承 object 类。在下面的 InheritanceDemo.py 范例程序中演示了继承的一般用法。

```
1  # !/usr/bin/env python
2  # coding=utf-8
3  class Employee(object):       # 定义一个父类
4    def __init__(self,name):
5        self.__name = name
6    def get_name(self):
7        return self.__name
8    def set_name(self,name):
9        self.__name = name
10   def login(self):            # 父类中的方法
11       print("Employee In Office")
12   def changeSalary(self,newSalary):
13       self._salary = newSalary
14   def get_Salary(self):
```

```
15          return self._salary
16 # 定义一个子类，继承 Employee 类
17 class Manager(Employee):
18    def login(self):       # 在子类中覆盖父类的方法
19       print("Manager In Office")
20       print("Check the Account List")
21    def attendWeeklyMeeting(self):
22       print("Manager attend Weekly Meeting")
23 # 使用类
24 manager = Manager("Peter")
25 print(manager.get_name())      # Peter
26 manager.login()                # 调用子类的方法，Manager In Office
27 manager.changeSalary(30000)
28 print(manager.get_Salary())    # 30000
29 manager.attendWeeklyMeeting()
```

在第 3 行中定义了名为 Employee 的员工类，同时指定它继承自默认的 object 类，事实上，这句话等同于 class Employee()。在这个父类里，定义了员工类的通用方法，比如在第 4 行定义的构造函数中设置了员工的名字，在第 6 行和第 8 行开始分批定义了获取和设置名字属性的方法，在第 12 行和第 14 行分别定义了更改和获取工资的方法。

正是因为在 Employee 父类中封装了诸如设置工资等的通用性方法，所以子类 Manager 里的代码就相对简单。具体来说，在第 17 行定义 Manager 类时，是通过括号的方式指定该类继承自 Employee 类，在其中可以复用父类公有的和受保护的方法。此外，在第 18 行中覆盖（也叫覆写或重写）了父类中的 login 方法，并在第 21 行定义了专门针对子类的 attendWeeklyMeeting 方法。

在第 24 行中实例化了一个名为 manager 对象，因为在 Manager 子类里没定义__init__方法，所以这里调用的是父类 Employee 里的__init__方法，可从第 25 行的打印语句中看到。同样，在第 27 和第 28 行中，manager 对象也复用了定义在父类（即 Employee 类）里的方法。

从第 26 行 login 方法的打印结果来看，这里执行的是子类里的 login 代码，这说明如果子类覆盖了父类的方法，那么最终会执行子类的方法。

在第 29 行中，调用了子类特有的 attendWeeklyMeeting 方法，结果会毫无疑问地输出"Manager attend Weekly Meeting"。

3.2.2　受保护的属性和方法

在 3.2.1 小节的范例程序中，除了在父类中用到了__name 这个私有变量外，还用到了带一个下画线的_salary 受保护的变量，而带一个下画线开头的方法叫受保护的方法。这类受保护的属性和方法能在本类和子类中被用到。在下面的 ProtectedDemo.py 范例程序中来看一下如何合理地使用受保护的属性和方法。

```
1 # !/usr/bin/env python
2 # coding=utf-8
3 class Shape:       # 定义父类
4    _size=0          # 受保护的属性
5    def __init__(self,type,size):
6       self._type = type
```

```
7          self._size = size
8       def _set_type(self,type):     # 受保护的方法
9          self._type=type
10      def _get_type(self):          # 受保护的方法
11         return self._type
12  class Circle(Shape):          # 定义子类
13     def set_size(self,size):
14        self._size = size          # 覆盖了父类的_size属性
15     def printSize(self):
16        print(self._size)
17  class anotherClass:           # 定义不相干的一个类
18     pass                       # 如果是空方法，则需要加个pass，否则会报错
19  # 使用子类
20  c=Circle("Square",2)
21  c._set_type("Circle")
22  print(c._get_type())
23  c.printSize()
24  anotherClass._set_type("Circle")       # 会报错
```

在第 3 行开始定义父类 Shape 的部分，在其中的第 4 行定义了名为_size 的受保护的属性，同时在第 8 行和第 10 行中定义了两个以单下画线开头的受保护的方法。在第 12 行开始定义 Shape 类的子类 Circle 部分，在其中的第 14 行和第 16 行用到了父类定义的_size 这个受保护的变量。

由于受保护的变量能在本类和子类里被使用，因此在第 20 行初始化子类时，其实是用子类的_size 覆盖掉了父类的_size，同时，在第 21 行和第 22 行的调用中，我们可以看到子类能调用父类中受保护的方法。但是要注意的是，受保护的方法不能在非子类中被调用，比如在第 24 行中，因为 anotherClass 不是 Shape 的子类，所以调用_set_type 时会报错。

前文讲述过，需要把仅在本类里用到的属性和方法封装成私有的，基于"封装"特性的同样考虑，这里的"获取和设置形状种类"的方法，它的有效范围是在"形状基类"和对应的子类里，而其他的类不该调用它们，因此对于这类的属性和方法，就不应该定义成"公有的"，而应该定义成"受保护的"。

3.2.3 慎用多重继承

在 Java 等语言中，一个类只能继承一个父类，这叫"单一继承"。但在 Python 语言中，一个子类可以继承多个父类，这叫"多重继承"。

这种做法看似提供了很大的便利，但如果项目里的代码量很多，使用多重继承会增加代码的维护成本，所以如果没有特殊需求，最好只使用"单一继承"，而不要使用"多重继承"。在下面的 MoreParentsDemo.py 范例程序中，我们来看一下多重继承带来的困惑。

```
1  # !/usr/bin/env python
2  # coding=utf-8
3  class FileHandle(object):    # 处理文件的类
4     def read(self,path):
5        print("Reading File")
6        # 读文件
```

```
7        def write(self,path,value):
8            __path = path
9            print("Writing File")
10           # 写文件
11   class DBHandle(object):        # 处理数据库的类
12       def read(self,path):
13           print("Reading DB")
14           # 读数据库
15       def write(self,path,value):
16           __path = path
17           print("Writing DB")
18           # 写数据库
19   # Tool 同时继承了两个类
20   # class Tool(FileHandle,DBHandle):
21   class Tool(DBHandle,FileHandle):
22       def businessLogic(self):
23           print("In Tool")
24   tool = Tool()
25   tool.read("c:\\1.txt")
```

在第 3 行和第 11 行的 FileHandle 和 DBHandle 这两个类中，都定义了 read 和 write 这两个方法，且它们的参数相同。在第 21 行中的 Tool 类同时继承了这两个类，请注意第 20 行和第 21 行代码的差别，它们在继承两个父类时，次序有差别。

如果在多重继承时改变了继承的次序，那么通过第 25 行的输出语句，会发现前面的类方法会覆盖掉后面类的同名方法，比如当前打印时，会输出 Reading DB。这是因为 DBHandle 类的 read 方法会覆盖掉 FileHandle 类的同名方法。

如果注释掉第 21 行的代码，同时去除调第 20 行的注释，就会发现输出的是 Reading File。这是因为，在第 20 行的代码中，多重继承的次序是先 FileHandle 再 DBHandle，于是 FileHandle 类的 read 方法会覆盖掉 DBHandle 类的同名方法。

如果我们的本意是通过多重继承同时在 Tool 引入读写文件和数据库的方法，但从效果上来看，由于两个父类中的方法同名了，出现方法的覆盖了，因此就和我们使用多重继承的本意不符了。

遇到这类情况，如果还要继续使用多重继承，那么就不得不改变其中一个类的方法名，但这样会增加代码的维护难度，与其这样，就不如不用多重继承，从根本上来避免这类困惑。

3.2.4　通过"组合"来避免多重继承

在多重继承的范例中，想要通过继承多个类在本类中引入多个功能。如果在这类应用场景中，子类和父类之间没有从属关系，就不该用继承，应该用"组合"，即在一个类中组合多个类，从而引入其他类提供的方法。在下面的 CompositionDemo.py 范例程序中来看一下"组合"多个类的用法。

```
1    # !/usr/bin/env python
2    # coding=utf-8
3    # 省略原来定义的 FileHandle 和 DBHandle 代码
4    # 改写后的 Tool 类
```

```
5   class Tool(object):
6       def __init__(self,fileHandle):
7           self.fileHandle = fileHandle
8           self.dbHandle = DBHandle()
9       def calDataInFile(self,path):
10          self.fileHandle.read(path)
11          # 统计文件里的数据
12      def calDataInDB(self,path):
13          self.dbHandle.read(path)
14          # 统计文件里的数据
15  # 使用类
16  fileHandle = FileHandle()
17  tool = Tool(fileHandle)
18  tool.calDataInFile("c:\\1.txt")            # 输出 Reading File
19  tool.calDataInDB("localhost:3309/myDB")    # 输出 Reading DB
```

在第 5 行定义的 Tool 的__init__方法中，通过两种方式引入了 FileHandle 和 DBHandle 这个类：第一种方式是在第 6 行中，通过输入参数传入 FileHandle 类型的对象；第二种方式是直接在第 8 行中生成 DBHandle 类型的对象。通过这两种方式在 Tool 类中"组合"两个工具类后，即可在第 10 行和第 13 行使用。

在第 18 行和第 19 行调用 tool 对象的两个方法时，就会发现没有再出现之前看到的"方法被覆盖"的现象，通过输出结果可以看到，在 Tool 中正确地调用到了读写文件和读写数据库的方法。

3.3 多态是对功能的抽象

多态的含义是，实现同一个功能的方法可以有不同的表现形态。在实际应用中往往会整合性地使用"继承"和"多态"这两大特性。

如果两个方法同名，但参数个数不同，这在 Java 等语言里是允许的，但在 Python 语言中不支持，所以多态特性在 Python 中的表现形式是，方法同名但参数类型不同，或者同一个方法能适用于不同类型的调用场景。

3.3.1 Python 中的多态特性

在前文提到过多态特性，下面通过 PolyDemo.py 范例程序从一些熟悉的程序语句中来归纳一下"多态"的具体表现方式。

```
1   # !/usr/bin/env python
2   # coding=utf-8
3   print(1+1)            # 输出是 1
4   print("1"+"1")        # 输出是 11
5   areaList=["ShangHai","HangZhou"]
6   print(areaList)       # print 能适用于不同类型的参数
7   print("abc".index("a"))
```

```
8    print(["a","b","c"].index("b"))
```

从第 3 行和第 4 行的程序语句，可以看到对于同一种运算符（即同一种功能）加号，当参数（或操作数）不同时，会执行不同的操作。比如参数是数字时，会执行加法操作，如果是字符串时，会执行字符串的连接操作。另外，对于同一个方法 print，当参数不同时（参数分别是数字类型和字符串类型），也会执行不同的操作，即输出数字类型和字符串类型的对象。

这就是多态特性的具体表现方式，即同一种功能，比如上面范例程序中的 print 方法，随着输入参数类型的不同，会有不同的表现形态，即能输出整数类型或字符串类型。

在第 7 行和第 8 行中，可以看到 index 方法会随着调用主体的不同，展现出不同的形态，比如在第 7 行中，会从字符串里找到单词的索引值，而在第 8 行中，是从列表里找单词的索引值，这也体现了多态的特性。

3.3.2 多态与继承结合

多态往往会和继承结合使用，即当一个父类的不同子类调用同一个方法时，该方法会有不同的表现形式。在下面的 PolyInhertanceDemo.py 范例程序中可以看到整合多态和继承这两者的用法。

```
1    # !/usr/bin/env python
2    # coding=utf-8
3    class Employee(object):
4        def __init__(self,name):
5            self.__name = name
6        def work(self):
7            print(self.__name + " Work.")
8    class Manager(Employee):
9        def __init__(self,name):
10           self.__name = name
11       def check(self):
12           print("Manage check work.")
13       def work(self):
14           print(self.__name + " Work.")
15           self.check()
16   class HR(Employee):
17       def __init__(self,name):
18           self.__name = name
19       def calSalary(self):
20           print("HR calculate Salary.")
21       def work(self):
22           print(self.__name + " Work.")
23           self.calSalary()
24   # 调用类
25   manager = Manager("Peter")
26   manager.work()
27   hr = HR("Mike")
28   hr.work()
```

第 8 行的 Manager 类和第 16 行的 HR 类都是 Employee 的子类，在其中都有 work 方法，但在不同的子类里，work 方法有不同的功能，即表现形式不同。

第 25 行和第 27 行的程序语句分别创建了 Manager 和 HR 这两个类的对象，虽然它们都是 Employee 的子类，但在第 26 行和第 28 行调用其中的 work 方法时，能根据调用主体的不同，分别调用对应类的 work 方法，下面的输出语句即可验证出这一效果。

```
Peter Work.
Manage check work.
Mike Work.
HR calculate Salary.
```

3.4　通过 import 复用已有的功能

Python 语言是面向对象的程序设计语言，所以提供了以"模块"（Module）、"包"（Package）和"库"等不同形式的程序复用功能。在编程时若需要实现某项功能，可以优先考虑通过 import 语句导入已有的比较成熟的功能模块，而不是从头开始开发。注：Python 语言也被称为"胶水"语言，有很多开源模块都可以通过 import（导入或引入）到程序项目中来加快项目的实现，这些模块一般称为包或程序包，也被称为库。本书大部分地方都统一称这些模块或包为"库"。在本书的行文中，在单独说明库名时，库名的第一个英文字母都大写，而在范例程序中用 import 导入库时，还要遵照库的原始名字中的英文字母大小写，否则无法正确导入。

3.4.1　通过 import 导入现有的模块

Python 的模块是一个扩展名为 py 的 Python 文件，在模块中可以封装方法、类和变量。Python 中的模块分为三种：自定义模块、内置标准模块和第三方提供的开源模块。

通用性的方法、类和属性往往会被封装到模块中，这样就能达到"一次编写多次调用"的效果，而无需在每个调用类中重复编写。在下面的 ModuleDemo.py 范例程序中演示了定义模块的常规方法。

```
1   # !/usr/bin/env python
2   # coding=utf-8
3   def displayModuleName():
4       print("CalModule")
5   def add(x,y):
6       return x+y
7   def minus(x,y):
8       return x-y
9   PI = 3.14 # 封装变量
10  class Stock:
11      def __init__(self, stockCode,price):
12          self.stockCode, self.price = stockCode,price
13      def buy(self):
14          print("Buy " + self.stockCode + " with the price:" + self.price)
```

　　在第 3 行到第 8 行中定义了多个方法，在第 9 行中定义了 PI 这个变量，而在第 10 行到第 14 行定义了一个 Stock 类。在模块中一般放的是"定义"类的代码，而不会放"调用"类的代码。

　　定义好模块后，就可以在其他 Python 文件中通过 import 来导入定义好的现有模块，并使用其中的功能，如下 ImportDemo.py 范例程序所示。

```
1   # !/usr/bin/env python
2   # coding=utf-8
3   import ModuleDemo as tool
4   from ModuleDemo import Stock as stockTool
5
6   print(tool.PI)           # 3.14
7   print(tool.add(1,2))     # 3
8   print(tool.minus(1,2))   # -1
9   tool.displayModuleName()    # CalModule
10  #stockTool.add(1,2)          # 出错
11  myStockTool = stockTool("600001","10")
12  myStockTool.buy() #Buy 600001 with the price:10
```

　　在类中导入模块的方式一般有两种：第一种如第 3 行所示，通过 import 语句和模块名导入指定的模块，并在 as 之后给这个模块起个别名；另一种方式是只导入该模块中指定的内容，如第 4 行所示，通过 from 模块名 import 类名（或方法名或属性名）的方式导入指定的内容，在 as 之后同样可以起个别名。

　　导入模块或指定内容后，在第 6 行到第 9 行中，即可通过 tool 这个别名访问模块中的属性和方法。由于 stockTool 这个别名仅仅是指向模块中的 Stock 类，因此通过它无法调用到 add 方法，而只能如第 11 行和第 12 行所示，调用 Stock 类中的方法。

3.4.2　包是模块的升级

　　如果以模块的形式复用代码出现了模块冲突的情况，则无法导入实现功能不同但名字相同的模块，为了解决这个问题，可以用包的形式来复用现有功能。

　　从表现形式上来看，包是一个目录，其中包含若干个扩展名为.py 的模块，而且包里还得包含一个__init__.py 的文件，哪怕这个文件是空的也行。这样就可以通过"包名.模块名"的方式来复用模块，从而能避免模块冲突的情况。

　　下面来实践一下。按照如下步骤来创建一个包，在 charter3 的项目中，新建一个名为 myPackage 的目录，随后在其中放入如图 3-1 所示的文件。

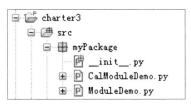

图 3-1　包组织结构的示意图

　　__init__.py 文件是每个包所必有的，否则会出错，这里仅是个空文件。范例程序 ModuleDemo.py

在 3.5.1 小节已经给出，新加的 CalModuleDemo.py 模块代码如下：

```
1   # !/usr/bin/env python
2   # coding=utf-8
3   E = 2.718
4   G = 9.8
5   def calGravity (m):
6       return m*G
```

在第 3 行和第 4 行定义了两个变量，而在第 5 行中封装了 calGravity 方法。这样，在 myPackage 这个包中放入一个 __init__.py 类。

随后在 charter3 项目中新建一个名为 UsePackageDemo.py 的文件，在其中调用包中的模块，代码如下。

```
1   # !/usr/bin/env python
2   # coding=utf-8
3   import myPackage.CalModuleDemo as calTool
4   from myPackage import ModuleDemo as myTool
5   print(myTool.PI)              # 3.14
6   print (calTool.calGravity(10)) # 98.0
7   print (calTool.E)             # 2.718
```

请注意第 3 行和第 4 行导入包中模块的方式，在第 3 行是通过"包名.模块名"的方式导入 CalModuleDemo 这个模块，而在第 4 行则是通过"from 包名 import 模块名"的方式导入模块。导入后，则可以如第 5 行到第 7 行所示，通过"别名.属性"和"别名.方法名"的方式来调用。

3.4.3　导入并使用第三方库 NumPy 的步骤

Python 中的模块（Module）和包（Package）都能被称为"库"，在实际的项目中，很多时候是通过导入第三方库，也就是复用库中封装的诸多功能。为了全书名称的统一，后面提及第三方模块或包的时候，都统一称为库。单独提及库名的时候，库名的第一个英文字母都用大写，在程序代码中用 import 导入库或程序语句中特指库名称时，则回归库名原始的英文名称大小写习惯。

比如之前用到的列表等功能类即是封装在 Python 标准库中的，在本书之后的篇幅中还会用到一些开源库。下面将以 NumPy 这个开源的科学计算库为例，演示一下导入并使用第三方库的具体步骤。

步骤 01　由于我们安装的是 python3.4.4 版本，因此在 Scripts 目录中能看到 pip.exe，如图 3-2 所示。

图 3-2　pip.exe 所在的文件夹

请确保在环境变量的 Path 里，已经设置了 pip.exe 所在的路径 D:\Python34\Scripts。

步骤 **02**　在"命令提示符"窗口中，执行命令 pip install -U numpy，其中-U 表示以当前用户的身份安装，安装好以后，会告知安装到了哪个路径。

步骤 **03**　依次单击"Window"→"Preferences"菜单，在随后弹出的对话框的左侧，找到 PyDev，并在"Interpreter – Python"这个选项中，在 System PATHONPATH 框内，单击"New Folder"按钮，而后添加 NumPy 库的安装路径，如图 3-3 所示，这样在项目中就可以调用 NumPy 库中的方法或函数了。

图 3-3　设置 NumPy 安装所在的路径

完成上述步骤后，就可以调用 NumPy 库中的方法了，范例程序 NumpyDemo.py 中的代码如下。

```
1   # !/usr/bin/env python
2   # coding=utf-8
3   import numpy as np  # 导入 NumPy 库，起了个别名 np
4   arr = np.array(np.arange(4)) # 创建一个序列
5   print(arr)               # 输出 [0 1 2 3]
6   print(np.eye(2))         # 创建一个维度是 2 的对角矩阵，输出如下
7   # [[1. 0.]
8   # [0. 1.]]
```

通过调用 NumPy 库提供的方法，就能对数组序列和矩阵进行计算。本节的重点不是讲述 NumPy 库中有哪些方法，而是以这个库为例，介绍如何通过 pip 命令安装并导入第三方库。在后续章节中，还会用到其他第三方库，也可以照此方法导入。

3.5　通过迭代器加深理解多态性

在 3.1.2 小节中，我们看到了不同的类都具有相同的魔术方法，比如当我们通过 print 打印某个类时，会自动触发该类的 __repr__ 方法，也就是说，针对不同的类，__repr__ 方法会表现出不同的形态，体现出"多态性"。

同样，针对每个有"被遍历"需求的类，也可以让__iter__和__next__方法以多态性的方式实现各种遍历功能。比如在下面程序代码的第 2 行中，就是用 in 来遍历 myList 的每个元素，原因是列表对象中有能满足遍历要求的__iter__和__next__方法。

```
1   myList = [1,2,3,4]
2   for i in myList: # 输出 1 到 4
3       print(i)
```

如果想让自定义的类具有"可遍历"的特性，即能以 in 的方式来输出每个元素，那么也需要覆盖（或称为重写）这两个方法。在下面的 IterDemo.py 范例程序中演示了"可遍历"的实现方式（也可以说是通过迭代的实现方式），通过这个范例程序让大家加深对多态性的认识。

```
1   # !/usr/bin/env python
2   # coding=utf-8
3   class createEven:        # 有"可遍历需求"的类
4       def __init__(self, min, max):
5           self.value = min
6           self.min = min
7           self.max = max
8       def __iter__(self): # 输出全部
9           print("in iter")
10          return self
11      def __next__(self): # 生成下一个偶数
12          print("in next")
13          self.value += 2
14          return self.value
15  myEvenList = createEven(0,6)
16  for i in myEvenList:        # 输出 myEventList 列表中不大于 10 的偶数
17      print(i)
18      if(i>=10):
19          break
```

在第 8 行的__iter__方法中返回了 self，在第 11 行的__next__方法中生成了下一个偶数。在 15 行的程序语句创建一个包含偶数序列的 myEvenList 对象后，之后就能在第 16 行通过 in 来遍历其中的元素，这段代码的输出如下。

```
in iter
in next
2
in next
4
in next
6
```

从执行结果可知，一旦通过 in 来遍历，即会触发__iter__方法，而在 for 循环里遍历 myEvenList 中的每个元素时，都会触发__next__方法。

通过这个范例程序，我们看到了"多态性"的具体实现细节，以遍历性为例时，可以在相应类中实现对应的方法（比如上面范例程序中的__iter__和__next__），于是在遍历不同类时，就会自动触发该类中的对应方法，从而让这两个方法可以针对不同的类表现出不同的形态（即多态性）。

3.6　本章小结

在本章前面部分的若干个范例程序中,用到了面向对象的程序设计思想,从中可以综合性地了解"封装"、"继承"和"多态"这三大特性以及它们对开发项目的帮助。

在此基础上,在 3.5 节和 3.6 节给出了若干个综合使用面向对象程序设计思想实现的实用范例,读者可以从中加深对面向对象程序设计思想理论知识的理解,还可以掌握这种设计思想在实际项目中使用的技巧。

第 4 章

异常处理与文件读写

在语法上和功能上没问题的程序也未必能成功运行，这是因为程序运行的环境会存在各种不确定的因素。比如当使用 remove 删除列表元素时，如果元素不存在，系统就会抛出异常。又如，当程序读写文件时，如果文件不存在，系统也会抛出异常。

如果没有任何异常处理机制，出现异常情况时程序就被迫中止运行了。而作为开发者实际所期望的是：第一能看到异常的细节从而知道该如何处理；第二程序能继续进行而不是因异常而中止。对于这种情况，就需要用到 Python 提供的异常处理机制。文件读写是异常处理机制的一个比较典型的使用场景，所以本章将综合它们来讲述这两方面的内容。

4.1 异常不是语法错误

在简单的项目中，会触发异常处理流程的场景并不多，所以有些初级程序员更重视语法和功能方面的问题，而对异常处理流程不大关注，甚至在代码中看不到异常处理相关的代码。

所谓异常（Exception），也被称为例外，它不是语法错误，更不是功能缺陷，而是项目在运行时遇到意料之外的问题，比如读文件时目标文件并不存在，或是操作数据库时无法连到数据库。正确地处理异常情况，不仅能保证项目能继续正常运行，更能明确给出异常的细节，从而能有效地执行异常（或故障）处理和恢复等操作。

4.1.1 通过 try...except 从句处理异常

在 Python 中，监控并处理异常的基本语法格式是 try...except 从句，比如有如下的代码。

```
1    stockInfoList = ['600001','600002']
2    stockInfoList.remove('600003')
```

```
3    print('following job')
```

在第 2 行中，程序语句想要删除 stockInfoList 中不存在的一个元素，运行这段代码时，程序会立即中止，在控制台中会出现如图 4-1 所示的错误提示信息。

```
Traceback (most recent call last):
  File "D:\software\java web\清华出版社\PythonWorkSpace\charter4\src\TryDemo.py", line 2, in <module>
    stockInfoList.remove('600003')
ValueError: list.remove(x): x not in list
```

图 4-1　程序异常终止的输出结果

从错误提示信息中可知，异常指向第 2 行，同时，第 3 行的输出语句并没有执行。这种不对异常进行处理的做法是非常危险的，比如 ATM 机需要不间断地运行，如果其中的程序遇到了异常情况，程序应当能自动处理从而保证 ATM 能继续运行，如果自身无法处理，也应该立即发出警告信息，让人工及时干预。出于这个原则，我们在 TryDemo.py 范例程序中改写了上述代码，在其中增加了异常处理的语句。

```
1    # !/usr/bin/env python
2    # coding=utf-8
3    stockInfoList = ['600001','600002']
4    try:
5        stockInfoList.remove('600003')
6    except:
7        print('Could not Remove from List')
8    print('following job')
```

在改写后的范例程序中，用第 4 行的 try 语句来监控第 5 行的 remove 操作，所以当找不到要删除的元素时，就跳转到 except 从句中的第 7 行程序语句，之后第 8 行的代码就能继续运行，因而遇到这种异常情况时就不会再意外中止程序。

这段范例程序的运行结果如下所示，从中可以看到 try…except 从句的处理流程，当在 try 部分出现异常后，抛出的异常会被 except 从句捕获并进行处理，处理之后就能继续执行 except 之后的程序语句。

```
Could not Remove from List
following job
```

4.1.2　通过不同的异常处理类处理不同的异常

在范例程序 TryDemo.py 的第 6 行中，except 后面没有通过参数来指定处理异常的类，这时 Python 系统将默认地用 Except 类来处理所有种类的异常。事实上，Python 还提供了诸多专业处理各类异常的类，可以在 except 从句中通过参数来指定这段 except 从句能捕获和处理哪一类异常。

在下面的 ExceptionUsageDemo.py 范例程序中，将看到各种常用异常处理类的应用场景。

```
1    # !/usr/bin/env python
2    # coding=utf-8
3    stockInfoList = ['600001','600002']
4    try:
```

```
5      print(stockInfoList[4])  # 索引出错时会触发
6      # 1/0
7  except IndexError:
8      print('Index Error')
9  try:
10     # 参数类型正确，但返回值不符合预期时会触发
11     print(stockInfoList.index('600003'))
12 except ValueError:
13     print('Value Error')
14 try:
15     2+'error'  # 函数参数类型不正确时会触发
16 except TypeError:
17     print('Type Error')
18 try:
19     1/0  # 除零异常
20 except ZeroDivisionError:
21     print('ZeroDivision Error')
22 class Car:
23     def __init__(self,owner):
24         self.owner = owner
25 myCar = Car("Peter")
26 try:
27     print(myCar.price)  # 引用属性错误时触发
28 except AttributeError:
29     print('Attribute Error')
```

在第 7 行的 except 从句中引入了 IndexError 异常处理类，用它来处理诸如索引出错的异常。由于在第 5 行的代码中，我们故意用错误的索引值来读取 stockInfoList 中的对象，因此会触发 IndexError 异常。

请注意，专业的异常处理类只能处理"本职"范围内的异常，如果注释掉第 5 行的代码，同时取消第 6 行的注释，以便让除零语句生效，就会发现 IndexError 无法处理除零异常。

第 12 行的 ValueError 异常类能处理"参数类型正确，但返回值不符预期"的异常情况，比如在第 11 行中，index 方法的参数正确，但输入该参数后，返回的是"索引值找不到"的结果，所以会触发 ValueError 异常。

第 16 行的 TypeError 异常处理类会在"函数参数类型不正确"时被触发，比如在第 15 行执行"加法"运算时，预期的参数应该都是数值类型，但这里出现了字符串类型，不符合"加法"运算要求的参数类型，所以会抛出此类异常。

第 19 行的 ZeroDivisionError 会捕获并处理除零异常，这个比较好理解。第 28 行的 AttributeError 异常会在"引用对象属性错误"时被触发，比如在第 27 行中引用了 Car 类中不存在的 price 属性，所以触发了该类异常。

除了上面提到的各种异常处理类之外，在表 4-1 中，归纳了 Python 语言中其他常用的异常处理类。

表 4-1　Python 语言中其他常用的异常处理类一览表

异常处理类名	触发场景
OSError	无法完成操作系统级的任务时，会触发该类异常，比如无法打开文件时，会触发此类异常
FloatingPointError	浮点类计算错误
OverflowError	数值运算时超过此种类型数值的最大范围
UnicodeTranslateError	Unicode 转换时出错

4.1.3　在 except 中处理多个异常

在之前的范例程序中，其中的 except 语句里只传入了一个参数，因而 except 程序语句块只能捕获并处理一类异常。

在实际的应用场景中，无法保证在 try 程序语句块中只发生一类异常，所以可以在 except 后通过参数来传入多个异常处理类，用以处理可能发生的多类异常。在下面的范例程序 HandleMoreExceptDemo.py 中演示这种处理多类异常的情况。

```python
1    # !/usr/bin/env python
2    # coding=utf-8
3    def divide(x,y):
4        try:
5            return x/y
6        except(ZeroDivisionError, TypeError, Exception) as e:
7            print(e)
8    # 如下是各种错误的调用
9    print(divide(1,'1'))      # 触发 TypeError 异常
10   print(divide(1,0))        # 触发 ZeroDivisionError
```

在第 3 行的 divide 方法中，是想对两个数字类型的参数进行除法运算并返回，但在实际应用中，由于无法预料输入参数的类型以及具体数字，因此在第 4 行到第 7 行的方法程序区块中，是通过 try…except 从句捕获并处理可能发生的各类异常情况。

在实际调用时，在第 9 行中触发了 TypeError 异常，在第 10 行中触发了 ZeroDivisionError 异常。因为在第 6 行的 except 从句中的括号里传入了多个异常处理类，所以这两类异常都能被第 6 行的 except 程序语句块捕获并处理。

需要说明的是，毕竟我们无法预料之前 try 从句中发生异常的种类，所以如果在 except 从句中传入了多个异常处理类，那么最好再用 Except 这个能处理所有异常的类来兜底，以免出现"异常情况不在处理范围内"从而导致程序因无法处理异常而中止的情况。

4.1.4　通过 raise 语句直接抛出异常

在前面的 TryDemo.py 范例程序中，当异常发生时，是自动触发并进入到 except 的异常处理流程。此外，也可以通过 raise 语句以显式的方式触发异常，下面的 RaiseDemo.py 范例程序将演示这种用法。

```
1   # !/usr/bin/env python
2   # coding=utf-8
3   def divide(x,y):
4       if y==0:
5           raise Exception('Divisor is 0')
6       try:
7           return x/y
8       except(TypeError):
9           raise Exception('Parameters Type Error')
10  try:
11      print(divide(1,0))
12  except(Exception) as e:
13      print(e)  # 输出 Divisor is 0
14  try:
15      print(divide(1,'1'))
16  except(Exception) as e:
17      print(e)   # 输出 Parameters Type Error
```

在第 3 行定义的 divide 方法中实现了 x 除以 y 的功能，在其中第 4 行的 if 条件语句中，当 divide 方法中除数 y 是 0 时，则在第 5 行使用 raise 语句抛出一个异常，而且通过 Exception 类的参数指定了该异常的提示信息。

在第 11 行调用 divide 方法时，通过传入参数的方式触发了除数为 0 的异常，由此进入第 12 行的 except 处理异常的流程。执行第 13 行的打印语句之后，就能看到"Divisor is 0"的输出信息，由此明确了异常发生的原因。

可以对比一下第 5 行的 raise 语句和第 7 行被 try 监控的语句，在第 5 行的程序语句是主动抛出异常，而在第 7 行则是一旦出现"类型错误"等异常情况，此类异常就会自动被第 8 行的 except 从句处理。

此外，还可以像第 5 行和第 9 行的代码那样，通过 raise 语句抛出异常以此来重新组织描述异常的信息。这样的话，与系统给出的异常信息相比，我们自定义的异常描述信息会更具有操作性，这也是平时开发项目中实践的要点。

4.1.5 引入 finally 从句

在 try…except 从句后面还可以引入 finally 从句。finally 的特性是：不管发生异常与否，或者不管发生何种异常，finally 程序语句块都会被执行到。在下面的 FinallyDemo.py 范例程序中演示了 finally 从句的常规用法。

```
1   # !/usr/bin/env python
2   # coding=utf-8
3   stockInfoList = ['600001','600002']
4   try:
5       stockInfoList.remove('600003')
6       #stockInfoList.remove('600001')
7   except:
8       print('Could not Remove from List')
9   finally:
```

```
10      print('in finally')
11   print('following job')
```

上面这个范例程序是根据 TryDemo.py 范例程序改编而来，由于第 5 行的 remove 会触发异常，因此会执行第 8 行的语句，之后也会执行第 10 行 finally 从句中的语句。这个范例程序的输出结果如下：

```
Could not Remove from List
in finally
following job
```

如果去除第 6 行的注释同时注释掉第 5 行的程序代码，此时不会触发异常，不过依然会执行第 10 行 finally 从句中的语句，执行结果如下：

```
in finally
following job
```

在具体的使用中，finally 从句能直接和 try 从句匹配而无需带 except。这时哪怕 try 中有 return 语句，依然会执行 finally 从句中的程序语句，下面再来看一下 FinallyWithReturnDemo.py 范例程序。

```
1    # !/usr/bin/env python
2    # coding=utf-8
3    def funcWithFinally():
4        try:
5            print("In Try")
6            return "Return in Try"
7        finally:
8            print("In Finally")
9            return "Return in Finally"
10   print(funcWithFinally())
```

在第 6 行中，虽然在 try 语句中使用 return 语句来返回，但依然会执行第 7 行 finally 从句中的程序语句，运行结果如下，从运行结果可知，第 9 行的 return 语句跳过了第 6 行 return 语句的运行，即提前返回了。

```
In Try
In Finally
Return in Finally
```

如果注释掉第 9 行的 return 语句，那么就能看到如下的运行效果，这说明执行完 finally 从句后，依然会执行 try 中的 return 语句。

```
In Try
In Finally
Return in Try
```

4.2　项目中异常处理的经验谈

从前文的介绍中可知，异常处理的语法其实并不复杂。不过在实际项目中，应确保系统在异常情况下也能正常继续运行。在本节中，读者能看到实际项目中异常处理的若干准则以及常见的实施方式。

4.2.1　用专业的异常处理类来处理专门的异常

之前讲述的实现方式是通过在 except 中设置参数来引入多个异常处理类，如下所示。

```
1  except(ZeroDivisionError, TypeError, Exception) as e:
2      处理异常的程序语句
```

在一般的应用场景中，如果可以用同一段代码处理多种不同类型的异常，上面这种编写方式是可以的，但在有些应用场景中发生不同类型异常时，则需要采用不用的处理措施。

比如连接数据库异常时需要重连，读文件时发现文件不存在，都需要提示错误信息，这时就不能用同一个 except 来处理不同的异常，而应该用不同的 except 来分别处理，相关代码如下所示。

```
1  except(DatabaseError) as dbError:
2      重新连接数据库
3  except(FileNotFoundError) as fileError:
4      提示文件找不到的信息
5  except(Exception) as e:
6      提示错误信息
```

在这种应用场景中，虽然在第 1 行到第 4 行，用专门的异常类针对性地处理了数据库和文件的异常，但在之前的 try 语句中，还是可能出现其他种类的异常。也就是说，用各种专门的异常处理类未必能涵盖所有可能发生的异常类型，所以，还得像第 5 行和第 6 行那样，用 Exception 类来兜底处理那些用专门的异常类无法涵盖到的异常。

4.2.2　尽量缩小异常监控的范围

在处理实际业务的时候，比如某个方法有 50 行，其中第 4 行到第 10 行的程序语句用来连接数据库，第 30 行到 40 行的程序语句用来读文件。一种比较省事的方法是，直接用一个 try 来包围第 4 行到第 40 行的程序语句，把一些不需要监控的程序语句也用 try 包围起来了。

```
4  try:
......
8    连接数据库的程序语句
......
11 行到 23 行，不必监控的程序语句块
30
```

```
......    读文件的程序语句
40
41    except(Exception) as e:
42        处理异常信息
```

这样做的后果是，一旦第 8 行出现数据库异常，那么会直接跳转到第 41 行的异常处理代码，这样原本不该受到影响的程序语句（比如第 30 行到第 40 行读文件的程序语句）也不会被执行了。

由此可知，应该在程序中用多个 try...catch 来包围应该被监控到的程序语句，对于无需监控的程序语句，确保不该受到 try 影响。修改好的程序语句样式如下所示：

```
4     try:
......
8     连接数据库的程序语句
......
10    except(Exception) as e:
          处理数据库异常的程序语句

11 行到 23 行，不必监控的程序语句块无须包含在 try...catch 中
30    try:
......    读文件的程序语句
40    except(Exception) as e:
41        处理文件异常的程序语句
```

4.2.3　尽量缩小异常的影响范围

除了刚才提到的尽可能缩小 try 语句的监控范围之外，当发生异常情况时，还应当把异常造成的影响控制到最小的程度。下面来看一个范例程序 TryComplexDemo.py。

```
1     # !/usr/bin/env python
2     # coding=utf-8
3     stockPirceList = [100,200,'600001',300,400]
4     # try:
5     #   for item in stockPirceList:
6     #     print("Current Price: ",item + 100)
7     #except:
8     #   print('Error when printing current price.')
9     for item in stockPirceList:
10        try:
11          print("Current Price: ",item + 100)
12        except:
13            print('Error when printing current price.')
```

在这段范例程序中，目的是想遍历 stockPriceList 这个列表，获取其中的元素后加 100 再输出。如果去除第 4 行到第 8 行的注释，同时注释掉第 9 行到第 13 行的程序语句，就会发现当遍历到 '600001' 这个字符串类型的元素时，程序即会中止，而不会再处理后续的 300 和 400 这两个元素，输出结果如下所示：

```
Current Price:  200
Current Price:  300
```

```
Error when printing current price.
```

在这个应用场景中我们期望的是，处理完列表中所有正确的元素。也就是说，遇到列表中有不规范数据的情况，可以跳过不处理，也可以提示信息，但不能中止对列表后续元素的处理。

对此，请看第 10 行到第 13 行的程序语句，范例中是把 try 语句写在 for 循环内，这样哪怕是遍历单个元素时出现异常，也会继续遍历列表中的后续元素，而不会意外中止。改写后程序的执行结果如下：

```
Current Price:  200
Current Price:  300
Error when printing current price.
Current Price:  400
Current Price:  500
```

在处理异常时，还需要注意这样的场景：比如有两个并行处理的业务，即使其中一个业务出现异常，针对这个业务抛出异常了，不过另一个业务应该不受影响继续执行。

现在看一下下面的代码，由于用同一个 try 语句包含了两个并行的业务，因此在执行到第 2 行读取文件业务方法而抛出异常时，第 3 行读取数据库的方法也会被连带中止（执行不到）。

```
1   try:
2       tool.calDataInFile("c:\\1.txt")              # Reading File
3       Tool.calDataInDB("localhost:3309/myDB")      # Reading DB
4   except:
5       异常处理的程序语句
```

对此，需要用 2 个 try 语句分别处理这两个不同的业务，示例代码如下：

```
1   try:
2       tool.calDataInFile("c:\\1.txt")              # Reading File
3   except:
4       处理文件类的异常
5   try:
6       tool.calDataInDB("localhost:3309/myDB")      # Reading DB
7   except:
8       处理数据库类的异常
```

4.2.4 在合适的场景下使用警告

在程序的调试环境和生产环境中可以引入不同的异常级别，比如在调试环境发生数据处理异常时，可能需要打印出这类错误信息，以便确认程序语句是否已经对此做了充分的处理。但在生产环境中，如果日志打印过多，一方面会影响系统的性能；另一方面也不利于问题的定位。而且，在生产环境的程序语句一般是经过在调试环境上反复确认过的，出现问题的概率很小，所以无需再输出一些严重程度不高的异常提示信息。

可以用警告（Warning）级别的输出来打印"应当在调试环境中打印但不该在生产环境中打印"的异常情况。在下面的 WarningDemo.py 范例程序中可以看到"警告类"的用法。

```
1   # !/usr/bin/env python
2   # coding=utf-8
```

```
3   import warnings
4   # warnings.filterwarnings("ignore")
5   stockInfoList = ['600001','600002']
6   try:
7       stockInfoList.remove('600003')
8   except:
9       warnings.warn('Could not Remove from List')
10  finally:
11      print('in finally')
12  print('following job')
```

在第 3 行中通过 import 导入了 warnings 这个异常类，请注意，由于第 7 行的 remove 方法会触发异常（找不到要删除的元素），因此会执行第 9 行的程序语句，这个范例程序的运行结果如下，其中第 3 行和第 4 行输出的是 warnings.warn 的结果。

```
in finally
following job
D:\software\java web\清华出版社\PythonWorkSpace\charter4\src\WarningDemo.py:9:
 UserWarning: Could not Remove from List
warnings.warn('Could not Remove from List')
```

在调试环境中有必要这样做，因为需要发现每个可能触发异常的地方，并确保这些异常不会影响业务。经过确认，remove 导致的异常不会影响主流程，所以在上线到生产环境运行之前，可以去掉第 4 行的注释，指定代码无需输出 warnings 级别的异常。取消注释后，运行结果如下所示，再也看不到警告级别的异常信息了。

```
in finally
following job
```

4.3　通过 IO 读写文件

文件读写是项目中不可或缺的功能，Python 本身的标准库中就提供了文件读写的方法，调用这些方法可以方便地操作文件。

4.3.1　以各种模式打开文件

在本节中，先通过一个读 txt 文件的范例程序来演示一下 Python 读文件的一般方式。
首先，在 c:\1 目录中新建一个名为 python.txt 的文件，在其中写入如下三行文字。

```
Hello Python!
This is second line.
This is third line.
```

随后，编写范例程序 ReadFileDemo.py，在其中实现读文件的功能。

```
1   # !/usr/bin/env python
```

```
2    # coding=utf-8
3    f = open("c:\\1\\python.txt",'r')
4    line = f.readline()
5    while line:
6        print(line, end='')
7        line = f.readline()
8    f.close()
```

在第 3 行中通过 open 方法打开指定的文件，请注意，如果出现描述路径的单斜杠，则需要用双斜杠 "\\" 来转义，而 open 方法的第二个参数表示打开文件的模式，这里 "r" 表示以 "读取" 模式打开，这也是默认的文件打开模式。

文件打开后，由于文件里有多行文字，则需要通过第 4 行的 readline 语句以及第 5 行到第 7 行的循环方式逐行打印从文件中读取的内容，打印完成后，则需要通过第 8 行的 close 方法关闭文件对象。

由于文件对象会占用系统资源，而且操作系统同时能打开的文件数量也是有限的，因此在用完文件后，别忘记调用 close 方法关闭文件。这个范例程序的运行结果如下，从运行结果可知，该程序实现了逐行输出的功能。

```
Hello Python!
This is second line.
This is third line.
```

除了刚才提到的用 "r" 参数以 "读取" 的模式打开文件外，Python 中的 open 方法还支持用表 4-2 列出的其他常见模式来打开文件。

表 4-2　打开文件时常用的各种模式一览表

参数值	含义
r	读取模式
w	写入模式
r+	读写模式，从文件头开始写，保留原文件中没有被覆盖的内容
w+	读写模式，写的时候如果文件存在，原文件会被清空，从头开始写
a	附加写模式（不可读），若文件不存在，则会创建该文件，如果文件存在，写入的数据会被加到文件末尾，即文件原来的内容会被保留
a+	附加读写模式。若文件不存在，则会创建该文件，如果文件存在，写入的数据会被加到文件末尾，即文件原来的内容会被保留
b	二进制模式，而非文本模式

4.3.2　引入异常处理流程

在前文介绍的读文件范例程序中，当要读取的文件不存在时，应当提示对应的信息，而不该中止程序。而且，在读完文件后，应当确保在发生和没发生异常的各种场景下都要调用 close 方法关闭文件对象。所以一般会在操作文件（不仅读，而且写）的程序代码中引入 try…except…finally 从句来处理文件读写操作触发的异常。

在下面的 ReadFileWithTry.py 范例程序中将通过引入异常处理流程来确保读写文件程序代码

的健壮性。

```python
1    # !/usr/bin/env python
2    # coding=utf-8
3    try:
4        #filename = 'c:\\1\\python1.txt'
5        filename = 'c:\\1\\python.txt'
6        f = open(filename,'r')
7        line = f.readline()
8        while line:
9            print(line, end='')
10           line = f.readline()
11   except:
12       print("Error when handling the file:" + filename)
13   finally:
14       try:
15           f.close()
16       except:
17           print("No Need to close file:" + filename)
```

与之前范例程序不同的是，第 4 行到第 10 行读文件的程序代码被包含到了第 3 行所示的 try 语句内部，这样一旦发生读文件异常时，比如去掉第 4 行的注释，读到了一个不存在的文件，则会执行第 12 行的语句，程序不会因异常而中止。

由于无论是发生异常还是没发生异常，都需要关闭文件对象，因此要把 close 语句写到在第 13 行到第 17 行的 finally 从句中。

如果读取文件时没发生异常，那么 finally 从句中的第 15 行 close 语句能正常执行，如果打开了一个不存在的文件，比如第 4 行的 c:\\1\\python1.txt'，那么 f 对象其实是不存在的，所以第 15 行调用 close 关闭文件对象 f 时会抛出异常，但是由于文件没有打开，因而无需关闭，这就是要把 close 语句包含在 try…except 从句中的原因。

4.3.3　写文件

可以通过调用 write 方法来写文件，在下面的 WriteFileDemo.py 范例程序中演示了 Python 写文件的程序编写逻辑，写文件的程序逻辑同样是用 try 包含起来。

```python
1    # !/usr/bin/env python
2    # coding=utf-8
3    try:
4        filename = 'c:\\1\\myFile.txt'
5        f = open(filename,'w')
6        f.write('Hello,')
7        f.write('Python!')
8    except:
9        print("Error when writing the file:" + filename)
10   finally:
11       try:
12           f.close()
```

```
13      except:
14          print("No Need to close file:" + filename)
```

在第 5 行中调用 open 方法，以 w（写）模式打开了 c:\\1\\myFile.txt 这个文件，随后在第 6 行和第 7 行用两个 write 语句向这个文件中写了两段话。

这段范例程序有两点需要注意：第一，当用 'w' 模式打开文件并写文件时，如果文件不存在，就会创建一个，如果存在，则会清空原文件再写入新的东西。如果不想清空原文件而是直接追加新的内容，就需要使用 'a' 模式打开文件；第二，写文件时，系统一般不会立刻写，而会先放到缓存中，只有当调用 close()方法时，系统才会把缓存中的内容全部写入文件中。

4.4　读写文件的范例

在前面的各节中，讲述了读写文件的常用方法，从本节开始将通过一些实际的范例，让大家进一步理解在 Python 中读写文件的实际技能。

4.4.1　复制与移动文件

复制和移动文件的差别是，复制后源文件依然存在而移动后源文件会被删除。在下面的 CopyAndMoveFile.py 范例程序中，通过调用 Python 的 os 和 shutil 这两个自带的库来实现文件的复制和移动功能。

```
1   # !/usr/bin/env python
2   # coding=utf-8
3   import os,shutil    # 通过 import 导入两个库
4   def moveFile(src,dest):
5     if not os.path.isfile(src):
6         print("File not exist!" + src)
7     else:
8         fpath=os.path.split(dest)[0]       # 获取路径
9         if not os.path.exists(fpath):
10            os.makedirs(fpath)             # 如果路径不存在，则创建
11        shutil.move(src,dest)              # 移动文件
12        print('Finished Moving')
13  def copyFile(src,dest):
14    if not os.path.isfile(src):
15        print("File not exist!" + src)
16    else:
17        fpath=os.path.split(dest)[0]       # 获取路径
18        if not os.path.exists(fpath):
19            os.makedirs(fpath)             # 创建路径
20        shutil.copyfile(src,dest)          # 复制文件
21        print('Finished Copying')
22  # 调用方法
23  srcForCopy='c:\\1\\python.txt'
```

```
24    destForCopy='c:\\1\\python1.txt'
25    copyFile (srcForCopy,destForCopy)
26    srcForMove='c:\\1\\python.txt'
27    destForMove='c:\\1\\python2.txt'
28    moveFile (srcForMove,destForMove)
```

在第 4 行的 moveFile 方法中实现了移动文件的功能，它的两个参数分别表示要移动的源文件和目标文件。在第 5 行中通过调用 os.path.isfile 方法来判断源文件是否存在，不存在则提示出错的信息。

在第 8 行中通过 os.path.split(dest)[0] 来获取目标文件的路径，split 方法会返回一个数组，其中第一个元素表示路径，第二个元素表示文件名。如果路径不存在，则执行第 10 行，调用 os 库的 makedirs 方法创建路径，一切准备就绪后，再执行第 11 行的 shutil.move 方法移动文件。

第 13 行的 copyFile 和 moveFile 很相似，在第 20 行调用了 shutil.copyfile 实现了文件的复制。

第 23 行到第 28 行的程序语句分别指定了移动和复制文件的源地址和目标地址，而第 25 行和第 28 行的程序语句分别调用了复制和移动方法，调用完成后，在 c:\\1 目录中即可发现有了 python1.txt 和 python2.txt 两个文件，由于是移动，源文件 python.txt 会被删除。

4.4.2　读写 csv 文件

在程序项目中，一般会用 csv 来存储表格形式的文件，而且 csv 文件还能被 Excel 以表格的形式打开。csv 文件有如下两个特点：第一，每行记录一条信息；第二，每条记录被分隔符（一般是逗号）分隔为若干个字段序列，而且每行的字段序列都是相同的。

下面是范例程序 WriteCsv.py，从中不仅能看到通过 Python 中 csv 模块写 csv 文件的方法，还能看到生成 csv 文件后该文件的样式。

```
1     # !/usr/bin/env python
2     # coding=utf-8
3     import csv  # 导入 csv 模块
4     head=['code','price','Date']
5     stock1=['600001',26,'20181212']
6     stock2=['600002',32,'20181212']
7     stock3=['600003',32,'20181212']
8     # 以'a'追加写模式打开文件
9     file = open('c:\\1\\stock.csv','a',newline='')
10    # 设置写入的对象
11    write = csv.writer(file)
12    # 写入具体的内容
13    write.writerow(head)
14    write.writerow(stock1)
15    write.writerow(stock2)
16    write.writerow(stock3)
17    print("Finished Writing CSV File.")
```

从第 4 行到第 7 行的程序语句分别定义了 csv 文件的表头和三组数据。在第 9 行中调用 open 方法以 'a' 追加写的模式方式打开了文件 c:\\1\\stock.csv，其中 newline='' 是说明每写完一行数据后无需换行。

在第 11 行中设置了写入的对象为 write，随后从第 13 行到第 16 行的程序语句，通过 write 对象写入了 csv 的文件头和三行内容。运行这段程序代码后，在 c:\1 路径下就可以看到 stock.csv 文件，该文件的内容如图 4-2 所示。

	A	B	C
1	code	price	Date
2	600001	26	20181212
3	600002	32	20181212
4	600003	32	20181212

图 4-2   stock.csv 文件示意图

在下面的 ReadCsv.py 范例程序中，就能读取到刚才创建的 stock.csv 文件。

```python
1   # !/usr/bin/env python
2   # coding=utf-8
3   import csv,os
4   fileName="c:\\1\\stock.csv";
5   if not os.path.isfile(fileName):    # 判断文件是否存在
6       print("File not exist!" + fileName)
7   else:
8       file = open(fileName,'r')        # 以读的模式打开文件
9       reader = csv.reader(file)
10      for row in reader:               # 逐行读取 csv 文件
11          try:
12              print(row)
13          except:
14              print("Error when Reading Csv file.")
15      file.close()                     # 读完后关闭文件
```

在第 5 行中通过 os.path.isfile 来判断要读取的文件是否存在，如果不存在，则执行第 6 行的程序语句输出提示信息。如果文件存在，则执行第 8 行的语句以读的模式打开文件，随后通过第 10 行到第 14 行的 for 循环逐行读取 csv 文件中的内容。这里要注意 try 的写法，如果读取到文件中的某行出错时，仅仅是中止读取当前行的内容，而不是中止读取 csv 文件。读完文件后，需要执行如第 15 行所示的语句，调用 close 关闭文件。

4.4.3   读写 zip 压缩文件

在程序项目中，经常会压缩或解压缩 zip 文件，在下面的 CreateZip.py 范例程序中演示了把一个目录下的所有文件（包含该目录下子目录里的所有文件）压缩成一个 zip 文件。

```python
1   # !/usr/bin/env python
2   # coding=utf-8
3   import zipfile,os   # 导入两个库
4   zip=zipfile.ZipFile('c:\\1.zip', 'w')   # 指定压缩后的文件名
5   try:
6       for curPath, subFolders, files in os.walk('c:\\1'):
7           for file in files:                    # 压缩所有的文件
8               print(os.path.join(curPath, file))
9               zip.write(os.path.join(curPath, file))
10  except:
11      print("Error When Creating Zip File")
12  finally:
```

```
13    zip.close()
```

在第 6 行的外层 for 循环内，执行 os.walk 语句，遍历并压缩了 c:\\1 目录下的所有文件。os.walk 方法返回一个包含三个元素的元组，它们分别是每次遍历的路径名、该路径下的子目录列表以及当前目录（以及子目录）下的文件列表。

在第 7 行的内层循环里，依次遍历由执行第 6 行 os.walk 所得到的所有文件，之后是执行第 9 行的 write 语句，把文件写入 c:\1.zip 中。这里调用了 os.path.join 方法，用来组装路径和文件名，执行第 8 行的 print 语句即可看到调用 join 方法后的结果（也就是 zip 文件中包含的所有文件）。

运行该范例程序后，在 c 盘根目录下就能找到 zip 文件，用鼠标单击这个 zip 文件后，就能看到该压缩文件中包含了 c:\1 目录下的所有文件，而且还可以通过第 8 行的打印语句看到被压缩的文件列表。

请注意这个范例程序中 try...except...finally 从句的写法，如果在压缩其中任何一个文件时出错，则是中止整个压缩流程，这和常规的做法是相符的，在第 13 行的 finally 从句中，通过调用 close 方法关闭了操作 zip 文件的对象。

完成文件的压缩后，通过下面的 UnZip.py 范例程序能以两种方法来解压缩 zip 文件。

```
1    # !/usr/bin/env python
2    # coding=utf-8
3    import shutil,zipfile
4    # shutil.unpack_archive('c:\\1.zip','c:\\2')
5    f = zipfile.ZipFile("c:\\1.zip",'r')
6    for file in f.namelist():
7        f.extract(file,"c:\\2")
8    f.close()
```

第一种解压缩的方式是直接调用 shutil.unpack_archive 方法，该方法第一个参数表示要解压缩的 zip 包，第二个参数则表示解压缩后释放出文件要存储到的路径。

在第 5 行到第 8 行中给出了第二种解压缩方式，首先是在第 5 行调用 zipFile 方法，打开要解压缩的 1.zip 压缩包，随后执行第 6 行的 for 循环，依次遍历压缩文件里的每个文件，并在第 7 行调用 extract 方法，把文件解压缩到 c:\\2 目录下。解压缩完成后，同样是在第 8 行调用 close 方法关闭操作 zip 文件的 f 对象。

4.5 本章小结

本章讲述的异常处理要点均是从项目中总结而来，异常处理的原则是："出现异常不要紧，但要把异常影响的范围限制到最小"。具体的实施要点是：第一是正确地提示异常信息；第二是合理设置监控范围和异常处理的措施；第三是使用 finally 从句回收系统资源。

为了让读者更好地理解处理异常的实施方法，本章还讲述了与文件读写操作有关的内容，让读者不仅能从实例中进一步体会异常处理的原则，还能掌握读写文件的方法，可谓一举两得。

第5章

股市的常用知识与数据准备

以前面章节中讲述了 Python 的基础知识为起点，从本章开始，结合股票交易数据分析与处理的范例，进一步讲述 Python 相关的知识。

在本章中，首先将用通俗易懂的语句讲述股票交易的相关知识以及一些股市的常用术语，而且会通过描述"竞价制度"让大家了解"股票为什么会涨跌"这个本源性的问题。

随后，通过使用各种 Python 库，从网站、网页等渠道，下载股票数据并保存到 csv 等格式的文件中。在后续章节讲述各个知识点时，会以分析和处理股票交易数据的范例来逐个展开。另外，在这些范例中将会使用本章给出的方法获取股票数据。

5.1 股票的基本常识

股票也叫股份证书，是股份有限公司为筹集资金而发行的持股凭证，每股股票都代表着股东对该股份公司拥有一个基本单位的所有权。股票可以转让、买卖或作价抵押，是资金市场的主要长期信用工具。

5.1.1 交易时间与 T+1 交易规则

股票的交易日期是，除法定休假日之外的周一至周五，交易时间是上午 9:30 到 11:30，下午 1:00 到 3:00。

自 1995 年 1 月 1 日起，上海证券交易所和深圳证券交易所对股票交易实行"T+1"的交易方式．即指投资者当天买入的股票在当天不能卖出，需要等到第二天方可卖出。

5.1.2　证券交易市场

在中国内地有两个证券交易的场所，分别是上海证券交易所和深圳证券交易所，我们通常所说的沪深股市指的就是这两个交易市场。

上海证券交易所简称"上交所"（Shanghai Stock Exchange），成立于 1990 年 11 月 26 日，而深圳证券交易所简称"深交所"（ShenZhen Stock Exchange）成立于 1990 年 12 月 1 日。

5.1.3　从竞价制度分析股票为什么会涨跌

竞价制度包括集合竞价和连续竞价制度。其中，集合竞价是指在每个交易日上午 9 点 15 分到 9 点 25 分，投资者按自己心理价位申报股票买卖价格，交易所对全部有效的委托进行一次集中撮合处理的过程。如果在集合竞价时间段内的有效委托单未成交，那么这些委托单会自动进入 9 点半开始的连续竞价阶段的交易流程。

在集合竞价过程中，投资者在这段时间里输入的价格无需按时间优先和价格优先的原则交易，而是按最大成交量的原则来定出股票的价位，这个价位就被称为集合竞价的价位。集合竞价的流程大致如下所述。

（1）确定有效委托。即在涨跌幅限制的前提条件下，根据该股上一交易日收盘价以及确定的涨跌幅度来计算当日的最高限价、最低限价。

（2）选取成交价位。在有效价格范围内选取使所有委托产生最大成交量的价位。如有两个以上这样的价位，则按如下的规则选取成交价位：高于选取价格的所有买委托和低于选取价格的所有卖委托能够全部成交，与选取价格相同的委托的一方必须全部成交。

（3）集中撮合处理所有的买委托按照委托限价由高到低的顺序排列，限价相同者按照进入系统的时间先后排列，而所有卖委托则按委托限价由低到高的顺序排列，限价相同者按照进入系统的时间先后排列。

依序逐笔将排在前面的买委托与卖委托配对成交，即按照"价格优先，同等价格下时间优先"的成交顺序依次成交，直至成交条件不满足为止，即不存在限价高于等于成交价的叫买委托或不存在限价低于等于成交价的叫卖委托。所有成交都以同一成交价成交。

（4）行情揭示。集合竞价中未能成交的委托，自动进入连续竞价。

集合竞价结束后，交易开始，在上午 9 点 30 分到 11 点 30 分，下午 13 点到 15 点，即进入连续竞价阶段。在此期间每一笔买卖委托进入电脑自动撮合系统后，当即判断并进行不同的处理，能成交者予以成交，不能成交者等待机会成交，部分成交者则让剩余部分继续等待。按照相关规定，在无撤单的情况下，委托当日有效。若遇到股票停牌，停牌期间的委托无效。

连续竞价处理按时间优先和价格优先两个原则。具体来讲，申买价高于即时揭示的最低卖价，以最低申卖价成交，申卖价低于最高申买价，以最高申买价成交。两个委托如果不能全部成交，剩余的继续留在买卖单上，等待下次成交。

从上述竞价制度的描述来看，如果投资者对某股有信心，认为它会涨，想要买进，在竞价时就会申报一个相对当前价格而言比较高的价格，这时就会按比较高的价格成交，于是股票就涨了。

相反，如果投资者对某股没有信心，认为后市会跌，那么就会卖出。为了尽快抛售，就会定一个低于当前价的卖单，这样一来按竞价制度，股票就跌了。

5.1.4　指数与板块

股票指数即股票价格指数，是由证券交易所或金融服务机构编制的表明股票行市变动的一种供参考的指示数字。投资者通过指数的上涨和下跌，可以判断出股票价格的变化趋势，这种股票指数，也就是表明股票行市变动情况的价格平均数。

常见的指数有上证综合指数，深圳综合指数，沪深 300 指数，香港恒生股票指数，道·琼斯股票指数和金融时报股票价格指数等。

股票板块是指某些公司在股票市场上有某些特定的相关要素，就以这一要素命名该板块。

板块的分类方式主要有两类，按行业分类和按概念分类。

行业板块分类是指，中国证监会对上市公司有分类标准，这个是官方的。每季度要求对公司大于 50%的业务来归类公司所属行业。这部分内容可以在证监会网站上查到上一个季度的所有上市公司的行业分类。

概念板块没有统一的标准。常用的概念板块分类法有地域分类：如上海板块、雄安新区板块等，还可以按政策分类，比如新能源板块、自贸区板块等，按指数分类可以是，沪深 300 板块、上证 50 板块等，按热点经济分类比如，网络金融板块、物联网板块等。

5.1.5　本书会用到的股市术语

在股市中通常都有一些约定俗成的词语来表示一些特定的含义，这就是股市术语，在本书后续的章节中，在验证基于各种指标的买卖策略时，也会用到一些术语，下面就大致介绍一下。

- 牛市：也称多头市场，指人们对市场行情普遍看涨，延续时间较长的大升市。
- 熊市：也称空头市场，指人们对市场行情普遍看淡，延续时间相对较长的大跌市。
- 多头：是指投资者对股市前景看好，预计股价就会上涨而逢低买进股票，等股价上涨至一定价位再卖出股票，以获取差价收益的投资行为。
- 空头：是指投资者对股市前景看坏，预计股价就会下跌，而逢高卖出股票，等股价下跌至一定价位再买回股票，以获取差价收益的投资行为。
- 利多：又叫利好。是指刺激股价上涨的信息，如上市公司经营业绩好转、银行利率降低和市场繁荣等，以及其他政治、经济、军事、外交等方面对股价上涨有利的信息。
- 利空：对于空头有利，能刺激股价下跌的各种因素和消息，称为利空。
- 空仓：指投资者将所持有的股票全部抛出，手中持有现金而无股票的状态。
- 建仓：指投资者判断股价将要上涨而开始买进股票的投资行为。
- 满仓：是指投资者将资金全部买入了股票而手中已没有现金的状态。
- 减仓：是指卖出手中持有的股票，减少所拥有股票的数量。
- 仓位：是指投资人实际投资和实有投资资金的比例。例如投资者总的投资金额为 10 万元，现在用了 5 万元买入了股票，那么该投资者的仓位就是 50％。

- 追涨：就是当股票开始涨起来时，不管价位是多少都买入股票的投资行为。
- 杀跌：就是在股市下跌的时候，不管当初股票买入的价格是多少，都立刻卖出，以求避免更大的损失。这种行为称为杀跌。
- 长线：又叫长线投资，看准一只股票在长时间内持有它，通过它获利的投资行为。
- 短线：又叫短线投机，在比较短的时间内，比如在几天内，甚至当天内买进卖出股票以获取差价收益的投资行为。
- 主力：是持股数较多的机构或大户，每只股票都存在主力，但是不一定都是庄家，庄家可以操控一只股票的价格，而主力只能短期影响股价的波动。
- 筹码：投资人手中持有的一定数量的股票。
- 蓝筹股：是指那些在其所属行业内占有重要支配性地位、业绩优良，成交活跃、红利优厚的大公司的股票称为蓝筹股。其特点是有着优良的业绩、收益稳定、股本规模大、红利优厚、股价走势稳健、市场形象良好。
- 龙头股：在股票市场的炒作中对同行业板块的其他股票具有影响和号召力的股票，它的涨跌往往对其他同行业板块股票的涨跌起引导和示范作用。
- 支撑线：又称为抵抗线。当股价跌到某个价位附近时，股价停止下跌，甚至有可能回升，这是因为多方在此买入造成的。支撑线起阻止股价继续下跌的作用。
- 阻力线：股价上涨到达某一价位附近，股价停止上扬，甚至回跌，这是因为空方在此卖出造成的。阻力线起阻止股价继续上涨的作用。
- 技术指标：泛指一切通过数学公式计算得出的股票数据集合。目前，证券市场上的各种技术指标非常多，例如相对强弱指标（RSI）、随机指标（KDJ）、趋向指标（DMI）、平滑异同平均线（MACD），等等。
- 黄金交叉（金叉）：是指上升的中短期指标曲线由下而上穿过长期指标曲线，表示股价将继续上涨，行情看好。
- 死亡交叉（死叉）：是指下降的中短期指标曲线由上而下穿过长期指标曲线，表示股价将继续下跌，行情看坏。
- 背离：是指技术指标曲线的运动方向与股票价格的运行方向不一致。说明股价的变化没有得到指标的支持。背离分为顶部背离和底部背离。

5.2　编写股票范例程序会用到的库

在 Python 语言的发展过程中，Python 系统的开发者和第三方库的开发者会把一些常用的功能封装到 Python 库中，比如之前在读写文件时用到的 os 和 shutil 库。

在本章中，我们会从网站抓取数据，在后续章节中，还会用这些数据绘制各种股票指标，在编写范例程序的过程中，会用到如表 5-1 所示的库。

表 5-1　编写股票相关范例程序会用到的库

库名	功能点
pandas_datareader	是一个远程获取金融数据的 Python 工具，是第三方库
urllib	可以用来以 GET 和 POST 的方式抓取网络数据，是 Python 标准库
requests	是基于 urllib 库的，可以用于抓取网络数据，是第三方库
pandas	是第三方库，包含一些标准的数据模型，能高效操作大型数据集
re	是 Python 核心库，封装了处理正则表达式的功能
matplotlib	是第三方库，封装了实现可视化功能的方法，在本书内，主要通过它来绘制股票指标
Tushare	Tushare 是一个免费开源的第三方财经数据接口包，封装了用于采集分析和加工股票等金融数据的功能

在表 5-1 中，除了 urllib 和 re 是 Python 核心库之外，其他都是第三方库，都需要单独安装。之前我们安装过 NumPy 库，安装这些库的步骤也很相似。

切换到 Python 的安装目录，笔者计算机中对应的 Python 安装目录为 d:/python34，在其中能看到 Scripts 目录，在"命令提示符"窗口中通过命令行切换到这个 Scripts 目录，而后执行命令 pip install -U 库名（比如 matplotlib），系统会通过 pip 命令下载并安装最新的库。

下载时，如果提示 pip 安装程序不是最新版，则可以执行如下的命令更新 pip：

```
python -m pip install --upgrade pip
```

如果安装的 Python 版本和最新的库不兼容，则可以通过如下的命令指定版本，比如指定安装 3.0 以下的 Matplotlib 库的最新版本：

```
pip install -U "matplotlib<3.0"
```

5.3　通过爬取股市数据的范例程序来学习 urllib 库的用法

通过不同的网站（即网址），可以收集到由参数指定的股票数据，比如通过网易网站对应网址，可以收集到指定股票在指定时间范围段内的数据。

通过 Python 的核心库 urllib，可以爬取到网站的数据，事实上，urllib 库中封装了网络爬虫的功能。

5.3.1　调用 urlopen 方法爬取数据

本节将通过网址 http://quotes.money.163.com/service/chddata.html，以 get 的方式请求数据，具体的格式是：

```
http://quotes.money.163.com/service/chddata.html?code=0600895&start= 20190101&end
=20190110&fields=TCLOSE;HIGH;LOW;TOPEN;CHG;PCHG;TURNOVER;VOTURNOVER; VATURNOVER
```

在表 5-2 中列出了爬取网易网站数据所使用的各个参数及其含义。

表 5-2　爬取网易网站数据所使用的各个参数及其含义

参数名	说明
code	股票代码
start	抓取股票数据的开始时间，格式是 yyyymmdd
end	抓取股票数据的结束时间，格式是 yyyymmdd
fields	要抓取的信息字段

网易网站返回的数据带有很多字段，下面通过 fields 参数只抓取对本书有用的，表 5-3 列出了 fields 参数所指定的字段列表。

表 5-3　网易网站返回的数据字段对应表

参数名	说明
TCLOSE	收盘价
HIGH	最高价
LOW	最低价
TOPEN	开盘价
CHG	涨跌额
PCHG	涨跌幅
TURNOVER	换手率
VOTURNOVER	成交量
VATURNOVER	成交金额

如果直接在浏览器中输入上述 url，则可以看到如图 5-1 所示的 csv 格式数据，根据输入的参数，返回了 600895（张江高科）从 2019 年 1 月 1 日到 1 月 10 日指定字段的交易数据。

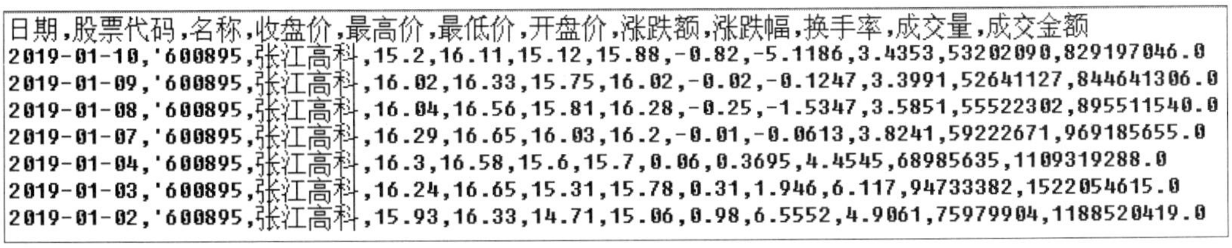

图 5-1　在浏览器中请求股票数据后返回的结果

通过调用 Python 中 urllib.request 模块的 urlopen 方法，可以从上述网站获取数据，在下面的 urllibDemo.py 范例程序中将示范爬取数据的基本编程逻辑。

```
1   # coding=utf-8
2   import urllib.request          # 导入库
3   stockCode = '600895'           # 要爬取的股票“张江高科”所对应的股票代码
4   url = 'http://quotes.money.163.com/service/chddata.html?code=0'+stockCode+
    \'&start=20190102&end=20190102&fields=TCLOSE;HIGH;LOW;TOPEN;CHG;PCHG;TURNO
    VER;VOTURNOVER;VATURNOVER'
```

```
5    print(url)            # 打印出要爬取的url
6    # 调用urlopen方法爬取数据
7    response = urllib.request.urlopen(url)
8    # 由于返回结果中有中文，因此要用gbk解码
9    print(response.read().decode("gbk"))
10   response.close();     # 关闭对象
```

在第 4 行中指定了要爬取网站的 url 地址，其中使用了拼接参数的方式来指定爬取股票的信息。在第 7 行中调用了 urlopen 方法，传入的参数是刚才拼接后的 url。

第 9 行通过 urlopen 返回的 response 对象调用它的 read 方法来输出爬取到的数据，由于返回数据里有中文字符，因此要调用 decode("gbk")方法进行转码。在完成爬取数据后，应当像第 10 行那样，调用 close 方法关闭爬取所用到的 response 对象。

运行这个范例程序，可以看到如下所示的 3 行输出，其中第一行输出了爬取股票数据所用到的 url 地址，后两行则是输出了爬取到的结果，爬取的结果和使用浏览器看到的是一致的。

```
http://quotes.money.163.com/service/chddata.html?code=0600895&start=
20190102&end=20190102&fields=TCLOSE;HIGH;LOW;TOPEN;CHG;PCHG;TURNOVER;
VOTURNOVER;VATURNOVER
日期,股票代码,名称,收盘价,最高价,最低价,开盘价,涨跌额,涨跌幅,换手率,成交量,成交金额
2019-01-02,'600895,张江高
科,15.93,16.33,14.71,15.06,0.98,6.5552,4.9061,75979904,
1188520419.0
```

5.3.2　调用带参数的 urlopen 方法爬取数据

在 5.3.1 小节中，在调用 urlopen 方法时，是直接传入了一个很长的经过拼接的 url 地址，其实 urlopen 方法还支持如下的参数传入方式。

```
urllib.request.urlopen(url,data=None,[timeout])
```

其中 url 表示要访问网站对应的网址，data 则表示要提交的数据，在调用过程中可以用它来传入参数，而 timeout 则表示访问 url 网站的超时时间，单位是秒。

在下面的 urllibWithParam.py 范例程序中，用到了 urlopen 方法的 data 和 timeout 参数，从效果上来看，输入参数并没有带一串很长的字符串，这样代码的可读性就提高了。

```
1    # coding=utf-8
2    import urllib.request
3    stockCode = '600895'        # 张江高科
4    # 请注意，url后没通过问号来传各种参数
5    url = 'http://quotes.money.163.com/service/chddata.html'
6    # 参数是通过url.parse的方式来传入的
7    param = bytes(urllib.parse.urlencode({'code': '0'+stockCode,'start':
     '20190102','end':'20190102','fields':'TCLOSE;HIGH;LOW;TOPEN;CHG;PCHG;TURNO
     VER;VOTURNOVER;VATURNOVER'}), encoding='utf8')
8    # 带各种参数
9    response = urllib.request.urlopen(url,data=param,timeout=1)
10   print(response.read().decode("gbk"))
11   response.close();
```

第 5 行的 url 地址只有主干，没有再通过问号来传入各种参数。在第 7 行中通过 urllib.parse 来整合各种输入参数，输入参数的格式是 ' 键 ':' 值 '，中间用逗号分隔，比如 'start':'20190102','end':'20190102'。

请注意第 9 行的 urlopen 方法，在其中通过 data 传入了参数，通过 timeout 传入了超时时间，调用之后同样执行第 10 行的代码来输出结果，第 11 行的代码则用于关闭对象。

5.3.3　GET 和 POST 的差别和使用场景

在 5.3.1 小节的 urllibDemo.py 范例程序中，是在 url 地址之后通过问号来拼接参数，其实这是通过 GET 方式来请求数据，而在 5.3.2 小节的 urllibWithParam.py 范例程序中，是通过 data 来传入参数，这其实是 POST 方式。

GET 和 POST 都是基于 HTTP 协议的请求方式，GET 把请求的数据（包括主体和参数）放在 url 中，POST 则把数据放在 HTTP 数据包中。GET 提交的数据尺寸最大为 2KB，而 POST 在理论上数据包的大小没有限制。

综合比较下来，通过 GET 方式传输的成本比较小，但由于会暴露参数，因此一般用于发送参数无需加密的请求，但如果要传送密码等安全性比较高的参数时，就不适宜用 GET 方式了，而建议用 POST 方式。

5.3.4　调用 urlretrieve 方法把爬取结果存入 csv 文件

通过网站爬取到的数据应当存入到 csv 等格式的文件中，以作为后续绘制股票指标的基础，调用 urllib.request.urlretrieve 方法就可以把请求获得的数据存入指定的目录中。

该方法的定义如下，其中 url 表示要爬取数据的网站网址，filename 表示爬取数据存入的文件名，而 data 则表示爬取时要传入的参数。

```
urlretrieve(url, filename=文件名, data=参数对象)
```

在 getStockAsCsv.py 范例程序中示范了通过调用 urlretrieve 爬取股票数据并存入 csv 文件的程序编写逻辑。

```
1   # coding=utf-8
2   import urllib.request
3   def getAndSaveStock(stockCodeList,path):
4     for stockCode in stockCodeList:
5         url = 'http://quotes.money.163.com/service/chddata.html'
6         param = bytes(urllib.parse.urlencode({'code': '0'+stockCode,
    'start':'20190101','end':'20190131','fields':'TCLOSE;HIGH;LOW;TOPEN;CHG;PC
    HG;TURNOVER;VOTURNOVER;VATURNOVER'}), encoding='utf8')
7         urllib.request.urlretrieve(url, path+stockCode+'.csv',data=param)
8   # 定义要爬取的股票列表
9   stockCodeList = []
10  stockCodeList.append('600895')      # 张江高科
11  stockCodeList.append('600007')      # 中国国贸
12  getAndSaveStock(stockCodeList,'d:\\stockData\\ch5\\')
```

从第 3 行到第 7 行的程序语句定义了实现爬取并存入爬取结果的 getAndSaveStock 方法，该方法的参数是要爬取的股票列表和结果文件的存储路径。

该方法的第 5 行语句定义了是从网易网站爬取数据，由于本次是采用 POST 的方式，因此在 url 之后并没有通过问号来拼接参数。第 6 行的语句与之前一样，传入爬取数据所用到的各种参数，这些参数表明要爬取 2019 年 1 月份的数据。第 7 行的程序语句调用了 urlretrieve 方法，把爬取到的数据存储到用 path+stockCode+'.csv' 指定的文件中。

从第 10 行到第 11 行的程序语句，在 stockCodeList 对象中放入了两个股票代码，分别是 600895 张江高科和 600007 中国国贸。第 12 行的程序语句调用 getAndSaveStock 方法执行爬取操作。这个范例程序执行后，在 D:\stockData\ch5 目录中，就能看到两个 csv 的文件，如图 5-2 所示。

图 5-2　爬取后结果存储的文件

打开其中任意一个文件，就能看到该股票在 2019 年 1 月的交易数据。

5.4　通过基于股票数据的范例程序学习正则表达式

在爬取数据时，一般需要对返回结果进行处理，这时就需要用到正则表达式。

正则表达式（Regular Expression，简写为 regex、regexp 或 RE），通常用来搜索和替换符合特定规则的文本。在 Python 语言中，是在 re 库里封装了正则表达式的相关方法。

5.4.1　用正则表达式匹配字符串

在开发过程中，经常会遇到针对字符串的匹配替换和截取操作，比如匹配某个字符串是否全都是数字，或者是截取字符串中用引号括起来的内容，此类需求可以通过正则表达式来实现。在下面的 regexMatchDemo.py 范例程序中列出了正则表达式"匹配规则"的用法。

```
1    import re   # 导入库
2    numStr = '1c'
3    numPattern = '^[0-9]+$' # 匹配数字的正则表达式
4    if re.match(numPattern,numStr):
5        print('All Numbers')
6    lowCaseStr = 'abc'
7    strPattern = '^[a-z]+$' # 匹配小写字母的正则表达式
8    if re.match(strPattern,lowCaseStr):
9        print('All Low Case')
10   stockPattern='^[6|3|0][0-9]{5}$'    # 匹配沪深 A 股主板和创业板股票
11   stockCode='300000'
12   if re.match(stockPattern,stockCode):
13       print('Is Stock Code')
```

在这个范例程序的第 3 行，第 7 行和第 10 行中，分别定义了三个匹配规则，在随后第 4 行，第 8 行和第 12 行中，调用 re.match 方法进行了匹配。

而第 10 行用于匹配沪深 A 股主板和创业板的正则表达规则是，以 6（沪）、3（创业板）或 0（深）开头，后面跟 5 位数字，具体规则的含义可参考表 5-4 的说明。

在三个匹配规则中，可以看到一些用于判断规则的正则字符，在表 5-4 中，归纳了一些常用的正则字符的含义。

表 5-4　常用正则字符一览表

符号	说明	用法举例
^	开始标记	^[0-9]+$，其中^的含义是以 0~9 的数字开始
$	结束标记	^[0-9]+$，其中$的含义是以 0~9 的数字结尾
+	匹配 1 次或多次	^[0-9]+$，+的含义是 0~9 的数字出现 1 次或多次
*	匹配 1 次或多次，也能匹配空字符串	1. re.match('^[0-9]*$','')，目标字符串是空，能匹配上 2. re.match('^[0-9]*$','0')，目标字符串是数字，能匹配上 3. re.match('^[0-9]*$','c')，目标字符串是字母，不能匹配上
[]	表示一个字符集	^[0-9]+$，其中^的含义是以 0~9 的数字开始，这里[0-9]表示包含 0~9 的字符集，也就是数字。 结合其他正则字符，这个表达式的规则是：以 0~9 的数字开头，以 0~9 的数字结尾，该数字字符出现一次或多次，归纳起来就是匹配数字
a-z	表示小写字母集，同理 A-Z 表示大写字母集	^[a-z]+$，则表示以小写字母开头和结尾，中间小写字母出现 1 次或多次，也就是说匹配目标字符串是否都是小写字母
|	表示"或"	比如[6|3|0]，则表示该字符要么是 6，要么是 3，要么是 0
{}	匹配指定字符 n 次	^[6|3|0][0-9]{5}$，其中[0-9]{5}需要连起来解读，说明匹配数字 5 次，这个表达式规则的完整含义：以 6、3 或 0 开头，后面连接 5 位数字

Python 中用正则表达式匹配字符串的一般用法如下。

```
1  myStr = 'n'
2  myPattern = '^[0-9]*$'
3  if re.match(myPattern,myStr):
4      print('Match')
```

其中第 1 行是要匹配的字符串，第 2 行表示匹配的规则，在第 3 行中，调用 match 方法来匹配。还可以利用上述正则字符定义的其他规则，比如要定义判断是否是手机号码的规则，那么 myPattern 就可以这样写：^1[3\|4\|5\|7\|8][0-9]{9}$，以 1 开头，第 2 位是 3 或 4 或 5 或 7 或 8，再跟上 9 位数字（共 11 位数字）。

5.4.2　用正则表达式截取字符串

当用 urlopen 等方式获取网络数据后，有时需要再处理一下，常见的场景有如下三种：

- 获取某个字符（比如等号）右边或左边或两边的字符串。
- 获取某对字符（比如左括号右括号对或者引号对）中间的字符串。
- 用特定字符（比如逗号）分隔字符串，把分隔结果放入数组。

在下面的 regexSplitDemo.py 范例程序中将演示正则表达式的上述用法。

```
1   # coding=utf-8
2   import re
3   # 以等号分隔，输出等号两边的字符串['content', 'Hello World']
4   print(re.split('=','content=Hello World'))
5   # 输出等号左边的字符串 content
6   print(re.split('=','content=Hello World')[0])
7   # 输出等号右边的字符串 Hello World
8   print(re.split('=','content=Hello World')[1])
9
10  str = 'content=code:(600001),price:(20)'
11  pattern = re.compile(r'[(](.*?)[)]')
12  # 输出括号内的所有内容['600001', '20']
13  print(re.findall(pattern, str))
14
15  # 获取<>之间的所有内容
16  rule = r'<(.*?)>'
17  result = re.findall(rule, 'content=<123>')
18  print(result)           # 输出['123']
19
20  # 获取引号之间的内容
21  rule = r'"(.*?)"'
22  result = re.findall(rule, 'content="456"')
23  print(result)           # 输出['456']
24
25  # 用逗号分隔
26  str='600001,10,12,15'
27  item=re.split(',',str)
28  print(item)             # 输出['600001', '10', '12', '15']
```

在第 4 行、第 6 行和第 8 行中，调用了 re.split 方法，把字符串按照等号进行分隔，该方法返回的是列表，从第 6 行和第 8 行程序语句的输出看，re.split 返回的列表中分别包含了等号左边和右边的字符串。

在第 10 行到第 13 行的程序代码中，是从字符串中截取了小括号之间的内容，具体做法是，调用第 11 行的 re.compile 方法定义了字符串截取的规则，在第 13 行中调用 re.findall 方法，把按规则截取的字符串放入了列表中并输出。

在第 15 行到第 18 行以及第 20 行到第 23 行之间的程序代码，分别实现了"截取"字符串的另外一种用法，即通过 rule = r'<(.*?)>'定义规则，该规则表示匹配 "<" 和 ">" 之间的所有字符串，随后调用 findall 方法来查找符合规则的字符串。如果把规则改成 r'"(.*?)"'，则是截取引号内的字符串。

从第 25 行到第 27 行的程序语句实现了 "按逗号分隔" 字符串的功能，是通过调用 re.split 方法实现的，该方法的返回结果也是列表，在执行第 28 行的 print 语句之后，即可看到字符串截取的结果。

5.4.3　综合使用爬虫和正则表达式

在之前的范例程序中是调用 urllib 核心库中的方法来爬取数据，事实上还可以调用 urllib 库的升级版 requests 库中的方法来爬取数据。

下面的范例向 http://hq.sinajs.cn/list=sh600895 这个新浪的网址请求数据，其中，list= 之后跟的是要请求其交易数据的股票代码，如果是沪股，前面需要加 sh 作为前缀。在浏览器中输入该请求后，可以看到如下的返回结果。

```
var hq_str_sh600895="张江高科,13.910,13.800,14.200,14.240,13.870,14.200,
14.210,19546288,274647248.000,35900,14.200,82825,14.190,202300,14.180,168400,
14.170,25100,14.160,225200,14.210,78800,14.220,45500,14.230,64977,14.240,
128600,14.250,2019-02-01,15:00:00,00";
```

也就是说，在等号之后的引号中包含了最近一个交易日的交易数据。由于本书的范例程序中不是从这个网址获取数据，因此就不解析这些数据的含义了。在下面的 getFromSinaAPI.py 范例程序中，将示范通过 requests 库爬取数据并用正则表达式整理返回结果。

```
1   # coding=utf-8
2   import requests
3   import re
4   # 定义爬取打印和保存数据的方法
5   def printAndSaveStock(code):
6       url = 'http://hq.sinajs.cn/list=' + code
7       response = requests.get(url).text
8       rule = r'"(.*?)"'            # 设置截取字符串的规则
9       result = re.findall(rule, response)
10      print(result[0])
11      filename = 'D:\\stockData\\ch5\\'+code+".csv"
12      f = open(filename,'w')
13      # findall 方法返回的是列表，这里第 0 号索引存放所需的内容
14      f.write(result[0])          # 写文件
15      f.close()                   # 关闭文件
16  # 爬取张江高科和中国国贸这两只股票的交易数据
17  codes = ['sh600895', 'sh600007']
18  for code in codes:
19      printAndSaveStock(code)
```

在第 5 行的 printAndSaveStock 方法中封装了爬取、打印和保存数据的功能。其中在第 6 行中定义了要获取数据的对应网站的 url 地址，在第 7 行通过 response = requests.get(url).text 的方式，从指定的 url 网站中获取了返回的文本，根据从浏览器中观察到的效果，我们只需要引号之间的内容，

所以在第 8 行中定义了字符串截取的规则，在第 9 行通过调用 re.findall 方法获取所需的内容。

请注意，由于 re.findall 方法返回的是一个列表，而在返回的结果中包含在引号内的文本数量只有 1 个，因此需要像第 10 行那样，用 result[0]的索引方式获取字符串的内容。

从第 11 行到第 15 行的程序语句，把结果写入到指定的文件中，写完后调用 close 方法关闭文件对象。这部分的代码在之前的章节里已经讲过，这里就不再详述了。

在第 17 行中定义了两个要爬取的股票列表，分别是 sh600895（张江高科，需要以 sh 为前缀）和 sh600007（中国国贸），在第 18 行和第 19 行使用 for 循环执行爬取并存储这两个股票相关数据的操作。

运行这个范例程序之后，就能在控制台中看到爬取后往 csv 文件中写入的内容，如图 5-3 所示，从中可以看到，只有引号之间的内容被写入了文件。

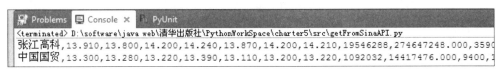

图 5-3　范例程序运行的结果

在 D:\stockData\ch5 目录中还能看到 sh600895.csv 和 sh600007.csv 这两个 csv 文件，这两个文件中的内容和在控制台上输出的内容是一致的。

在这个范例程序中，我们只是从结果中抓取了引号之间的内容，但在 5.4.2 小节中，我们讲述了抓取其他格式字符串的方式。在用 urllib 或 requests 等库爬取网络数据时，大家可以根据返回数据的格式，通过定义不同的截取规则得到所需格式的数据。

5.5　通过第三方库收集股市数据

在之前的范例程序中，通过 urllib 或 requests 等库，以输入 url 的方式从指定网站获取数据。而事实上，一些诸如 pandas_datareader 和 Tushare 等的 Python 第三方库也提供了一些获取股市数据的方法。

本书无意于比较各种获取股市数据的方式，而着意于列出各种获取数据的方式，以便读者可以根据具体的项目需求，灵活地选用合适获取数据的方式。

5.5.1　通过 pandas_datareader 库获取股市数据

pandas_datareader 是一个能读取各种金融数据的库，在下面的 getDataByPandasDatareader.py 范例程序中演示了通过这个库获取股市数据的常规方法。

```
1    # coding=utf-8
2    import pandas_datareader
3    code='600895.ss'
4    stock = pandas_datareader.get_data_yahoo(code,'2019-01-01','2019-01-30')
5    print(stock)    # 输出内容
```

```
6    # 保存为 excel 和 csv 文件
7    stock.to_excel('D:\\stockData\\ch5\\'+code+'.xlsx')
8    stock.to_csv('D:\\stockData\ch5\\'+code+'.csv')
```

从这个范例程序的代码上来看，不算复杂，从中没有见到爬取网站之类的代码。关键的是第 4 行，通过调用 pandas_datareader.get_data_yahoo 方法从雅虎网站获取数据，这个方法的参数分别是股票代码，开始日期和结束日期。

在这个范例程序中获取了 600895（张江高科）2019 年 1 月份的数据，虽然结束时间是 1 月 30 日，但从结果中能看到 1 月 31 日的数据。

在第 7 行和第 8 行分别调用了 to_excel 和 to_csv 方法，把结果存入了指定目录下的文件中。这个范例程序运行后，我们首先能在控制台中看到输出，其次会在 D:\stockData\ch5\目录中，看到 600895.ss.xlsx 和 600895.ss.csv 这两个保存股票数据的文件。打开 600895.ss.xlsx 文件，能看到如图 5-4 所示的数据内容，其实在控制台中和另一个 csv 文件中，可以看到一样的数据。

Date	High	Low	Open	Close	Volume	Adj Close
2019-01-02 0:00:00	16.33	14.71	15.06	15.93	75979904	15.93000031
2019-01-03 0:00:00	16.65	15.31	15.78	16.24	94733382	16.23999977
2019-01-04 0:00:00	16.58	15.6	15.7	16.3	68985635	16.29999924
2019-01-07 0:00:00	16.65	15.6	15.7	16.29	59222671	16.29000092
2019-01-08 0:00:00	16.56	15.81	16.28	16.04	55522302	16.04000092
2019-01-09 0:00:00	16.33	15.75	16.02	16.02	52641127	16.02000046
2019-01-10 0:00:00	16.11	15.12	15.88	15.2	53202090	15.19999981
2019-01-11 0:00:00	15.8	15.06	15.2	15.56	42057493	15.56000042
2019-01-14 0:00:00	16.08	15.35	15.67	15.46	43255147	15.46000004
2019-01-15 0:00:00	15.64	15.09	15.4	15.54	31687291	15.53999996
2019-01-16 0:00:00	16.17	15.46	15.75	15.71	44711686	15.71000004
2019-01-17 0:00:00	17.05	15.6	15.6	16.98	86309543	16.97999954
2019-01-18 0:00:00	16.8	16.05	16.72	16.29	62198832	16.29000092
2019-01-21 0:00:00	16.53	15.92	16.22	16.4	38675827	16.39999962
2019-01-22 0:00:00	16.91	16.3	16.3	16.36	47087722	16.36000061
2019-01-23 0:00:00	16.68	15.91	16.36	16.4	40190374	16.39999962
2019-01-24 0:00:00	16.65	15.93	16.65	16.07	39457212	16.06999969
2019-01-25 0:00:00	16.04	15.27	15.92	15.33	42175769	15.32999992
2019-01-28 0:00:00	15.57	15.21	15.5	15.35	21769886	15.35000038
2019-01-29 0:00:00	15.5	14.18	15.27	14.54	31401261	14.53999996
2019-01-30 0:00:00	14.77	14.33	14.49	14.37	16274136	14.36999989
2019-01-31 0:00:00	14.75	13.58	14.69	13.8	32695437	13.80000019

图 5-4　用 pandas_datareader 库获得股票数据的效果图

而返回数据的表头含义如表 5-5 所示的字段。

表 5-5　字段对应表

参数名	说明
Date	交易时间
High	最高价
Low	最低价
Open	开盘价
Close	收盘价
Volume	成交量
Adj Close	复权收盘价

在上述范例程序中，在调用 get_data_yahoo 方法时，传入的股票代码带有.ss 的后缀，这表示该代码是沪股的。此外，还能通过.sz 的后缀来表示深股，通过.hk 的后缀表示港股。如果要获取美

股的数据，则直接用美股的股票代码即可。在下面的 printDataByPandasDatareader.py 范例程序中演示了获取美股，港股和深股相关数据的方式。

```
1    # coding=utf-8
2    import pandas_datareader
3    stockCodeList = []
4    stockCodeList.append('600007.ss')    # 沪股 "中国国贸"
5    stockCodeList.append('000001.sz')    # 深股 "平安银行"
6    stockCodeList.append('2318.hk')      # 港股 "中国平安"
7    stockCodeList.append('IBM')          # 美股，IBM，直接输入股票代码不带后缀
8    for code in stockCodeList:
9        # 为了演示，只取一天的交易数据
10       stock = pandas_datareader.get_data_yahoo(code,'2019-01-02','2019-01-02')
11       print(stock)
```

这个范例程序的代码是第 10 行，即调用 get_data_yahoo 方法获得数据。在第 4 行到第 7 行添加要获取股票数据的股票列表时，分别设置了要获取沪股，深股，港股和美股的股票数据，设置时请注意股票代码的后缀。

这个范例程序运行后，就能从控制台中看到输出的 4 个股票在指定日期内的交易情况，由于数据量比较多，本书就不罗列具体的数据了。

5.5.2 使用 Tushare 库来获取上市公司的信息

Tushare 是一个免费的用于 Python 的财经数据接口包（或称为库），它的官网是 http://tushare.org/，在官网上，我们可以看到如下的描述：

Tushare 是一个免费、开源的 Python 财经数据接口包。主要实现对股票等金融数据从数据采集、清洗加工到数据存储的过程，能够为金融分析人员提供快速、整洁、和多样的便于分析的数据，为他们在数据获取方面极大地减轻工作量，使他们更加专注于策略和模型的研究与实现上。

我们可以通过调用 Tushare 库中的方法来获取各种有帮助的数据。在下面的 getStockInfoByTS.py 范例程序中，将示范调用 get_stock_basis 方法来获取各上市公司的信息，具体的程序代码如下。

```
1    # coding=utf-8
2    import tushare as ts          # 导入库
3    # 指定保存的文件名
4    fileName='D:\\stockData\\ch5\\stockListByTs.csv'
5    stockList=ts.get_stock_basics()              # 调用方法得到信息
6    print(stockList)              # 在控制台打印
7    stockList.to_csv(fileName,encoding='gbk')    # 保存到 csv 中
```

第 5 行的程序语句调用了 get_stock_basis 方法，第 6 行的程序代码在控制台里输出了相关信息，而在第 7 行则是通过调用 to_csv 方法把信息保存到指定的 csv 文件中，由于文件中含有中文字符，因此需要指定编码为 gbk。

打开对应的 csv 文件，就能看到上市公司的详细信息，由于返回的字段和记录数比较多，因此图 5-5 展示出的只是该 csv 文件中的部分数据。

code	name	industry	area	pe	outstandi	totals	totalAsse	liquidAsse	fixedAsse	reserved
2947	N恒铭达	元器件	江苏	28.64	0.3	1.22	62481.23	47050.62	12937.01	19640.3
2218	拓日新能	半导体	深圳	39.93	12.16	12.36	630969.4	227080	293907	131576.1
600537	亿晶光电	半导体	浙江	43.93	11.76	11.76	680322.4	315329.6	317004.4	128309.5
300167	迪威迅	通信设备	深圳	0	3	3	117731.2	65099.73	6401.46	31287.58
2681	奋达科技	家用电器	深圳	22.53	11.05	20.65	877962.6	303593.8	99794.32	270590.4
2333	罗普斯金	铝	江苏	0	4.85	5.03	155933.2	50139.26	78160.71	45438.65
2113	天润数娱	互联网	湖南	78.46	8.25	15.33	312240	119134	402.05	124397.1
300023	宝德股份	专用机械	陕西	0	1.44	3.16	662435.3	480009.8	12312.28	58975.38
601908	京运通	电气设备	北京	11.26	19.93	19.95	1518373	367535.7	830927.4	289949.5
300040	九洲电气	电气设备	黑龙江	26.24	2.35	3.43	383770.3	193841.6	140037.8	79762.31
300304	云意电气	汽车配件	江苏	25.67	8.46	8.72	216902	143668.5	49021.78	39300.51

图 5-5　用 Tushare 库获取的上市公司信息

从官网上，可以看到该方法返回所有字段的如下描述：

code 表示代码，name 表示名称，industry 表示所属行业，area 表示地区，pe 表示市盈率，outstanding 表示流通股本，单位是亿，totals 表示总股本，单位是亿，totalAssets 表示总资产，单位是万，liquidAssets 表示流动资产，fixedAssets 表示固定资产，reserved 表示公积金，reservedPerShare 表示每股公积金，esp 表示每股收益，bvps 表示每股净资产，pb 表示市净率，timeToMarket 表示上市日期，undp 表示未分利润，perundp 表示每股未分配利润，rev 表示收入同比（%），profit 表示利润同比（%），gpr 表示毛利率（%），npr 表示净利润率（%），holders 表示股东人数。

在上述范例程序中，获取了所有的上述公司的信息，在不少应用场景中，则需要根据股票代码去抓取数据，所以需要对上述范例程序进行修改，在下面的 printStockCodeByTS.py 范例程序中，通过调用 Tushare 库中的方法打印出所有上市股票的代码。

```
1  # coding=utf-8
2  import tushare as ts
3  stockList=ts.get_stock_basics()
4  for code in stockList.index:
5      print(code)
```

在第 3 行通过调用 ts.get_stock_basics()获取所有的上市公司信息后，第 4 行用 for 循环遍历 stockList.index，也就是股票代码，第 5 行则打印出全部的股票代码，读者也可以参照前一个范例程序把这些数据保存到 csv 文件中。

5.5.3　通过 Tushare 库获取某时间段内的股票数据

通过调用 Tushare 库中的 get_hist_data 方法，可以得到指定股票在指定时间范围内的交易数据，在下面的 saveStockToCsvByTS.py 范例程序中，调用 get_hist_data 方法来获取并保存指定股票在指定时间范围内的交易数据。

```
1  import tushare as ts
2  def saveStockByTS(code):      # 定义获取并保存指定股票交易数据的方法
3      start='2019-01-01'
4      end='2019-01-31'
5      ts.get_hist_data(code=code,start=start,end=end).to_csv('d:
   \\stockData\\ch5\\' +code+'.csv',columns=['open','high','close','low',
   'volume'])
6  # 开始调用
7  code='600895'    # 股票"张江高科"
```

```
8   saveStockByTS(code)
9   # 也可以去掉下面的注释，在获取股票代码的同时获取该股票的信息
10  # stockList=ts.get_stock_basics()
11  # for code in stockList.index:
12      # saveStockByTS(code)
```

在第 2 行的 saveStockByTs 方法中，通过调用第 5 行的 get_hist_data 方法获取股票的交易数据，该方法的参数分别表示股票代码，开始和结束时间。在获取交易数据之后，调用了 to_csv 方法，通过指定文件名和要保存的字段列表来保存获取到的交易数据。

在第 8 行中通过调用 saveStockByTs 方法，获取并保存了股票"张江高科"在 2019 年 1 月份的交易数据。同时，可以采用 printStockCodeByTS.py 范例程序中的用法，如第 10 行到第 12 行所示，在获取股票代码的同时就获取该股票的所有基本信息。

5.6 本章小结

由于本书的目的是通过股票相关的范例程序来学习 Python，因此在本章的前面内容，给出了股票的基本常识以及需要用到的相关 Python 库；之后通过各种库，示范了如何实现获取并保存股票数据的功能。一方面，读者可以通过股票相关的范例程序来学习爬虫和正则表达式等相关知识的使用技巧；另一方面，读者可以掌握获取股票相关数据的方法，这是后续章节编写股票范例程序的基础。

由于在一些第三方库里已经封装了获取股票数据的相关方法，因此在本章的最后还讲述了通过这些库获取并保存股票数据的用法。学习完本章，读者不仅能了解到股票的相关知识，还能掌握多种获取股票数据的手段，这为后续章节的学习打下了坚实的基础。

第6章

通过 Matplotlib 库绘制 K 线图

在之前的章节中讲述了股票的基本知识，通过收集股票数据的范例程序让大家了解了爬取网络数据的方法。在本章中，将通过 Matplotlib 等库来示范如何绘制股票的 K 线图。

本书的目的是通过股票相关的范例程序向读者讲述 Python 知识，所以在讲述 K 线图之前，会系统地讲述各种 Matplotlib 的必备知识，比如设置坐标轴的技巧、设置子图的方式以及绘制各类子图的方法。

在学会用 Python 绘制出 K 线图后，本章会通过范例程序，进一步讲述了借助各种 K 线形态观察股票后市走势的相关理论。

6.1 Matplotlib 库的基础用法

在 Python 语言中，通过 Matplotlib 库只需要少量代码，就能绘制出诸如条形图等图表。在本节中，将讲述 Matplotlib 库的一些基础用法。

6.1.1 绘制柱状图和折线图

在股票的各种指标中，人们看到最多的是柱状图（比如 K 线图和成交量）和折线图（比如均线和 KDJ），在下面的 matplotlibSimpleDemo.py 范例程序中就示范这两种图来作为入门之始。

```
1   # !/usr/bin/env python
2   # coding=utf-8
3   import numpy as np
4   import matplotlib.pyplot as plt
5   # 折线图
6   x = np.array([1,2,3,4,5])
```

```
7    y = np.array([20,15,18,16,12])
8    plt.plot(x,y,color="green",linewidth=10)
9    # 柱状图
10   x = np.array([1,2,3,4,5])
11   y = np.array([14,16,18,12,21])
12   plt.bar(x,y,alpha=1,color='#ffff00',width=0.2)
13   plt.show()
```

在这个范例程序的第 3 行和第 4 行导入了 NumPy 和 Matplotlib 库，在第 6 行和第 7 行中定义了绘制折线图需要的数据，即 x 轴和 y 轴的坐标，在第 8 行中通过调用 matplotlib.pyplot 库中的 plot 方法绘制了折线图。在绘制折线图时，会把 x 和 y 数组包含的坐标点连接起来，即折线会连接(1,20)，（2,15）等 5 个坐标点，而且会根据诸如 color="green"等参数定义折线的规格，比如本范例程序绘制出的折线是绿色，宽度是 10。

在第 10 行和第 11 行设置完柱状图的坐标点之后，第 12 行则通过调用 matplotlib.pyplot 库中的 bar 方法绘制柱状图，bar 方法的前两个参数同样是指坐标点，比如（1,14）表示在坐标点 1 的柱状图高度是 14，bar 方法的后 3 个参数则指定了透明度，颜色和宽度等规格。这里请注意，指定颜色时，不仅可以通过 "red" "green" 等方式，而且还可以通过以#开头的十六进制数的方式来指定颜色。

最终需要像第 13 行那样用 show 方法展示出整个图形，本范例程序的运行结果如图 6-1 所示，需要说明的是，虽然本范例程序绘制出的图形是有颜色的，但本书采用黑白两色出版，所以在图中未必能看到彩色的效果，不过读者可以在自己的计算机上运行本范例程序，以查看颜色的效果。

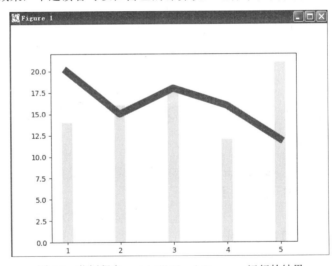

图 6-1　范例程序 matplotlibSimpleDemo.py 运行的结果

从这个范例程序可知，在调用 matplotlib.pyplot 的 plot 和 bar 方法绘制折线图和柱状图时，可以通过参数名=参数值的方式来指定折线的规则，本范例中是设置了颜色和宽度等属性，在后续章节中，还将通过更多范例程序讲述其他常用参数的用法。

6.1.2　设置坐标轴刻度和标签信息

在 6.1.1 小节的范例程序中，x 和 y 轴的刻度文字是数字，而在绘制股票等信息的图表时，就有可能是日期或其他字符串，并且在某些应用中，有可能还要动态设置坐标轴取值的上下限范围。对于这类的需求，在 matplotlibAxisDemo.py 范例程序中演示了设置坐标轴信息的常见用法。

```python
1   # !/usr/bin/env python
2   # coding=utf-8
3   import numpy as np
4   import matplotlib.pyplot as plt
5   # 折线图
6   x = np.array([1,2,3,4,5])
7   y = np.array([20,15,18,16,25])
8   plt.xticks(x, ('20190101','20190105','20190110','20190115','20190120'),
    color='blue')
9   plt.yticks(np.arange(10,30,2),rotation=30)
10  plt.ylim(10,30)
11  plt.xlabel("Date")
12  plt.ylabel("Price")
13  plt.plot(x,y,color="red",linewidth=1)
14  plt.show()
```

在第 6 行和第 7 行中设置了连接折线的 5 个坐标点的 x 和 y 轴的值。

在第 8 行中通过调用 xticks 方法设置了 x 轴的刻度信息。这里调用该方法时，传入了三个参数：第一个参数表示坐标轴的位置，具体是第 6 行定义的 x 数组；第二个参数表示要显示的刻度内容，由于在这个范例中 x 轴上有 5 个值，因此这 5 个值分别和第二个参数中的 5 个日期相对应，比如'20190101'则对应于原来刻度为 1 的位置；第三个参数表示 x 轴的刻度信息用蓝色显示。

在第 9 行中通过调用 yticks 方法设置了 y 轴的刻度信息，这里调用了 arange 方法，表示 y 轴的刻度是从 10 开始到 30，步长是 2 的等差数列，而且还通过 rotation 属性设置了 y 轴标签文字的旋转角度。

在第 10 行中通过调用 ylim 方法设置了 y 轴刻度的下限和上限，这里分别是 10 和 30。在第 11 行和第 12 行中，分别调用 xlable 和 ylabel 方法设置了 x 和 y 轴的主题标签。

在第 13 行中通过调用 plot 方法，根据上述信息绘制了一条宽度是 1 的红色折线，最后在第 14 行通过调用 show 方法完成了绘制操作。运行这个范例程序，就能看到如图 6-2 所示的结果，注意其中坐标轴的显示效果。

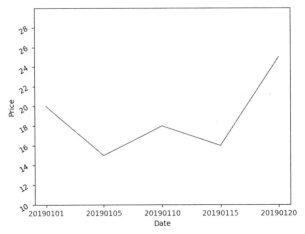

图 6-2　设置坐标轴刻度和标签信息的范例程序之运行结果

6.1.3　增加图例和图表标题

为了让图表更易于理解，往往会添加图例和标题，一般来说是调用 title 方法设置标题，调用 legend 方法设置图例。在 matplotlibTitleDemo.py 范例程序中将演示如何增加图例和标题。

```python
1   # !/usr/bin/env python
2   # coding=utf-8
3   import numpy as np
4   import matplotlib.pyplot as plt
5   x=np.arange(-2,3)
6   plt.xlim(-2,2)
7   plt.plot(x,2*x,color="red",label='y=2x')
8   plt.plot(x,3*x,color="blue",label='y=3x')
9   plt.legend(loc='2')
10  # plt.legend(loc='upper left' ) 和第 9 行等价
11  plt.title("Func Demo",fontsize='large',fontweight='bold',loc ='center')
12  plt.show()
```

在第 6 行中设置了 x 轴的取值上下限，在第 7 和第 8 行中分别调用 plot 方法绘制了 y=2x 和 y=3x 这两个函数的图形，请注意，通过 plot 方法的第三个参数，设置了这两个折线的 label（标签）值，而在第 9 行调用 legend 设置图例时，则是显示这里设置的标签信息。

第 9 行调用 legend 方法时，传入了一个参数 loc=2，该参数表示图例的显示位置，也可以像第 10 行那样，通过字符串的方式指定显示位置，它们两者是等价的，相关参数含义如表 6-1 所示。

表 6-1　loc 参数值及其含义的一览表

数值参数值	字符串参数值	图例位置
0	best	最适合的位置
1	upper right	右上角
2	upper left	左上角
3	lower left	左下角

（续表）

数值参数值	字符串参数值	图例位置
4	lower right	右下角
5	right	右侧
6	center left	左侧中间
7	center right	右侧中间
8	lower center	下侧中间
9	upper center	上侧中间
10	center	中间

在第 11 行中通过调用 title 方法设置了图表的标题，其中第一个参数表示标题的文字，后面的参数则表示设置标题的字体等属性。

在范例程序的最后，即第 12 行，调用 show 方法绘制了图表，结果如图 6-3 所示。

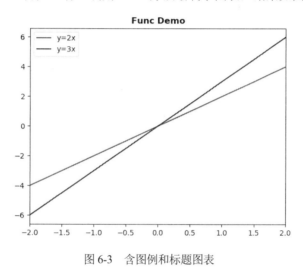

图 6-3　含图例和标题图表

6.2　Matplotlib 图形库的常用技巧

在 6.1 节，通过绘制柱状图和折线图的范例程序，读者应该了解了 Matplotlib 库的基本用法，在本节中，将进一步讲述 Matplotlib 库的其他常见用法，包括如何在图形中显示中文，以及坐标轴相关的高级实用技能。

6.2.1　绘制含中文字符的饼图

通过饼图可以直观地展示统计数据中每一项在总数中的占比，在 Matplotlib 库中，可以通过调用 pyplot.pie 方法来绘制饼图。

比如，在一个月中，某家庭的各项收益是工资 23000，股票 2000，基金 2000，著书收益 1500，视频教程收益 2000，其他收益 800。在下面的 matplotlibPieDemo.py 范例程序中将示范如何绘制各项收入的占比。

```python
1   # !/usr/bin/env python
2   # coding=utf-8
3   import matplotlib.pyplot as plt
4   # 显示中文字符
5   plt.rcParams['font.sans-serif']=['SimHei']
6   labels = ['工资','股票','基金','著书收益','视频教程收益','其他']
7   sizes = [23000,2000,2000,1500,2000,800]
8   explode = (0,0.1,0.1,0.1,0.1,0.1)
9   colors=['red','blue','green','#ffff00','#ff00ff','#f0f000']
10  plt.pie(sizes,explode=explode,labels=labels,startangle=45,colors=colors)
11  plt.title("本月收入情况")
12  plt.show()
```

通过第 5 行的配置就能在绘制的图形中显示中文，在第 6 行和第 7 行中以列表的形式定义了各项收入的名称及其数据。在第 10 行中通过调用 pie 方法绘制了基于各项收入的饼图。该方法的常用参数如表 6-2 所示，而在第 11 行通过调用 title 方法指定了饼图的标题。

表 6-2　pie 方法中常用参数一览表

参数	含义
label	该块饼图的说明文字
sizes	每个统计项的数字
explode	该块饼图离开中心点的位置
radius	半径，默认是 1
colors	每块饼图的颜色
startangle	起始角度，默认图是从 x 轴正方向逆时针画起，这里设置是 45，表示从 x 轴逆时针方向 45 度开始画起

运行这个范例程序，就能看到如图 6-4 所示的饼图。

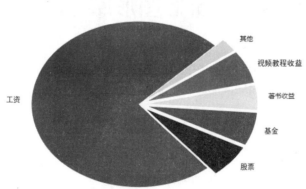

图 6-4　饼图的效果图

6.2.2　柱状图和直方图的区别

柱状图和直方图从形状上看很相似，但在统计学中，它们表示的含义却不相同。

人们一般通过柱状图（Bar）来展示统计数据的个数，比如，有一组某周星期一到星期五股票上涨的个数的数据，就可以通过柱状图的形式展示出来。下面的 drawBar.py 范例程序演示了这个效果。

```python
1   # !/usr/bin/env python
2   # coding=utf-8
3   import matplotlib.pyplot as plt
4
5   day = ['Monday','Tuesday','Wednesday','Thursday','Friday']
6   increase_number = [100,150,180,80,130]
7   plt.bar(range(len(day)), increase_number, width=0.8,bottom=None,
    color='red',tick_label=day)
8   # plt.bar(range(len(day)), increase_number,width=0.8,
    color='red',tick_label=day)
9   plt.rcParams['font.sans-serif']=['SimHei']
10  plt.xlabel('日期')
11  plt.ylabel('股票上涨个数')
12  plt.title('股价上涨个数的柱状图')
13  plt.show()
```

在第 5 行和第 6 行中分别定义了周一到周五股票上涨的个数，在第 7 行中通过调用 plt.bar 方法绘制出柱状图，该方法的原型如下：

```
matplotlib.pyplot.bar(left, height, width=0.8, bottom=None, hold=None,
**kwargs)
```

下面来解释一下这个方法其中常用参数的含义：left 表示每个柱子的 x 轴左边界，在范例程序中为 range(len(day))，len(day)表示显示数据的个数，为 5 个；range 表示每个柱子展示的左边界分别是从 0 到 4 的整数；height 表示柱子的高度，在范例程序中是 increase_number，表示星期 x 上涨股票的个数；width 表示每个柱子的宽度，这里取值是 0.8；bottom 表示每个柱子的 y 轴下边界，这里取值为 None，表示用默认的值，即下边界取值是 0；最后**kwargs 参数表示绘制该柱状图的样式，这里的值是 color='red',tick_label=day，表示柱状图的填充色是红色，x 轴坐标的刻度是天数。

通过第 9 行的程序代码的设置，以允许在绘制该柱状图时显示中文，通过第 10 行到第 12 行的程序代码分别设置了 x 轴和 y 轴的标签以及图表的标题，最后是通过第 13 行的程序代码绘制出该柱状图，结果如图 6-5 所示。

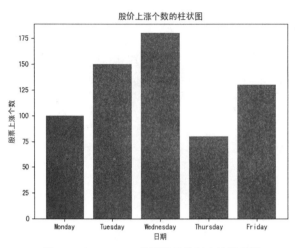

图 6-5　drawBar.py 范例程序绘制出的柱状图

直方图（Histogram）是由一组高度不等的纵向线段表示数据分布的情况，在直方图中，一般是用 x 轴表示数据类型，y 轴表示数据的分布情况。比如用直方图可以统计在某些价格区间范围内股票的数量。在下面的 drawHist.py 范例程序中将示范如何绘制直方图。

```python
1    # !/usr/bin/env python
2    # coding=utf-8
3    import matplotlib.pyplot as plt
4    import numpy as np
5    stockPrice = [10.5, 21.6, 11.7, 20.8, 30.7,17.8, 15.7, 20.9]
6    group = [10, 20, 30, 40]
7    plt.hist(stockPrice, group, histtype='bar', rwidth=0.8)
8    plt.xticks(np.arange(0,50,10))
9    plt.yticks(np.arange(0,5,1))
10   plt.rcParams['font.sans-serif']=['SimHei']
11   plt.xlabel('股价分组')
12   plt.ylabel('个数')
13   plt.title('统计股价分组的直方图')
14   plt.show()
```

在第 5 行中给出了若干个股票的价格，在第 6 行中给出了价格的分组，在第 7 行中通过调用 plt.hist 方法来绘制直方图，表 6-3 给出了常用参数的说明。

表 6-3　hist 方法中常用参数一览表

参数	含义	本范例程序中的取值
n	指定每个箱子分布的数据，对应 x 轴	stockPrice，表示股票价格
bins	指定对应的柱状图的个数	group，表示价格在 10 到 20，20 到 30，30 到 40 范围内的股票个数
histtype	直方图的形状	取值是 bar，表示是以柱状图的样式绘制
rwidth	宽度	0.8
color	颜色	本例中没有设置这个值
**kwargs	相关式样的参数	本例中没有设置这个值

在第 8 行和第 9 行中设置了 x 轴和 y 轴的刻度，在第 10 行中指定了本图中允许使用中文，在从第 11 行到第 13 行的程序代码中指定了 x 轴和 y 轴的标签以及图形的标题，最后的第 15 行程序代码绘制出了直方图。

这个范例程序中的运行结果如图 6-6 所示，从中可以看到在指定区间内（比如价格从 10 元到 20 元）股票的个数。

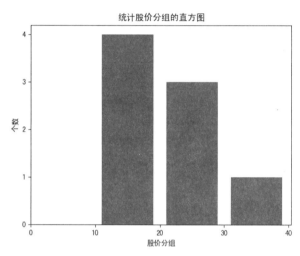

图 6-6 drawHist.py 范例程序绘制的直方图

6.2.3 Figure 对象与绘制子图

在 Matplotlib 库中，Figure 对象就相当于一块白板，通过 Figure 对象可以设置白板的大小、背景颜色、边界颜色，之后即可在这块白板上绘图。该对象的构造方法如下所示：

```
figure(num=None, figsize=None, dpi=None, facecolor=None, edgecolor=None,
frameon=True)
```

其中，num 表示图形的编号或名称；figsize 表示当前 Figure 对象的宽度和高度，请注意这里的单位是英寸；dpi 参数用来指定分辨率，即每英寸多少个像素，默认值是 80；facecolor 用来指定背景颜色；edgecolor 表示边框颜色；frameon 用于设置是否显示边框，默认值为 True，表示绘制边框。

既然 Figure 对象可以用来承载图像，所以可以通过该对象同时绘制多个子图，在下面 matplotlibFigureDemo.py 范例程序中，首先将示范 figure 对象的常见用法，其次将演示基本的绘制子图的方式。

```
1   # !/usr/bin/env python
2   # coding=utf-8
3   import matplotlib.pyplot as plt
4   import numpy as np
5   # 定义数据
6   x = np.array([1,2,3,4,5])
7   # 第一个figure
```

```
8   plt.figure(num=1, figsize=(3, 3),facecolor='yellow')
9   plt.plot(x, x*x)
10  # 第二个 figure
11  plt.figure(num=2, figsize=(4, 4),edgecolor='red')
12  plt.plot(x, x*x*x)
13  plt.show()
```

在该范例程序的第 8 行和第 11 行中，分别通过调用 plt.figure 方法创建了两块白板，在这两个方法中，分别通过参数指定了图形的编号、大小、背景颜色和边框颜色等属性。在这两块白板上，分别在第 9 行和第 12 行调用 plot 方法，绘制了两个折线图。

这个范例程序的运行结果如图 6-7 所示，由于 Figure1 的大小是 3*3，Figure2 是 4*4，因此能看到这两个子图大小不等，而且为 Figure1 设置了黄色的背景色，读者在自己的计算机上运行这个范例程序就可以看到这一效果。

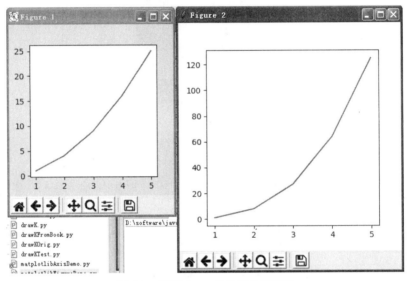

图 6-7　使用 Figure 对象的绘制图形

从运行结果可知，这两个图形是分开显示的，此外还可以通过 figure 对象的 add_subplot 方法，在一个图形里绘制多个子图。

add_subplot 方法的基本样式是 add_subplot(221)，表示子图将以 2*2 的形式排列，即在一块白板上可以绘制 4 个子图，最后一位 1 则表示，当前子图绘制在 4 个子图的第一个位置。在下面的 **matplotlibAddSubplotDemo.py** 范例程序中将示范如何通过该方法绘制子图。

```
1   # !/usr/bin/env python
2   # coding=utf-8
3   import numpy as np
4   import matplotlib.pyplot as plt
5   x = np.arange(0, 10)
6   # 新建 figure 对象
7   fig=plt.figure()
8   # 子图 1
9   ax1=fig.add_subplot(3,3,1)
10  ax1.plot(x, x)
```

```
11   # 子图2
12   ax3=fig.add_subplot(3,3,5)
13   ax3.plot(x, x * x)
14   # 子图4
15   ax4=fig.add_subplot(3,3,9)
16   ax4.plot(x, 1/x)
17   plt.show()
```

在第 7 行中创建了一个 figure 对象，在第 9 行、第 12 行和第 15 行中通过调用 add_subplot 方法分别创建了 3 个子图，从参数中可知，这三个子图分别位于 3*3 位置中的第 1、第 5 和第 9 个位置，而通过第 10 行、第 13 行和第 16 行的代码指定了在三个子图中绘制的函数图形。在图 6-8 中可以看到这 3 个子图的效果。

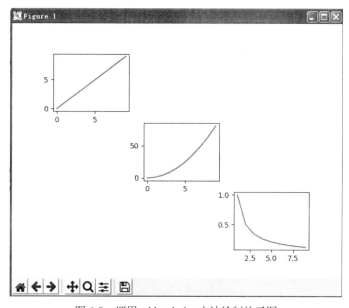

图 6-8　调用 add_subplot 方法绘制的子图

6.2.4　调用 subplot 方法绘制子图

在 6.2.3 小节的范例程序中，是通过调用 Figure 对象的 add_subplot 方法来绘制子图，此外，还可以调用 pyplot. Subplot 方法在一块白板里绘制多个子图。

前一节的范例程序中，各子图的大小是一致的，在下面的 matplotlibSubplotsDemo.py 范例程序中将示范如何绘制不同大小的子图。

```
1    # !/usr/bin/env python
2    # coding=utf-8
3    import numpy as np
4    import matplotlib.pyplot as plt
5    x = np.arange(0, 5)
6    plt.figure()              # 设置白板
7    plt.subplot(2,1,1)        # 第一个子图在 2*1 的第 1 个位置
8    plt.plot(x,x*x)
```

```
9   plt.subplot(2,2,3)    # 第二个子图在 2*2 的第 3 个位置
10  plt.plot(x,1/x)
11  plt.subplot(224)      # 第三个子图在 2*2 的第 4 个位置
12  plt.plot(x,x*x*x)
13  plt.show()
```

在第 7 行、第 9 行和第 11 行中通过调用 subplot 方法分别指定了 3 个子图的位置。其中第一个子图位于 2*1 样式的上方，而第二和第三个子图位于 2*2 样式中的左下方和右下方，同时，在第 8 行、第 10 行和第 12 行中指定了三个子图中所绘制的函数。

请注意，调用 subplot 方法的主体是 pyplot 对象，而不是 Figure 对象，这个范例程序的运行结果如图 6-9 所示。

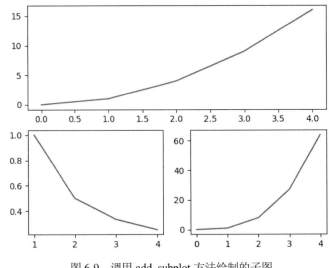

图 6-9   调用 add_subplot 方法绘制的子图

6.2.5   通过 Axes 设置数字型的坐标轴刻度和标签

Axes 的中文含义是"轴线"，放在 Matplotlib 的上下文中，可以理解成由"坐标轴"构成的子区域。

在实际的应用中，通过 Axes 对象不仅可以绘制子图，还可以设置坐标轴的信息。在之前的范例程序中是通过调用 pyplot 中的 xticks 等方法设置坐标轴，通过 Axes 对象，可以更灵活地设置坐标轴的刻度和标签。

先来看看下面的 matplotlibAxisMoreDemo.py 范例程序，该范例程序示范了 Axes 对象设置坐标轴的基本用法。

```
1   # !/usr/bin/env python
2   # coding=utf-8
3   import numpy as np
4   import matplotlib.pyplot as plt
5   from matplotlib.ticker import MultipleLocator, FormatStrFormatter
6
7   xmajorLocator = MultipleLocator(5)        # 将 x 轴主刻度设置为 5 的倍数
```

```
8   xmajorFormatter = FormatStrFormatter('%1.1f') # 设置 x 轴标签的格式
9   xminorLocator = MultipleLocator(1)      # 将 x 轴次刻度设置为 1 的倍数
10  ymajorLocator = MultipleLocator(0.5)    # 将 y 轴主刻度设置为 0.5 的倍数
11  ymajorFormatter = FormatStrFormatter('%1.2f') # 设置 y 轴标签的格式
12  yminorLocator = MultipleLocator(0.1)    # 将 y 轴次刻度设置为 0.1 的倍数
13
14  x = np.arange(0, 21, 0.1)
15  ax = plt.subplot(111)
16  # 设置主刻度标签的位置，标签文本的格式
17  ax.xaxis.set_major_locator(xmajorLocator)
18  ax.xaxis.set_major_formatter(xmajorFormatter)
19  ax.yaxis.set_major_locator(ymajorLocator)
20  ax.yaxis.set_major_formatter(ymajorFormatter)
21
22  # 显示次刻度标签的位置，没有标签文本
23  ax.xaxis.set_minor_locator(xminorLocator)
24  ax.yaxis.set_minor_locator(yminorLocator)
25  y = np.sin(x)      # 绘图，图形为 y=sinx
26  plt.plot(x,y)
27  plt.show()
```

在这个范例程序中的第 15 行，通过调用 subplot 方法设置了当前画布上只有 1 个子图，通过第 14 行调用的方法设置了 x 轴的取值，即从 0 开始到 21，步长为 0.1。

在第 25 行中设置了将要绘制的函数是 y=sinx，第 26 行和第 27 行的程序代码绘制出了如图 6-10 所示的图形。

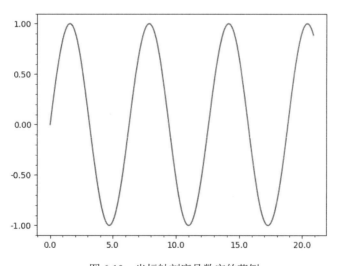

图 6-10　坐标轴刻度是数字的范例

通过图 6-10，再结合代码，可以看到本代码中设置坐标轴标签和刻度的相关方法，和 6.1.2 小节的范例程序相比，本节的这个范例程序的代码能更灵活地设置坐标轴信息。

（1）第 7 行到第 9 行的程序代码设置了 x 轴的主刻度是 5 的倍数，次刻度是 1 的倍数，而刻度标签的显示格式是 1.1f，即带一位小数位。

（2）第 10 行到第 12 行的程序代码设置了 y 轴的主刻度、次刻度和标签的格式，相关设置从图 6-10 中的刻度值 10.10 也能得到验证。

（3）在第 17 行中通过调用 ax.xaxis.set_major_locator(xmajorLocator)方法，指定了 ax 对象的主刻度是第 7 行定义的描述 x 主刻度的 xmajorLocator 对象，同样，第 23 行通过调用 set_minor_locator 方法，指定了 ax 的次刻度是 xminorLocator 对象（次刻度是 1 的倍数）。在第 18 行中，通过调用 set_major_formatter 方法，指定了 x 轴刻度的格式是 xmajorFormatter，即带 1 位小数的格式。

（4）在第 19 行、第 20 行和第 24 行，调用了和（3）相同的方法，设置了 y 轴的主刻度，次刻度和标签的格式。请注意，由于 y 轴刻度的标签格式是 1.2f，因此 y 轴上标签文字带有 2 位小数。

6.2.6 通过 Axes 设置日期型的坐标轴刻度和标签

在诸如画 K 线图等的图表类型的应用中，坐标轴的主刻度和次刻度有可能是日期，在下面的 matplotlibAxisForDate.py 范例程序中来示范一下相关的用法。

```python
1   # !/usr/bin/env python
2   # coding=utf-8
3   from matplotlib.dates import WeekdayLocator, DayLocator, MONDAY
4   import matplotlib.pyplot as plt
5   import numpy as np
6   import matplotlib as mpl
7   import datetime as dt
8
9   fig = plt.figure()
10  ax = fig.add_subplot(111)    # 定义图的位置
11  startDate = dt.datetime(2019,4,1)
12  endDate = dt.datetime(2019,4,30)
13  interval = dt.timedelta(days=1)
14  dates = mpl.dates.drange(startDate, endDate, interval)
15  y = np.random.rand(len(dates))*10              # 产生若干个随机数
16  ax.plot_date(dates, y, linestyle='-.')         # 设置时间序列
17  # ax.plot_date(dates, y, linestyle='-.')       # 可以查看这个样式
18  dateFmt = mpl.dates.DateFormatter('%Y-%m-%d')  # 时间的显示格式
19  # 设置主刻度和次刻度的时间
20  mondays = WeekdayLocator(MONDAY)
21  alldays = DayLocator()
22  ax.xaxis.set_major_formatter(dateFmt)
23  ax.xaxis.set_major_locator(mondays)
24  ax.xaxis.set_minor_locator(alldays)
25  fig.autofmt_xdate() #自动旋转
26  plt.show()
```

在第 3 行引入了 matplotlib.date 中与时间相关的开发包（即库）。在第 11 行和第 12 行中设置了坐标轴的开始和结束时间，通过第 13 行和第 14 行的程序代码设置了坐标轴中时间的递进序列，即按天的单位递进。

如果 x 轴和 y 轴都是数字，那么可以通过(x,y)的形式绘制点，对于时间等类型的坐标轴，则

需要像第 16 行那样，调用 plot_date(dates, y, linestyle='-.')方法绘制连线，其中第一个参数表示 x 轴的时间值，第二个参数表示 y 轴的值，第三个参数表示线的格式。在运行这个范例程序时，读者可以对比一下第 16 行和第 17 行运行的结果。

在第 18 行中定义了时间的显示格式，在第 20 行到第 24 行中定义了 x 轴的主刻度是时间范围内每周一的日期，次刻度是每天的日期，而显示的时间格式为"年-月-日"。

为了避免显示的时间内容相互重叠，于是编写了第 25 行的程序代码，旋转了 x 轴上的时间，最后执行第 26 行的程序代码绘制整体图形。

在图 6-11 中，可以看到主刻度，比如 4 月 1 日，是周一，而两个主刻度之间有 6 个次刻度，分别代表两个周一之间的六天。

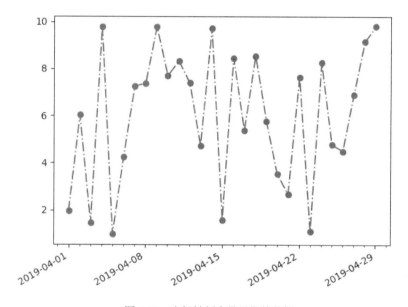

图 6-11　坐标轴刻度是日期的范例

6.3　绘制股市 K 线图

前面讲述了 Matplotlib 库中与图形相关的知识，在本节将通过绘制 K 线图的范例程序，以综合实践的方式加深对 Matplotlib 知识的运用。

6.3.1　K 线图的组成要素

K 线是由开盘价、收盘价、最高价和最低价这四个要素构成。

在得到上述四个值之后，首先用开盘价和收盘价绘制成一个长方形实体。随后根据最高价和最低价，把它们垂直地同长方形实体连成一条直线，这条直线就叫影线。如果再细分一下，长方形实体上方的就叫上影线，下方的就叫下影线。

在实际的股票交易中，如果收盘价比开盘价高，则为上涨，就把长方形实体绘制成红色，这样的 K 线叫阳线。反之为下跌，则把长方形实体绘制成绿色，这样的 K 线就叫阴线。

通过 K 线可以形象地记录价格变动的情况，常用的有日 K 线，周 K 线和月 K 线。其中，周 K 线是指以周一的开盘价，周五的收盘价，全周最高价和全周最低价这四个要素组成的 K 线。同理可以推知出月 K 线的定义。

6.3.2 通过直方图和直线绘制 K 线图

从 6.3.1 小节可知，K 线图其实是由长方形（即矩形）和直线组成，在下面的 drawKWithBar.py 范例程序中，通过 Python 中的直方图和直线这两大要素来绘制 K 线图。

```python
# !/usr/bin/env python
# coding=utf-8
import matplotlib.pyplot as plt
def drawK(open,close,high,low,pos):
    if close > open:         # 收盘价比开盘价高，上涨
        myColor='red'
        myHeight=close-open
        myBottom=open
    else:                    # 下跌
        myColor='green'
        myHeight=open-close
        myBottom=close
    # 根据开盘价和收盘价绘制长方形实体
    plt.bar(pos, height=myHeight,bottom=myBottom, width=0.2,color=myColor)
    # 根据最高价和最低价绘制上下影线
    plt.vlines(pos, high, low, myColor)
# 定义时间范围
day = ['20190422','20190423','20190424','20190425','20190426','20190429',
'20190430']
drawK(10.2,10.5,9.5,11,0)          # 0422 交易情况
drawK(10.5,10,10.6,9.8,1)          # 0423 交易情况
drawK(10,10.7,10.9,9.9,2)          # 0424 交易情况
drawK(10.7,10.1,10.9,9.9,3)        # 0425 交易情况
drawK(10.1,10.2,10.5,9.5,4)        # 0426 交易情况
drawK(10.2,10.8,10.8,10.1,5)       # 0429 交易情况
drawK(10.8,11.5,10.8,11.1,6)       # 0430 交易情况

plt.ylim(0,15)  # 设置 y 轴的取值范围
plt.xticks(range(len(day)),day) # 设置 x 轴的标签
plt.rcParams['font.sans-serif']=['SimHei']
plt.title('xx 股票 K 线图(20190422 到 20190430)')
plt.show()
```

从第 4 行到第 16 行的程序语句定义了名为 drawK 的方法来绘制每天的 K 线图。从第 5 行到第 12 行的 if...else 语句中，根据开盘价和收盘价来判断当日是上涨还是下跌，并据此设置了绘制直方图的各种参数，如果上涨，K 线的颜色为红色，反之则为绿色。

在 drawK 方法程序区块内的第 14 行中，通过调用 bar 方法绘制了 K 线中的实体长方形，请注意它的底部是开盘价或收盘价的最小值,高度则是开盘价和收盘价两者之差,颜色为红色或为绿色。在第 16 行中通过调用 vlines 方法连接当日的最高价和最低价，vlines 方法其实就是画出上下影线。

定义好 drawK 方法之后，在第 18 行中定义了要绘制 K 线的日期，并在第 19 行到第 25 行中，通过传入开盘价等参数，调用 drawK 方法绘制了从 20190422 到 20190430 这几天的 K 线图。

在第 27 行中，通过调用 ylim 方法设置了 y 轴的取值范围。在第 28 行中，通过调用 xticks 设置了 x 轴的标签。在第 29 行中设置了支持中文的显示。在第 30 行中设置了包含中文的图形标题，最后通过第 31 行的 show 方法绘制了图形，这个范例程序的执行结果如图 6-12 所示。

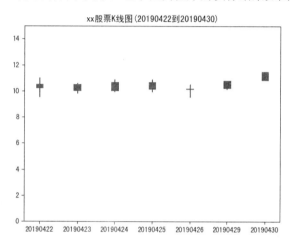

图 6-12　使用直方图和直线绘制出的 K 线图

6.3.3　通过 mpl_finance 库绘制 K 线图

在 6.3.2 小节的范例程序中，绘制出了 K 线图的大致效果。此外，mpl_finance 库中的 candlestick2_ochl 方法也可用于实现类似的功能。该方法不仅能接受一组数据并批量地绘制出一组 K 线图，还支持从指定文件中读取股市的相关数据，它的原型如下。

```
candlestick2_ochl(ax,opens,closes,highs,lows,width=4,colorup='red',
colordown='green',alpha=0.75)
```

其中，ax 表示要绘制 K 线图的 Axes 对象，opens,closes,highs,lows 分别代表一组开盘价，收盘价，最高价和最低价，width 表示 K 线图的宽度，colorup 和 colordown 分别代表涨或跌时 K 线图长方形实体中填充的颜色，而 alpha 表示透明度。在下面的 drawK.py 范例程序中将演示调用这个方法的具体用法。

```
1    # !/usr/bin/env python
2    # coding=utf-8
3    import pandas as pd
4    import matplotlib.pyplot as plt
5    from mpl_finance import candlestick2_ochl
6    # 从文件中获取数据
7    df = pd.read_csv('D:/stockData/ch6/600895.csv',encoding='gbk',index_col=0)
```

```
8  # 设置图的位置
9  fig = plt.figure()
10 ax = fig.add_subplot(111)
11 # 调用方法绘制 K 线图
12 candlestick2_ochl(ax = ax, opens=df["Open"].values, closes=df["Close"].values,
   highs=df["High"].values, lows=df["Low"].values, width=0.75, colorup='red',
   colordown='green')
13 # 设置 x 轴的标签
14 plt.xticks(range(len(df.index.values)),df.index.values,rotation=30 )
15 ax.grid(True) # 带网格线
16 plt.title("600895 张江高科的 K 线图")
17 plt.rcParams['font.sans-serif']=['SimHei']
18 plt.show()
```

在第 7 行从文件中读取了第 5 章中通过爬虫得到的 csv 格式的股票数据，该文件内的数据格式如图 6-13 所示。该 csv 文件中的第 1 行描述了数据的标题，后面的若干行则是每天的股票交易数据。

```
Date,High,Low,Open,Close,Volume,Adj Close
2019-01-02,16.329999923706055,14.710000038146973,15.0600004196167,15.930000305175781,75979904,15.930000305175781
2019-01-03,16.649999618530273,15.3100004196167,15.779999732971191,16.239999771118164,94733382,16.239999771118164
2019-01-04,16.579999923706055,15.600000381469727,15.699999809265137,16.299999237060547,68985635,16.299999237060547
2019-01-07,16.649999618530273,15.600000381469727,15.699999809265137,16.290000915527344,59222671,16.290000915527344
2019-01-08,16.559999465942383,15.8100004196167,16.280000686645508,16.040000915527344,55522302,16.040000915527344
2019-01-09,16.329999923706055,15.75,16.020000457763672,16.020000457763672,52641127,16.020000457763672
2019-01-10,16.110000610351562,15.119999885559082,15.880000114440918,15.199999809265137,53202090,15.199999809265137
2019-01-11,15.800000190734863,15.0600004196167,15.199999809265137,15.5600004196167,42057493,15.5600004196167
2019-01-14,16.079999923706055,15.350000381469727,15.670000076293945,15.460000038146973,43255147,15.460000038146973
2019-01-15,15.640000343322754,15.09000015258789,15.399999618530273,15.539999961853027,31687291,15.539999961853027
2019-01-16,16.170000076293945,15.460000038146973,15.75,15.710000038146973,44711686,15.710000038146973
2019-01-17,17.049999237060547,15.600000381469727,15.600000381469727,16.979999542236328,86309543,16.979999542236328
2019-01-18,16.799999237060547,16.049999237060547,16.719999313354492,16.290000915527344,62198832,16.290000915527344
2019-01-21,16.530000686645508,15.920000076293945,16.219999313354492,16.399999618530273,38675827,16.399999618530273
2019-01-22,16.90999984741211,16.219999313354492,16.299999237060547,16.360000610351562,47087722,16.360000610351562
2019-01-23,16.68000030517578,15.90999984741211,16.360000610351562,16.399999618530273,40190374,16.399999618530273
2019-01-24,16.649999618530273,15.930000305175781,16.649999618530273,16.06999969482422,39457212,16.06999969482422
2019-01-25,16.040000915527344,15.270000457763672,15.920000076293945,15.329999923706055,42175769,15.329999923706055
2019-01-28,15.569999694824219,15.210000038146973,15.5,15.350000381469727,21769886,15.350000381469727
2019-01-29,15.5,14.180000305175781,15.270000457763672,14.539999961853027,31401261,14.539999961853027
2019-01-30,14.770000457763672,14.329999923706055,14.489999771118164,14.369999885559082,16274136,14.369999885559082
2019-01-31,14.75,13.579999923706055,14.6899995803833,13.800000190734863,32695437,13.800000190734863
```

图 6-13　包含股票数据的 csv 文件

在上述范例程序的第 12 行中，通过调用 candlestick2_ochl 方法绘制了 K 线图，其中以 df["Open"] 等的方式从 csv 文件中读取数据并作为参数传入。

在第 14 行把 x 轴的标签文字设置为 csv 文件中的 "Date" 字段。第 15 行的程序代码设置了网格线，最后在第 18 行调用 plt.show 方法绘制出整个图形。

这个范例程序的运行结果如图 6-14 所示，从中可以看到，调用 candlestick2_ochl 方法绘制 K 线图不仅简便而且效果好。

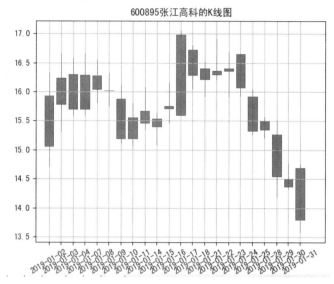

图 6-14　调用 mpl_finance 库中的 candlestick2_ochl 方法绘制的 K 线图

6.4　K 线对未来行情的预判

K 线是股市中应用最为广泛的技术指标，前面讲述了使用 Python 语言绘制 K 线的技巧，本节将讲述股票理论中如何通过 K 线来预判未来的行情。

6.4.1　不带上下影线的长阳线

不带上下影线的长阳线也叫光头光脚长阳线，这表示在当日的交易中，股票的最高价和收盘价相同，最低价和开盘价相同，长方形的实体较大，如图 6-15 所示。

图 6-15　光头光脚长阳线

这说明多方（买方）强劲，空方（卖方）无力招架，这种形态经常出现在回调结束后的上涨或高位拉升阶段，有时候，在严重超跌后的反弹中也能看到此类形态。

从图 6-16 中，可以看到在 2019 年 1 月，航天通信（600677）出现了多个此类的大阳线，在出现此类形态的后市，该股票继续上涨的概率大一些。

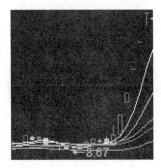

图 6-16 股票"航天通信"在 2019 年 1 月的 K 线走势图

6.4.2 不带上下影线的长阴线

与光头光脚长阳线对应的是不带上下影线的长阴线形态。在这种形态里，股票的最高价和开盘价相同，最低价和收盘价相同，长方形的实体较大，如图 6-17 所示。此类 K 线表示卖方（空方）占绝对优势，买方（多方）无力还手。此类形态经常出现在高位开始下跌的初期以及反弹结束后的下跌走势中。

图 6-17 不带上下影线的长阴线

比如，金花股份（600080）于 2019 年 4 月出现了上述不带上下影线的长阴线的形态，在后市，该股继续下跌的概率大一些，如图 6-18 所示。

图 6-18 股票"金花股份"在 2019 年 4 月的 K 线走势图

6.4.3 预测上涨的早晨之星

除了分析单日的 K 线之外，还可以通过分析多日的 K 线形态来预测后市的走向，比如图 6-19 给出的早晨之星的形态。

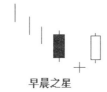

图 6-19　K 线的早晨之星形态

早晨之星一般出现在明显的下跌趋势中，通常由三根连续的 K 线组成，它一般是个底部反转信号。其中，第 1 天的 K 线是一根实体较长的阴线，第 2 天是一根带上下影线的小阳线或十字星，第 3 天是一根大阳线，第 3 天的收盘价一般要超过第 2 天的最高价，且要超过第 1 天 K 线实体的一半以上。在这种形态中，第 3 天的 K 线实体越长，并且收盘价相对于第 1 天的 K 线的位置越高，则后市反弹的可能性就越大，反弹的强度也就越大。

参考图 6-20，在康欣新材（600076）2019 年 3 月和 4 月的 K 线形态中，其最左边的部分，可以看到由 3 根 K 线组成的早晨之星的形态，在之后的交易日，该股票出现了一波上涨。

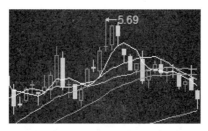

图 6-20　股票"康欣新材"在 2019 年 3 月和 4 月的 K 线走势图

6.4.4　预测下跌的黄昏之星

和早晨之星相对应，黄昏之星是一个预测顶部反转的信号，如图 6-21 所示。

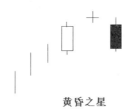

黄昏之星

图 6-21　黄昏之星的 K 线形态

它一般出现在上升趋势中，通常也是由三根连续的 K 线组成。第 1 天 K 线为一根实体较长的阳线，第 2 天则是一根带上下影线的小阴线或十字星，第 3 天是一根大阴线，第 3 天的收盘价一定要超过第 2 天 K 线的最低价，同时要超过第 1 天 K 线实体的一半以上。在这种形态中，一般第 3 天 K 线的实体越长且收盘价相对于第 1 天 K 线的位置越低，则下跌的可能性就越大，下跌的幅度也就越大。

6.4.5 预测上涨的两阳夹一阴形态

该形态是由三根 K 线组成，一般会出现在股价的上升通道中。第 1 天股价上涨收阳线，第 2 天下跌收阴线，第 3 天再度上扬收阳线，如图 6-22 所示。

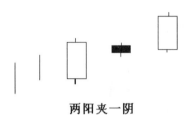

两阳夹一阴

图 6-22 两阳夹一阴的形态

一般如果出现这种形态，则说明买方（多方）力量强劲，短期该股有可能上涨。其中，第 2 天阴线底部（即第 2 天的最低价）越高，实体越短（开盘价和收盘价之间的差距越小），则后市上涨的可能性就越大。

参考图 6-23，在皖维高新（600063）2019 年 2 月和 3 月的 K 线走势图中，最左边的 3 根 K 线组成了两阳夹一阴的形态，从后市看出，出现该形态后，该股走出了一波上扬的行情。

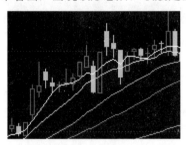

图 6-23 股票"皖维高新"在 2019 年 2 月和 3 月的 K 线走势图

6.4.6 预测下跌的两阴夹一阳形态

这种 K 线的形态一般出现在股价的下行通道中。其中第 1 天的股价下跌收阴线，第 2 天股价上升收阳线，第 3 天再度下跌收阴线，K 线图如图 6-24 所示。

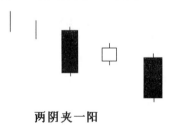

两阴夹一阳

图 6-24 两阴夹一阳的形态

如果出现这种形态，则说明当前股价呈下降趋势，其中，第 2 天阳线的顶部越低，实体越短，则下跌的可能性就越大，下跌的幅度也可能就越大。

参考图 6-25，在浙江广厦（600052）2019 年 4 月的 K 线走势图中，从最左边的 3 根 K 线中，可以看到两阴夹一阳的形态，出现该形态后，该股走出了一波下跌的行情。

图 6-25　股票"浙江广厦"在 2019 年 4 月的 K 线走势图

6.5　本章小结

本章分为三个部分，在第一部分中讲述了绘制 K 线图的基本知识，Matplotlib 库的基本用法，通过 Matplotlib 库绘制各种图形的技巧以及设置各种坐标轴的方式。在此基础上，本章第二部分示范了用两种方式绘制出 K 线图。在本章的最后部分，讲述了通过 K 线图分析股票后市走势的常规理论。

通过本章给出的各个 K 线图的范例程序，相信读者不仅能形象地了解图形可视化库 Matplotlib 的常见用法，还能够掌握基本的股市分析技巧。

第**7**章

绘制均线与成交量

在第 6 章中讲述了通过 Matplotlib 库绘制 K 线图。不过，在常规股市分析中，一般会结合 K 线图、均线图和成交量综合评判，所以在本章中将继续通过 Matplotlib 库绘制出均线图和成交量这两类股票指标。

本章通过均线和成交量相关的范例程序，将进一步地综合使用 NumPy、Pandas 和 Matplotlib 等库，将用 DataFrame 对象存储从 csv 等文件中读取的数据，再调用 Matplotlib 坐标轴、直方图和折线图等方法绘制相关的指标。

在本章中，还将综合性地使用"异常处理"、数据计算和方法的定义和调用等知识，根据股票买卖的理论，计算相关的买卖点。在这个过程中，读者不仅能掌握与股票相关的知识，还能进一步掌握相关知识在实际 Python 项目中的使用技巧。

7.1　NumPy 库的常见用法

NumPy（Numerical Python）是 Python 的一个扩展程序库，它支持多维数组与矩阵运算，而且该库还内置了很多经优化处理的科学计算函数。

7.1.1　range 与 arange 方法比较

在前面章节中的范例程序中，在生成坐标轴数据序列时用到过 range 方法，和它相似的还有 arange 方法。在实际的程序项目中，经常调用这两个方法来创建数字序列。

range(start, end, step)方法是 Python 语言自带的，在创建的数字序列时，该方法的三个参数其含义依次为：start 表示数字序列的起始值，end 表示数字序列的终止值（但数字序列中不含终止值本身），step 为数字序列的步长。这个方法只能创建整数类型的数字序列，不能创建浮点类型的数字序列。在下面的 RangeDemo.py 范例程序中示范了 range 方法的一些用法。

```python
# !/usr/bin/env python
# coding=utf-8
# 输出 0 到 4 的整数，但不包含 5
for val in range(0,5):
# 等价 for val in range(0,5,1):
    print(val)
# 输出 0,2,4
for val in range(0,5,2):
    print(val)
# 如下代码会出错，因为 range 不支持浮点类型
for val in range(0,5,0.5):
    print(val)
```

在第 4 行中调用 range(0,5)创建了 0 到 4 的整数序列，请注意创建的序列中不包含 5，在第 8 行中通过第 3 个参数设置了步长为 2，所以第 8 行和第 9 行的循环，输出的数字序列是 0,2,4。

由于 range 方法只支持整数类型，而不支持浮点类型，因此如果编写第 11 行的程序代码将步长设置为 0.5，程序执行时就会抛出异常。

NumPy 库里的 arange 方法和 range 用法很相似，但前者可以生成浮点类型的数据，且该方法返回的是 numpy.ndarray 类型的数组数据。在 ArangeDemo.py 范例程序中示范了 arange 方法的相关用法。

```python
# !/usr/bin/env python
# coding=utf-8
import numpy as np
print(np.arange(0,1,0.1))
for val in np.arange(1,3,0.5):
    print(val)
```

第 4 行的输出结果是[0. 0.1 0.2 0.3 0.4 0.5 0.6 0.7 0.8 0.9]，结果中依然不包含由第 2 个参数指定的终止值 1，同时可以看到 np.arange 方法支持浮点类型的数据。np.arange 方法同样支持迭代，执行第 5 行和第 6 行的 for 循环，输出的结果是 1.0，1.5，2.0 和 2.5。

7.1.2　ndarray 的常见用法

如 7.1.1 小节所述，numpy.arange 方法返回的是 numpy.ndarray 类型的数组，而 ndarray 是 NumPy 库里存储一维或多维数组的对象。下面的 ndarray.py 范例程序示范了该对象的常见用法。

```python
# !/usr/bin/env python
# coding=utf-8
import numpy as np

arr1 = np.arange(0,1,0.2)
# 输出[0.  0.2 0.4 0.6 0.8]
print(arr1)
# 输出<class 'numpy.ndarray'>
print(type(arr1))
```

```
10    print(arr1.ndim)            # 返回 arr1 的维度，是 1
11    # 输出[1 2 3 4]
12    print(np.array(range(1,5)))
13    arr2=np.array([[1,2,3],[4,5,6]])      # 二维数组
14    print(arr2.ndim)            # 返回 2
15    print(arr2.size)            # 总长度，返回 6
16    print(arr2.dtype)           # 类型，返回 int32
17    # 形状，返回(2, 3)，表示二维数组，每个维度长度是 3
18    print(arr2.shape)
19    arr3=np.array([1,3,5])
20    print(arr3.mean())          # 计算平均数，返回 3
21    print(arr3.sum())           # 计算和，返回 9
22    # 计算所有行的平均数，返回[2. 5.]
23    print(arr2.mean(axis=1))
24    # 计算所有列的平均数，返回[2.5 3.5 4.5]
25    print(arr2.mean(axis=0))
```

第 4 行的程序代码通过调用 np.arange(0,1,0.2)方法定义了一个起始值是 0、终止值是 1（不包含 1）、步长为 0.2 的 ndarray 类型的数组。执行第 7 行的 print 语句，可以看到该对象中的值，执行第 9 行的打印语句，就能确认调用 np.arange 方法生成的是 numpy.ndarray 类型的数据。

ndarray 包含了 4 个比较常见的属性。

（1）是 ndim 属性，如第 10 行和第 14 行所示，它返回该 ndarray 的维度，比如在第 14 行中，二维数组的 ndim 属性是 2。

（2）是 size 属性，表示总长度，如第 15 行返回的 arr2 的总长度是 6。

（3）是 dtype 属性，表示类型，如第 16 行返回的是 int32，表示 arr2 中存储的数据类型是 int32。

（4）是 shape 属性，表示形状，如第 18 行返回的是(2, 3)，表示 arr2 是二维数组，每个维度长度是 3。

在大多数应用场景中，只是通过 ndarray 来管理一维数组，但是在有些应用场景中，需要用它来定义多维数组，如第 13 行所示，以 np.array([[1,2,3],[4,5,6]])之类的方式来定义多维数组。

此外，还可以像第 20 行那样，调用 mean()方法来计算一维数组的平均值，如果遇到多维数组，则可以像第 23 行那样，计算每行的平均值，或者像第 25 行那样，计算每列的平均值。而计算元素和的方法可参考第 21 行的程序语句。

7.1.3 数值型索引和布尔型索引

在 7.1.2 小节中提到用 ndarray 来存储一维或多维数组，如果要具体定位到某个或某行元素，那么就得使用索引。关于 ndarray 的索引要注意三点：第一，索引值从 0 开始，而不是从 1 开始；第二，请尽量避免索引越界；第三，ndarray 比较常见的有传统索引和花样索引。

下面通过 ndarrayIndex.py 范例程序来看一下索引的相关用法。

```
1    # !/usr/bin/env python
2    # coding=utf-8
3    import numpy as np
4    arr1 = np.arange(0,1,0.2)
```

```
5   # 输出 0.4
6   print(arr1[2])
7   # 会报出 "索引越界" 的错误
8   # print(arr1[6])
9   arr2 = np.array([[1, 2, 3],[4, 5, 6],[7, 8, 9]])
10  # 返回[4 5 6]
11  print(arr2[1])
12  # 返回 6
13  print(arr2[1,2])
14  arr3 = np.arange(5)
15  bool = np.array([True,False,False,True,True])
16  # 输出[0 3 4]
17  print(arr3[bool])
18  arr4=arr3[arr3>2]
19  # 输出[3 4]
20  print(arr4)
```

在第 6 行中通过 arr1[2]来访问 arr1 的第 3 个元素，请注意索引值是从 0 开始，而且在使用索引值访问时，请尽量避免出现索引越界的异常，如果取消第 8 行的注释，就会抛出越界异常。

第 11 行的代码通过索引访问了三维数组 arr2，其中返回的是数组的第 2 行，即第二个一维数组。如果要访问数组中的具体元素，则可以像第 13 行那样，用两个索引值来指定要访问数组的行和列。

在实际的程序项目中，用得较多的是数字类型的索引，此外还可以使用布尔类型的索引。在第 14 行中调用 arange 方法生成了一个数组 arr3，在第 17 行中只是返回在 bool 数组中值为 True 的元素，即索引为 0，3，4 这三个元素。

布尔类型索引的用法也可以像第 18 行那样，返回指定数组（比如 arr3）中指定条件（大于 2）的元素，执行第 20 行的输出语句就能看到第 18 行布尔索引语句产生作用的输出结果。

7.1.4 通过切片获取数组中指定的元素

在创建好数组后，可以通过切片的方式来获取指定范围的数据，下面的 ndarraySplit.py 范例程序示范了切片的相关用法。

```
1   # !/usr/bin/env python
2   # coding=utf-8
3   import numpy as np
4   arr1 = np.arange(0,11,1)
5   # 输出[ 0 1 2 3 4 5 6 7 8 9 10]
6   print(arr1)
7   arrSplit1 = arr1[2:5]
8   # 输出[2 3 4]
9   print(arrSplit1)
10  # 输出[2 3 4 5 6 7 8 9]，不包含 10
11  print(arr1[2:-1])        # -1 表示最右边的元素
12  # 输出[ 2 3 4 5 6 7 8 9 10]
13  print(arr1[2:])          # 表示从 2 号索引开始到最后，包含 10
14  # 输出[0 1 2 3 4]
```

```
15    print(arr1[:5])              # 表示从 0 号索引开始到 5 号索引
16    # 输出[2 3 4 5 6 7 8]
17    print(arr1[2:-2])            # -2 表示右边开始第 2 个元素
18    # 输出[0 1 2 3 4 5 6 7]
19    print(arr1[:-3])             # -3 表示右边开始第 3 个元素
20    # 针对多维数组的切片
21    arr2 = np.array([[1, 2, 3],[4, 5, 6]])
22    # a 输出[[2 3]
23    #        [5 6]]
24    print(arr2[[0,1],1:])
```

在第 7 行中能看到切片的相关用法，即通过 2:5 的形式，表示要获取数据的开始和终止索引位置，从第 9 行的输出来看，取出的数据是包含起始位置，但不包含终止位置，具体来讲，2:5 形式的切片不包含 5 号元素。

切片的起始和终止索引还可以出现负数，比如在第 11 行程序语句中的终止位置是-1，这里的 -1 是表示从右边开始的第 1 个元素，所以 2:-1 则表示从 2 号索引开始，到右边第一个元素结束，不包含终止元素，第 10 行的注释部分就是第 11 行程序语句的输出结果，读者也可以自己执行这条程序语句来验证这个结论。

也就是说，负号表示从右边开始，-1 表示从右边开始的第一个元素，所以在第 17 行和第 19 行的输出中，-2 和-3 分别代表从右边开始第 2 和第 3 个元素。

如果不出现起始位置或终止位置，比如第 13 行和第 15 行的程序语句，则表示默认起始位置为 0 或默认终止位置为最后一个元素。

在第 24 行中示范了针对二维数组切片的方式，具体而言，是通过逗号分隔切片规则，[0,1]表示数组第一行的切片规则，而 1:则表示数组第二行的切片规则。

7.1.5 切片与共享内存

当以切片的方式从 ndarray 中获得数组的一部分元素时，请千万注意，此时并没有创建新的数组，切片和原数组是共享内存的，所以当改变切片中元素的值时，原数组中对应元素的值也会跟着改变。如果忽略了这一点，就有可能出现意料之外的结果，在下面的 shareSplit.py 范例程序中将示范切片与原数组共享内存的效果。

```
1     # !/usr/bin/env python
2     # coding=utf-8
3     import numpy as np
4     x = np.arange(0,5,1)
5     y = x[2:4]
6     y[0]=10
7     print(y)           # 输出[10  3]
8     print(x)           # 输出[ 0  1 10  3  4]
9     c=x.copy()
10    c[0]=20
11    print(x)           # 输出依然是[ 0  1 10  3  4]，没改变
```

在第 4 行中定义了数组 x，在第 5 行中通过 x 数组切片的形式定义了数组 y。在第 6 行的本意

是只修改 y 数组，但通过第 8 行的输出会发现 x 数组的索引 2 对应的元素（即 y 数组的第 0 号索引对应的元素）也发生了改变，原因就是切片数组 y 和原数组 x 共享了内存。

因此，在这种情况下，开发人员会在不经意间错误地修改了原数组，为了避免此类情况的发生，可以编写像第 9 行那样的程序语句，通过调用 copy 方法新创建一个内容等同 x 的数组 c（即复制功能）。这样，即使编写了第 10 行的程序代码而修改了 c 中元素的值，原数组 x 中元素的值也不会发生变化，执行第 11 行的打印语句就能验证这一点。

7.1.6　常用的科学计算函数

在 NumPy 库中还封装了一些常用的科学计算函数，比如在之前章节的范例程序中，就用到了求正弦函数的 sin 方法，在下面的 numpyMath.py 范例程序中示范了 NumPy 库中常见科学计算函数的用法。

```
1   # !/usr/bin/env python
2   # coding=utf-8
3   import numpy as np
4   print(np.abs(-10))        # 求绝对值，该表达式返回 10
5   print(np.around(1.2))     # 去掉小数位数，该表达式返回 1
6   print(np.round_(1.7))     # 四舍五入，该表达式返回 2
7   print(np.ceil(1.1))       # 求大于或等于该数的整数，该表达式返回 2
8   print(np.floor(1.1))      # 求小于或等于该数的整数，该表达式返回 1
9   print(np.sqrt(16))        # 求根号值，该表达式返回 4
10  print(np.square(6))       # 求平方，该表达式返回 36
11  print(np.sign(6))         # 符号函数，如果大于 0 则返回 1，该表达式返回 1
12  print(np.sign(-6))        # 符号函数，如果小于 0 则返回-1，该表达式返回-1
13  print(np.sign(0))         # 符号函数，如果等于 0 则返回 0，该表达式返回 0
14  print(np.log10(100))      # 求以 10 为底的对数，该表达式返回 2
15  print(np.log2(4))         # 求以 2 为底的对数，该表达式返回 2
16  print(np.exp(1))          # 求以 e 为底的幂次方，该表达式返回 e
17  print(np.power(2,3))      # 求 2 的 3 次方，该表达式返回 8
```

在这个范例程序中，每条程序语句后面的注释都说明了相关函数的用法及范例表达式返回的值，所以就不再重复解析这些程序语句了。

7.2　Pandas 与分析处理数据

在 7.1 节，已经通过一系列范例程序示范了 Pandas 库的使用，例如从包含股票数据的 csv 文件中读取数据，而后绘制出了 K 线图。在本节中，将详细解析 Pandas 库中的数据结构以及介绍使用这些数据结构来读取文件的相关技巧。

7.2.1　包含索引的 Series 数据结构

Series 的数据结构和数组很相似，在其中除了能容纳数据之外，还包含了用于存取数据的索引（Index），也就是说，可以通过索引来访问 Series 中的元素。在下面 seriesBasic.py 范例程序中示范了通过索引来存取 Series 中元素的相关用法。

```
1   # coding=utf-8
2   from pandas import Series
3   import pandas as pd
4   s1 = Series(range(3),index = ["one","two","three"])
5   '''
6   print(s1)输出如下
7   one      0
8   two      1
9   three    2
10  dtype: int32
11  '''
12  print(s1)
13  s2 = {'one': 1, 'two': 2, 'three': 3}
14  print(s2)              # {'two': 2, 'one': 1, 'three': 3}
15  print(s1[0])           # 输出 0
16  print(s1['one'])       # 输出 0
17  # 抛出异常，找不到索引 print(s2['four'])
18  arr = range(3)
19  # 数组转 Series
20  s3 = pd.Series(arr)
21  '''
22  print(s3)输出
23  0    0
24  1    1
25  2    2
26  dtype: int32
27  '''
28  print(s3)
29  print(s3[0])                    # 输出 0
```

在第 4 行中定义了 Series 类型的 s1 对象，它的值是 0 到 2，对应的索引是 one、two 和 three。在第 5 行到第 11 行的注释中给出了第 12 行 print(s1)的输出结果，从中可以看到索引和数值的对应关系。由此可知，Series 索引和第 13 行"键-值对"的结果很像。

在第 15 行和第 16 行中通过 s1[0]和 s1['one']这两种方式，以索引和索引值的方式访问 Series 中的元素，这两种方式都能得到 0 这个结果。

在第 20 行中把一个数组转换成 Series 对象，由于没指定索引，因此索引值和数值是一致的，由此可以通过第 29 行的 s3[0]来访问其中的元素。

7.2.2　通过切片等方式访问 Series 中指定的元素

前面的章节讲述过通过切片存取数组元素的方法，由于 Series 也是数组，因此同样能以切片的方式访问其中的元素。

此外，还能通过调用 head，tail 和 take 等方法存取指定的元素。在下面的 seriesSplit.py 范例程序中示范了各种存取 Series 中指定元素的方法。

```
1   # coding=utf-8
2   # Print Hello World
3   from pandas import Series
4   import pandas as pd
5   s1 = Series(range(5),index = ["one","two","three","four","five"])
6   '''
7   s1.head(2) 输出如下
8   one    0
9   two    1
10  dtype: int32
11  '''
12  print(s1.head(2))    # 如果不带参数，默认返回前 5 个
13  '''
14  s1.tail(2) 输出如下
15  four   3
16  five   4
17  dtype: int32
18  '''
19  print(s1.tail(2))    # 如果不带参数，默认返回后 5 个
20  '''
21  s1.take([1,3]) 输出如下
22  two    1
23  four   3
24  dtype: int32
25  '''
26  print(s1.take([1,3]))    # 返回指定位置的元素
27  '''
28  以切片的方式访问，如下两句的输出是一样的
29  two      1
30  three    2
31  dtype: int32
32  '''
33  print(s1[1:3])
34  print(s1['two':'three'])
```

在本范例程序中，通过了多行注释的方式给出了各打印语句的输出结果。在第 7 行的 head 方法中传入的参数是 2，由此返回 s1 前两行数据。如果不传入参数（即不带参数），则 head 方法默认返回前 5 条数据。第 14 行的 tail 方法会返回后 2 条数据，如果不带参数，则同样也是返回后 5 条数据。在第 26 行是通过调用 take 方法返回指定位置的数据，即返回指定元素的数据。

在第 33 行和第 34 行的程序代码，通过指定位置和指定索引两种方式，打印了 s1 的切片数据，

这里同样请注意，切片与原 Series 对象是共享内存的，如果更改了切片对应元素的数据，那么原对象中对应元素的数据也会跟着改变。

7.2.3 创建 DataFrame 的常见方式

数据帧（DataFrame）是 Pandas 库中的一种数据结构，它用表格的形式来存储数据。该数据类型中包含的要素比较多，有行、列和索引，下面通过 dataFrameCreate.py 范例程序来示范这种数据类型的创建方式。

```
1   # !/usr/bin/env python
2   # coding=utf-8
3   from pandas import DataFrame
4   data = {'Date':['20190102','20190103','20190104'],'Open':[10,10.5,10.2],
    'Close':[10.5,10.2,10.3]}
5   df1 = DataFrame(data)
6   '''
7      Close     Date  Open
8   0  10.5  20190102  10.0
9   1  10.2  20190103  10.5
10  2  10.3  20190104  10.2
11  '''
12  print(df1)
13  df2 = DataFrame(data, columns=['Date','Open','Close'])
14  '''
15       Date  Open  Close
16  0 20190102  10.0   10.5
17  1 20190103  10.5   10.2
18  2 20190104  10.2   10.3
19  '''
20  print(df2)
21  df2 = DataFrame(data, columns=['Date','Open','Close'])
22  print(df2)
23  df3 = DataFrame(data, columns=['Date','Open','Close'], index=['1','2','3'])
24  '''
25       Date  Open  Close
26  1 20190102  10.0   10.5
27  2 20190103  10.5   10.2
28  3 20190104  10.2   10.3
29  '''
30  print(df3)
```

通过本范例程序中创建 DataFrame 的方法可以能直观地了解到该数据类型的结构，在每行的 print 语句之前，多行注释给出了打印的结果，读者可以在自己的计算机运行该范例程序对照实际的运行结果。

在第 5 行中通过 DataFrame 带一个参数的构造函数创建了 df1 对象，通过第 12 行的打印语句的结果可知，df1 是以表格的形式存储数据。在每行数据的前面，可以看到三个索引数字 0，1 和 2，但是这里显示列的次序和第 4 行语句中 data 里的不一致，这是因为通过了第 13 行的形式，用 columns

指定了列的次序。

每行数据的索引,默认是从 0 开始,如果要改变索引,可以像第 23 行那样,在 DataFrame 构造函数中用 index 来指定每行的索引。

7.2.4 存取 DataFrame 对象中的各类数据

DataFrame 也提供了 head、tail 和 take 方法,用来返回前 n 行、后 n 行和指定行的数据,用法与之前提到的 Series 很相似,就不再额外说明了。

在下面的 dataFrameRead.py 范例程序中示范了其他存取 DataFrame 中数据的常用方法,在范例程序中同样通过注释语句列出了打印的各种结果。

```python
# !/usr/bin/env python
# coding=utf-8
from pandas import DataFrame
data = {'Date':['20190102','20190103','20190104'],'Open':[10,10.5,10.2],
'Close':[10.5,10.2,10.3]}
df = DataFrame(data, columns=['Date','Open','Close'], index=['1','2','3'])
# 输出 Index(['1', '2', '3'], dtype='object')
print(df.index)       # 查看索引
# 输出 Index(['Date', 'Open', 'Close'], dtype='object')
print(df.columns)    # 查看列名
'''
[['20190102' 10.0 10.5]
 ['20190103' 10.5 10.2]
 ['20190104' 10.2 10.3]]
'''
print(df.values)     # 查看数值
# 输出[10.  10.5 10.2]
print(df['Open'].values)     # 查看指定列的数值
'''
Date    20190102
Open          10
Close       10.5
Name: 1, dtype: object
'''
print(df.loc['1'])              # 查看指定索引行的数值
# 查看指定行的数值,结果等同 print(df.loc['1'])
print(df.iloc[0])
```

在第 5 行中通过传入数据、指定列和索引的方式,创建了 DataFrame 类型的 df 对象。在第 7 行中通过 df.index 的形式打印了 df 的索引项。在第 9 行中通过了 df.columns 的形式打印了 df 对象中包含的列名。在第 15 行中通过了 df.values 的形式打印了 df 对象中的所有数据。在第 17 行中输出了 df 对象中指定列 Open 的所有数据。

此外,还可以通过调用 loc 和 iloc 方法返回指定索引行和指定行的数据。在第 24 行中通过 loc 返回了指定索引行 '1' 中的数据。请注意,由于这里是通过索引号获取数据,因此 loc 的参数一般是要加引号。

在第 26 行中通过 iloc 获取指定行号的数据，行号参数不需要引号，由于第 0 行的索引号是 '1'，因此第 24 行和第 26 的输出结果是一样的。

7.2.5 通过 DataFrame 读取 csv 文件

从 7.2.3 小节和 7.2.4 小节可知，DataFrame 是个存储数据的容器，在实际的程序项目中，不会像 7.2.4 小节的范例程序那样通过程序代码直接创建并插入数据，而是会用 DataFrame 来保存并处理来自各种数据源的表格型数据。

由于 DataFrame 和 csv 与 excel 文件相似，都是以行列表格的形式存储数据，因此可以用来解析这两类文件。

在下面的 dataFrameReadCsv.py 范例程序中，先读取包含在 csv 文件中的股票价格信息，再结合之前学过的 Matplotlib 库来绘制股票的开盘价和收盘价的日期折线。

```
1   # !/usr/bin/env python
2   # coding=utf-8
3   import pandas as pd
4   import matplotlib.pyplot as plt
5   # 从文件中读取数据
6   df = pd.read_csv('D:/stockData/ch6/600895.csv',encoding='gbk',
    index_col='Date')
7   print(df.head(1))    # 打印第 1 行数据
8   print(df.tail(2))    # 打印最后 2 行的数据
9   print(df.index.values)        # 打印索引列（Date）数据
10  print(df['Close'].values)    # 打印索引列（Date）数据
11  fig = plt.figure()
12  ax = fig.add_subplot(111)
13  ax.grid(True)              # 带网格线
14  df['Open'].plot(color="red",label='Open')        # 绘制开盘价
15  df['Close'].plot(color="blue",label='Close')    # 绘制收盘价
16  plt.legend(loc='best')  # 绘制图例
17  # 设置 x 轴的标签
18  plt.xticks(range(len(df.index.values)),df.index.values,rotation=30 )
19  plt.show()
```

在第 6 行中通过调用 Pandas 库提供的 read_csv 方法读取 600895.csv 文件（之前通过爬虫爬取并存储的文件），读取后的数据放入 DataFrame 类型的 df 对象中，在读取时通过 index_col 参数指定索引列是 'Date'。

在第 7 行中通过调用 head 方法返回了第 1 条数据，在第 8 行通过调用 tail 方法返回最后 2 条数据，在第 9 行中打印了 index 列（即 Date 列）的数据，而在第 10 行打印了收盘价（Close）这一列的数据。

在第 14 行和第 15 行中调用 df 对象的 plot 方法，根据开盘价和收盘价的数据，绘制两根折线，它们分别是红色和蓝色（本书采用黑白印刷看不到红蓝颜色，读者可以在自己的计算机上运行本范例程序即可看到实际的运行结果），在第 16 行中通过调用 legend 方法绘制出这两根折线的图例。

在第 18 行中通过参数设置了 x 轴的标签为 Date 列的日期信息，为了不让显示的日期相互重叠，

通过 rotation 设置了文字旋转 30 度。这个范例程序的运行效果如图 7-1 所示，图例中的"Open"和"Close"表明对应的描述开盘价和收盘价的折线。

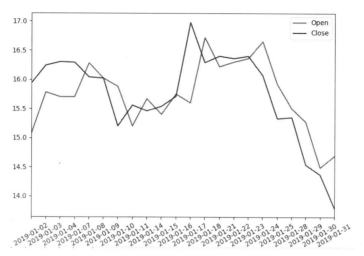

图 7-1　dataFrameReadCsv.py 范例程序读取 csv 文件并绘制股票的开盘价和收盘价的折线图

7.2.6　通过 DataFrame 读取 Excel 文件

同样可以通过 DataFrame 对象读取 Excel 文件，本节将用到第 5 章获取到的 600895.ss.xlsx 文件。和之前的 csv 文件不同，Excel 文件中 Date 列包含的日期不是字符串类型，而是 TimeStamp（时间戳）类型，部分数据如图 7-2 所示。

A	B	C	D	E	F	G
Date	High	Low	Open	Close	Volume	Adj Close
2019-01-02 0:00:00	16.33	14.71	15.06	15.93	75979904	15.93000031
2019-01-03 0:00:00	16.65	15.31	15.78	16.24	94733382	16.23999977
2019-01-04 0:00:00	16.58	15.6	15.7	16.3	68985635	16.29999924
2019-01-07 0:00:00	16.65	15.6	15.7	16.29	59222671	16.29000092
2019-01-08 0:00:00	16.56	15.81	16.28	16.04	55522302	16.04000092

图 7-2　待解析的 Excel 文件中的日期列

在 dataFrameReadExcel.py 范例程序中，将把时间戳类型的数据转换成 '%Y-%m-%d'（比如 2019-01-02）格式。

```python
# !/usr/bin/env python
# coding=utf-8
import pandas as pd
import matplotlib.pyplot as plt
# 从文件中读取数据
df = pd.read_excel('D:/stockData/ch5/600895.ss.xlsx')
for index,row in df.iterrows():
    df.at[index, 'NewDate'] = df.at[index, 'Date'].strftime('%Y-%m-%d')
fig = plt.figure()
ax = fig.add_subplot(111)
ax.grid(True)    # 带网格线
df['High'].plot(color="red",label='High')    # 绘制最高价
```

```
13  df['Low'].plot(color="blue",label='Low')    # 绘制最低价
14  plt.legend(loc='best')  # 绘制图例
15  # 设置 x 轴的标签
16  plt.xticks(range(len(df['NewDate'])),df['NewDate'].values,rotation=30 )
17  plt.show()
```

在第 6 行中通过调用 pd.read_excel 方法读取指定的 Excel 文件，该方法的返回值将用 DataFrame 类型的 df 对象接收。第 1 列的 Date 数据是时间戳类型，通过第 7 行和第 8 行的 for 循环，在遍历 df 的同时，在其中新增一列 NewDate，在新增加的列中存放 '%Y-%m-%d' 格式的日期数据。

该范例程序中的其他代码与之前遍历 csv 文件的 dataFrameReadCsv.py 范例程序很相似，在第 12 行和第 13 行中绘制出最高价和最低价。该范例程序的运行效果如图 7-3 所示。

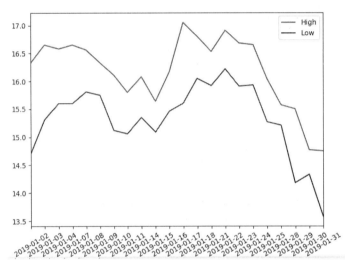

图 7-3　dataFrameReadExcel.py 范例程序读取 Excel 文件并绘制股票的最高价和最低价的折线图

7.3　K 线整合均线

在实际股票分析的应用中，一般会综合地观察股票的 K 线、均线和成交量，以期更全面地分析某只股票。在本节中，将在第 6 章讲述 K 线图的基础上，再结合第 5 章讲过的内容，加入均线和成交量的技术分析图，以进一步演示 Matplotlib 和 NumPy 等库的用法。

7.3.1　均线的概念

均线也叫移动平均线（Moving Average，简称 MA），是指某段时间内的平均股价（或指数）连成的曲线，通过这种均线，人们可以清晰地看到股价的历史波动，从而能进一步预测未来股价的发展趋势。

均线一般分为三类：短期、中期和长期。通常把 5 日和 10 日移动平均线称为短期均线，一般供短线投资者参考。一般把 20 日、30 日和 60 日移动平均线作为中期均线，一般供中线投资者参

考。一般 120 日和 250 日（甚至更长）移动平均线称为长期均线，一般供长线投资者参考。

在实践中，一般需要综合地观察短期、中期和长期均线，从中才能分析出市场的多空趋势。比如，如果某股价格的三类均线均上涨，且短期、中期和长期均线是从上到下排列，则说明该股价格的趋势向上；反之，如果并列下跌，且长期、中期和短期均线从上到下排列，则说明该股价格的趋势向下。

7.3.2　举例说明均线的计算方法

移动平均线的计算公式为：MA＝（P1＋P2+P3+……＋Pn）除以 n，其中 P 为某天的收盘价，n 为计算周期。

比如 5 日移动平均线，就是把最近 5 个交易日的收盘价求和后再除以 5，得到的就是当天的 5 日均价，再把每天的当日 5 日均价在坐标轴上连成线，就构成 5 日均线。其他天数的移动平均线可以照此方式计算得出。

具体而言，从 2019 年 1 月 2 日到 15 日这 10 个交易日里，股票“张江高科”的每天收盘价分别是 15.93, 16.24, 16.3, 16.29, 16.04, 16.02, 15.2, 15.56, 15.46, 15.54，在表 7-1 中，给出了从第 5 日到第 10 日每天的 5 日均价，把它们连起来，就能构成这些天的 5 日均线。

表 7-1　5 日均线计算一览表

天数	计算公式	当天 5 日均价
第 5 天	15.93+16.24+16.3+16.29+16.04 的和除以 5	16.16
第 6 天	16.24+16.3+16.29+16.04+16.02 的和除以 5	16.178
第 7 天	16.3+16.29+16.04+16.02+15.2 的和除以 5	15.97
第 8 天	16.29+16.04+16.02+15.2+15.56 的和除以 5	15.822
第 9 天	16.04+16.02+15.2+15.56+15.46 的和除以 5	15.534
第 10 天	16.02+15.2+15.56+15.46+15.54 的和除以 5	15.434

7.3.3　移动窗口函数 rolling

该方法的原型是 pandas.DataFrame.rolling，常用参数是表示数据窗口大小的 window，调用这个方法，可以每次以一个单位移动并计算指定窗口范围内的平均值。

根据这个方法的定义可知，用它能计算数值序列的均值，在下面的 RollingDemo.py 范例程序中来示范一下用法。

```
1   # !/usr/bin/env python
2   # coding=utf-8
3   import pandas as pd
4   import numpy as np
5   s = np.arange(1,6,1)
6   print(s)    # 输出[1 2 3 4 5]
7   print(pd.Series(s).rolling(3).mean())
```

在第 5 行中调用 arange 方法生成了 1 到 5 组成的数字序列，在第 7 行中指定了窗口大小是 3，所以能看到如下的输出结果。

```
0    NaN
1    NaN
2    2.0
3    3.0
4    4.0
dtype: float64
```

从第 1 行到第 5 行的输出结果中可知，输出的第一列是从 0 开始的索引号，第二列是计算得出的平均值。在前两行中，由于数据不足（数据窗口大小为 3），因此没有输出，从第 3 行到第 5 行的程序语句中，可以看到每个数据窗口的平均值，比如在第 3 行输出的结果中，计算平均数的算式是（1+2+3）除以 3，第 4 行输出结果的算式是（2+3+4）除以 3，以此类推，最后第 6 行输出的是数据类型。

7.3.4　用 rolling 方法绘制均线

从 7.3.3 小节的范例程序中可知，rolling 方法是比较好的计算均值的工具，在下面的 drawKAndMA.py 范例程序中，将调用到这个方法，在第 6 章绘制 K 线的 drawK.py 范例程序的基础上，引入 3 日、5 日和 10 日均线。

```
1   # !/usr/bin/env python
2   # coding=utf-8
3   import pandas as pd
4   import matplotlib.pyplot as plt
5   from mpl_finance import candlestick2_ochl
6   # 从文件中读取数据
7   df = pd.read_csv('D:/stockData/ch6/600895.csv',encoding='gbk',index_col=0)
8   # 设置图的位置
9   fig = plt.figure()
10  ax = fig.add_subplot(111)
11  # 调用方法绘制 K 线图
12  candlestick2_ochl(ax = ax,opens=df["Open"].values, closes=df["Close"].values,
    highs=df["High"].values, lows=df["Low"].values,width=0.75, colorup='red',
    colordown='green')
13  df['Close'].rolling(window=3).mean().plot(color="red",label='3 日均线')
14  df['Close'].rolling(window=5).mean().plot(color="blue",label='5 日均线')
15  df['Close'].rolling(window=10).mean().plot(color="green",label='10 日均线')
16  plt.legend(loc='best')  # 绘制图例
17  # 设置 x 轴的标签
18  plt.xticks(range(len(df.index.values)),df.index.values,rotation=30 )
19  ax.grid(True)    # 带网格线
20  plt.title("600895 张江高科的 K 线图")
21  plt.rcParams['font.sans-serif']=['SimHei']
22  plt.show()
```

这个范例程序中的代码和第 6 章的 drawK.py 范例程序中的代码不同的是，从第 13 行到第 15

行通过调用 rolling 方法，根据每天的收盘价，计算了 3 日、5 日和 10 日均线，并为每种均线设置了图例，在第 16 行中通过调用 legend 方法设置了图例的位置。这个范例程序的运行结果如图 7-4 所示，从中不仅能看到指定时间内的 K 线图，还能看到 3 根均线。

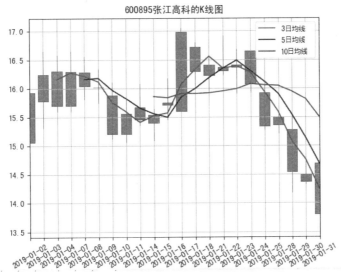

图 7-4　K 线整合均线的效果图

7.3.5　改进版的均线图

在 7.3.4 小节的 drawKAndMA.py 范例程序中，只演示了调用 rolling 方法计算并绘制均线。在本节的 drawKAndMAMore.py 范例程序中将做如下两点改进。

（1）为了更灵活地得到股市数据，根据开始时间和结束时间，先调用 get_data_yahoo 接口，从雅虎（Yahoo）网站的接口获取股票数据，同时为了留一份数据，会把从网站中爬取到的数据保存到本地 csv 文件中，而后再绘制图形。

（2）在前一节的 drawKAndMA.py 范例程序中，x 轴的刻度是每个交易日的日期，但如果显示的时间范围过长，那么时间刻度就太密集了，影响图表的美观，因此将只显示主刻度。改进版的 drawKAndMAMore.py 范例程序如下所示。

```python
# !/usr/bin/env python
# coding=utf-8
import pandas_datareader
import pandas as pd
import matplotlib.pyplot as plt
from mpl_finance import candlestick2_ochl
from matplotlib.ticker import MultipleLocator
# 根据指定代码和时间范围获取股票数据
code='600895.ss'
stock = pandas_datareader.get_data_yahoo(code,'2019-01-01','2019-03-31')
# 删除最后一行，因为get_data_yahoo会多取一天数据
stock.drop(stock.index[len(stock)-1],inplace=True)
```

```
13   # 保存在本地
14   stock.to_csv('D:\\stockData\ch7\\600895.csv')
15   df = pd.read_csv('D:/stockData/ch7/600895.csv',encoding='gbk',index_col=0)
16   # 设置窗口大小
17   fig, ax = plt.subplots(figsize=(10, 8))
18   xmajorLocator   = MultipleLocator(5)     # 将 x 轴主刻度设置为 5 的倍数
19   ax.xaxis.set_major_locator(xmajorLocator)
20   # 调用方法绘制 K 线图
21   candlestick2_ochl(ax = ax, opens=df["Open"].values,closes=df["Close"].values,
     highs=df["High"].values, lows=df["Low"].values,width=0.75, colorup='red',
     colordown='green')
22   # 如下是绘制 3 种均线
23   df['Close'].rolling(window=3).mean().plot(color="red",label='3 日均线')
24   df['Close'].rolling(window=5).mean().plot(color="blue",label='5 日均线')
25   df['Close'].rolling(window=10).mean().plot(color="green",label='10 日均线')
26   plt.legend(loc='best')  # 绘制图例
27   ax.grid(True)              # 带网格线
28   plt.title("600895 张江高科的 K 线图")
29   plt.rcParams['font.sans-serif']=['SimHei']
30   plt.setp(plt.gca().get_xticklabels(), rotation=30)
31   plt.show()
```

与 drawKAndMA.py 范例程序相比，这个范例程序有 4 点改进。

（1）从第 9 行到第 15 行通过调用第 5 章介绍过的 get_data_yahoo 方法，传入股票代码、开始时间和结束时间这三个参数，从雅虎网站中获得股票交易的数据。

请注意该方法返回的数据会比传入的结束时间多一天，比如传入的结束时间是 2019-03-31，但它会返回到后一天（即 2019-04-01）的数据，所以在第 12 行调用 drop 方法，删除 stock 对象（该对象类型是 DataFrame）最后一行的数据。删除的时候是通过 stock.index[len(stock)-1]指定删除长度减 1 的索引值，因为索引值是从 0 开始，而且需要指定 inplace=True，否则的话，删除的结果无法更新到 stock 这个 DataFrame 数据结构中。

（2）在第 17 行中调用 figsize 方法设置了窗口的大小。

（3）第 18 行和第 19 行的程序代码设置了主刻度是 5 的倍数。之所以设置成 5 的倍数，是因为一般一周的交易日是 5 天。但这里不能简单地把主刻度设置成每周一，因为某些周一有可能是股市休市的法定假日。

（4）由于无需在 x 轴上设置每天的日期，因此这里无需再调用 plt.xticks 方法，但是要调用如第 30 行所示的代码，设置 x 轴刻度的旋转角度，否则 x 轴显示的时间依然有可能会相互重叠。

至于绘制 K 线的 candlestick2_ochl 方法和绘制均线的 rolling 方法与之前 drawKAndMA.py 范例程序中的代码是完全一致的。

这个范例程序的运行结果如图 7-5 所示，从中可以看到改进后的效果。由于本次显示的股票时间段变长了（是 3 个月），因此与 drawKAndMA.py 范例程序相比，这个范例程序均线的效果更为明显，尤其是 3 日均线，几乎贯穿于整个时间段的各个交易日。

另外，由于在第 26 行通过调用 plt.legend(loc='best')方法指定了图例将"显示在合适的位置"，因此这里的图例显示在效果更加合适的左上方，而不是 drawKAndMA.py 范例程序中的右上方。

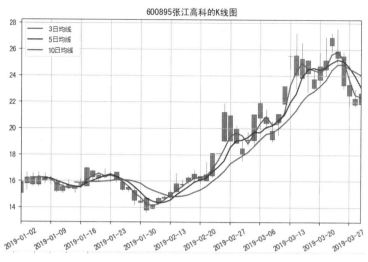

图 7-5　改进后的 K 线整合均线的效果图

7.4　整合成交量图

美国的股市分析家葛兰碧（Joe Granville）在他所著的《股票市场指标》一书里提出了著名的"量价理论"。该理论的核心思想是，任何对股价的分析，如果离开了对成交量的分析，都将是"无水之源，无本之木"，因为成交量的增加或萎缩都表现出一定的股价趋势。

在股票分析实践中，一般会综合性地分析 K 线、均线和成交量，所以在本节中将通过调用 Matplotlib 库中的方法来绘制股票的成交量图。

7.4.1　本书用的成交量是指成交股数

成交量是指时间单位内已经成交的股数或总手数，它能反映出股市交易中的供求关系。其中的道理是比较浅显易懂的，当股票供不应求时，大家争相购买，成交量就很大了，反之当供过于求时，则说明市场交易冷淡，成交量必然萎缩。

广义的成交量包括成交股数（Volume 或 Vol）、成交金额（AMOUNT，单位时间内已经成交的总金额数）和换手率（TUN，股票每天成交量除以股票的流通总股本所得的比率），而狭义的成交量则是指成交股数（Volume）。

从雅虎（Yahoo）网站爬取的数据中有表示成交股数的 Volume 列，其中的单位是"股"，在本节中，是通过 Volume 列的数据来绘制股票的成交量图。

7.4.2　引入成交量图

在 K 线和均线整合成交量的图中，出于美观的考虑，对整合后的图提出了如下三点改进要求。

（1）绘制上下两个子图，上图放 K 线和均线，下图放成交量图。

（2）上下两个子图共享 x 轴，也就是说，两者 x 轴的刻度标签和间隔应该是一样的。

（3）通过柱状图来绘制成交量图，如果当天股票上涨，成交量图是红色，下跌则是绿色。

在下面的 drawKMAAndVol.py 范例程序将示范如何增加成交量图。

```python
# !/usr/bin/env python
# coding=utf-8
import pandas as pd
import matplotlib.pyplot as plt
from mpl_finance import candlestick2_ochl
from matplotlib.ticker import MultipleLocator
# 根据指定代码和时间范围，获取股票数据
df = pd.read_csv('D:/stockData/ch7/600895.csv',encoding='gbk')
# 设置大小，共享 x 坐标轴
figure,(axPrice, axVol) = plt.subplots(2, sharex=True, figsize=(15,8))
# 调用方法，绘制 K 线图
candlestick2_ochl(ax = axPrice, opens=df["Open"].values,
closes=df["Close"].values, highs=df["High"].values, lows=df["Low"].values,
width=0.75, colorup='red', colordown='green')
axPrice.set_title("600895 张江高科 K 线图和均线图") # 设置子图标题
df['Close'].rolling(window=3).mean().plot(ax=axPrice,color="red",label='3
日均线')
df['Close'].rolling(window=5).mean().plot(ax=axPrice,color="blue",label='5
日均线')
df['Close'].rolling(window=10).mean().plot(ax=axPrice,color= "green",
label='10 日均线')
axPrice.legend(loc='best')  # 绘制图例
axPrice.set_ylabel("价格（单位：元）")
axPrice.grid(True)          # 带网格线
# 如下绘制成交量子图
# 直方图表示成交量，用 for 循环处理不同的颜色
for index, row in df.iterrows():
    if(row['Close'] >= row['Open']):
        axVol.bar(row['Date'],row['Volume']/1000000,width = 0.5,color='red')
    else:
        axVol.bar(row['Date'],row['Volume']/1000000,width = 0.5,color=
'green')
axVol.set_ylabel("成交量（单位：万手）")    # 设置 y 轴标题
axVol.set_title("600895 张江高科成交量")  # 设置子图的标题
axVol.set_ylim(0,df['Volume'].max()/1000000*1.2)    # 设置 y 轴范围
xmajorLocator = MultipleLocator(5)                   # 将 x 轴主刻度设置为 5 的倍数
axVol.xaxis.set_major_locator(xmajorLocator)
axVol.grid(True)           # 带网格线
# 旋转 x 轴的展示文字角度
for xtick in axVol.get_xticklabels():
    xtick.set_rotation(15)
plt.rcParams['font.sans-serif']=['SimHei']
plt.show()
```

从第 8 行到第 20 行的程序语句，一方面是从 csv 文件中读取数据，另一方面在第一个子图中绘制了 K 线图和均线图。这部分的代码与之前绘制 K 线图和均线图的范例程序中的代码很相似，不过请注意两点。

（1）在第 10 行中不仅设置了绘图区域的大小，还通过 sharex=True 语句设置了 axPrice 和 axVol 这两个子图共享的 x 轴。

（2）从第 14 行到第 19 行中，由于是在 K 线图和均线图的 axPrice 子图中操作，因此若干方法的调用主体是 axPrice 对象，而不是之前的 pyplot.plt 对象。

第 22 行到第 35 行的程序语句在 axVol 子图里绘制了成交量图。请大家注意第 22 行到第 26 行的 for 循环。

在第 23 行的 if 语句中，比较收盘价和开盘价，以判断当天股票是涨是跌，在此基础上，在第 25 行或第 27 行调用 bar 方法，设置当日成交量图的填充颜色。从上述代码可知，成交量的数据来自于 csv 文件中的 Volume 列。

在绘制成交量图的时候有两个细节要注意。

（1）在第 24 行、第 26 行和第 29 行中，在设置 y 轴的刻度值和范围时，都除以了一个相同的数。这是因为在第 27 行设置 y 轴的文字时，指定了 y 轴成交量的单位是"万手"。比如 1 月 2 日的成交量，从 csv 文件中读取的数据是 75979904，单位是股数，股市里计算成交量的单位一般是"手"，一手是 100 股，所以 1 月 2 日的成交量也要换算成约 759799 手（除以 100）。在绘制成交量图的时候，用的是"万手"的单位，所以再换算一下，759799 除以 1 万，也就是约 76 万手。

（2）通过第 34 行和第 35 行的 for 循环，设置了"x 轴文字旋转"的效果，从代码可知，本范例程序中的旋转角度是 15 度。

这个范例程序的运行结果如图 7-6 所示，从中可以看到两个 x 轴刻度一致的子图，且在成交量子图中，上涨日和下跌日的成交量填充色分别是红色和绿色（本书因为黑白印刷的问题，看不到红绿颜色，具体颜色请读者自己运行一下本范例程序）。

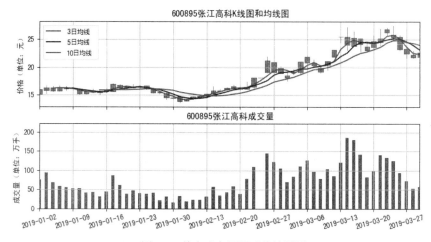

图 7-6　整合成交量图后的效果图

7.5　通过 DataFrame 验证均线的操作策略

本节无意深入讲述股票交易的详细策略，只是通过 Pandas 库中 DataFrame 等对象来实现并检验一些股票教科书上提到的均线相关理论，就本书而言，读者应当关注的是 DataFrame 等对象的相关用法，而不是股票交易策略的细节。

7.5.1　葛兰碧均线八大买卖法则

在均线实践理论中，美国投资专家葛兰碧创造的八项买卖法则可谓经典，具体的细节如图 7-7 所示。

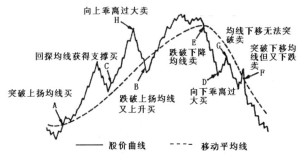

图 7-7　葛兰碧均线八大买卖法则示意图

（1）移动平均线从下降逐渐转为水平，且有超上方抬头迹象，而股价从均线下方突破时，为买进信号，如图 7-7 中的 A 点。

（2）股价在移动平均线之上运行时下跌，但未跌破均线，此时股价再次上扬，此时为买入信号，如图 7-7 中的 C 点。

（3）股价位于均线上运行，下跌时破均线，但均线呈上升趋势，不久股价回到均线之上时，为买进信号，如图 7-7 中的 B 点。

（4）股价在均线下方运行时大跌，远离均线时向均线靠近，此时为买进时机，如图 7-7 中的 D 点。

（5）均线的上升趋势逐渐变平，且有向下迹象，而股价从均线上方向下穿均线，为卖出信号，如图 7-7 中的 E 点。

（6）股价向上穿过均线，不过均线依然保持下跌趋势，此后股价又下跌回均线下方，为卖出信号，如图 7-7 中的 F 点。

（7）股价运行在均线下方，出现上涨，但未过均线就再次下跌，此为卖出点，如图 7-7 中的 G 点。

（8）股价在均线的上方运行，连续上涨且继续远离均线，这种趋势说明随时会出现获利回吐的卖盘打压，此时是卖出的时机，如图 7-7 中的 H 点。

在上文提到的八大法则中，前四点是买进的时机，如果从技术面来分析，第一法则描述了构筑底部的形态，是初次买入信号；第二法则描述了股价在上升之后的回调场景，一定程度上暗示"大涨后的小幅调整"，可以加仓买进。第三法则描述了股价构建底部后的探底现象，也是买进的机会。第四法则描述了股价下跌后的反弹场景，有经验的操盘手一般会做短线，以快进快出策略为主。

相反，后四点则是卖出时机，如果还是从技术面来分析：第五法则描述了股价构筑头部的形态，如果没有其他利好因素，此时应坚决卖出；第六法则描述了股价下跌后回调的场景，也应坚决卖出；第七法则描述了股价下跌时的反弹场景，虽有上调，但也应卖出；第八法则描述了股价上升时过大偏离均线的场景，此时可考虑短线卖出。

7.5.2 验证基于均线的买点

根据上述八大买卖原则，对股票"张江高科" 2019 年 1 月到 3 月的交易数据，运用 Pandas 库中的 DataFrame 等对象，根据 5 日均线计算参考买点，范例程序 calBuyPointByMA.py 的具体代码如下。

```python
1   # !/usr/bin/env python
2   # coding=utf-8
3   import pandas as pd
4   # 从文件中读取数据
5   df = pd.read_csv('D:/stockData/ch7/600895.csv',encoding='gbk')
6   maIntervalList = [3,5,10]
7   # 虽然在后文中只用到了 5 日均线，但这里演示设置 3 种均线
8   for maInterval in maIntervalList:
9       df['MA_' + str(maInterval)] =
    df['Close'].rolling(window=maInterval).mean()
10  cnt=0
11  while cnt<=len(df)-1:
12      try:
13          # 规则 1：收盘价连续三天上扬
14          if df.iloc[cnt]['Close']<df.iloc[cnt+1]['Close'] and
    df.iloc[cnt+1]['Close']<df.iloc[cnt+2]['Close']:
15              # 规则 2：5 日均线连续三天上扬
16              if df.iloc[cnt]['MA_5']<df.iloc[cnt+1]['MA_5'] and
    df.iloc[cnt+1]['MA_5']<df.iloc[cnt+2]['MA_5']:
17                  # 规则 3：第 3 天收盘价上穿 5 日均线
18                  if df.iloc[cnt+1]['MA_5']>df.iloc[cnt]['Close'] and
    df.iloc[cnt+2]['MA_5']<df.iloc[cnt+1]['Close']:
19                      print("Buy Point on:" + df.iloc[cnt]['Date'])
20      except:  # 有几天是没有 5 日均线的，所以用 except 处理异常
21          pass
22      cnt=cnt+1
```

虽然在计算参考买点时，只用到了 5 日均线，但在第 8 行和第 9 行的 for 循环中，通过调用 rolling 方法，还是计算了 3 日、5 日和 10 日均价，并把计算后的结果记录到当前行的 MA_3、MA_5 和 MA_10 这三列中，这样做的目的是为了演示动态创建列的用法。

在第 11 行到第 22 行的 while 循环中，依次遍历了每天的交易数据，并在第 14 行、第 16 行和第 18 行中，通过三个 if 语句设置了 3 个交易规则。由于在头几天是没有 5 日均价的，且在遍历最

后 2 天的交易数据时，在执行诸如 df.iloc[cnt+2]['Close']的语句中会出现索引越界，因此在 while 循环中用到了 try…except 异常处理语句。

运行这个范例程序，可以看到的结果是：Buy Point on:2019-03-08，结合图 7-5，可以看到 3 月 8 日之后的交易日中，股价有一定程度的上涨，所以能证实基于均线的"买"原则。不过，在现实中影响股票价格的因素太多，读者应全面分析，切勿在实战中生搬硬套这个原则来买卖股票。

7.5.3 验证基于均线的卖点

类似地，根据 5 日均线计算参考卖点，在 calSellPointByMA.py 范例程序中计算了股票"张江高科"2019 年 1 月到 3 月内的卖点。

```python
# !/usr/bin/env python
# coding=utf-8
import pandas as pd
# 从文件中读取数据
df = pd.read_csv('D:/stockData/ch7/600895.csv',encoding='gbk')
maIntervalList = [3,5,10]
# 虽然在后文中只用到了 5 日均线，但这里演示设置 3 种均线
for maInterval in maIntervalList:
    df['MA_' + str(maInterval)] = df['Close'].rolling(window=maInterval).mean()
cnt=0
while cnt<=len(df)-1:
    try:
        # 规则1：收盘价连续三天下跌
        if df.iloc[cnt]['Close']>df.iloc[cnt+1]['Close'] and df.iloc[cnt+1]['Close']>df.iloc[cnt+2]['Close']:
            # 规则2：5日均线连续三天下跌
            if df.iloc[cnt]['MA_5']>df.iloc[cnt+1]['MA_5'] and df.iloc[cnt+1]['MA_5']>df.iloc[cnt+2]['MA_5']:
                # 规则3：第3天收盘价下穿5日均线
                if df.iloc[cnt+1]['MA_5']<df.iloc[cnt]['Close'] and df.iloc[cnt+2]['MA_5']>df.iloc[cnt+1]['Close']:
                    print("Sell Point on:" + df.iloc[cnt]['Date'])
    except: # 有几天是没5日均线的，所以用except处理异常
        pass
    cnt=cnt+1
```

这个范例程序中的代码与之前 calSellBuyByMA.py 范例程序这种的代码很相似，只不过更改了第 14 行、第 16 行和第 18 行的规则。运行该范例程序之后，可以得到两个卖点：2019-01-23 和 2019-01-23，这同样可以在图 7-5 描述的 K 线图中得到验证。

7.6　量价理论

根据股市操作中的量价理论，成交量和股票价格间的关联关系是密不可分的，一般需要综合分析量和价之间的关联关系，才能进一步分析并预测股价变化。在本节中，将用 DataFrame 等对象来验证量价理论。

7.6.1　成交量与股价的关系

成交量和股价间也存在着八大规律，即量增价平、量增价升、量平价升、量缩价升、量减价平、量缩价跌、量平价跌、量增价跌，随着上述周期过程，股价也完成了一个从涨到跌的完整循环，下面来具体解释一下。

（1）量增价平：股价经过持续下跌进入到低位状态，出现了成交量增加但股价平稳的现象，此时不同天的成交量高度落差可能比较明显，这说明该股在底部积聚上涨动力。

（2）量增价升：成交量在低价位区持续上升，同时伴随着股价上涨趋势，这说明股价上升得到了成交量的支撑，后市将继续看好，这是中短线的买入信号。

（3）量平价升：在股价持续上涨的过程中，如果多日的成交量保持等量水平，建议在这一阶段中可以适当增加仓位。

（4）量缩价升：成交量开始减少，但股价依然在上升，此时应该视情况继续持股。但如果还没有买入的投资者就不宜再重仓介入，因为股价已经有了一定的涨幅，价位开始接近上限。

（5）量减价平：股价经长期大幅度上涨后，成交量显著减少，股价也开始横向调整不再上升，这是高位预警的信号。这个阶段里一旦有风吹草动，比如突然拉出大阳线和大阴线，建议应出货离场，做到落袋为安。

（6）量缩价跌：成交量在高位继续减少，股价也开始进入下降通道，这是明确的卖出信号。如果还出现缩量阴跌，这说明股价底部尚远，不会轻易止跌。

（7）量平价跌：成交量停止减少，但股价却出现急速下滑现象，这说明市场并没有形成一致看空的共识。股市谚语有"多头不死，跌势不止"的说法，出现"量平价跌"的情况，说明主力开始逐渐退出市场，这个阶段里，应继续观望或者出货，别轻易去买入以所谓的"抢反弹"。

（8）量增价跌：股价经一段时间或一定幅度的下跌之后，有可能出现成交量增加的情况，此时的操作原则是建议卖出，或者空仓观望。如果是低价区成交量有增加且股价是轻微下跌，则说明有资金在此价位区间接盘，预示后期有望形成底部并出现反弹，但如果继续出现量增价跌且跌幅依然较大，则建议应清仓出局。

在下文中将通过 Python 程序验证量价理论中的两个规则。

7.6.2 验证"量增价平"的买点

在下面的 calBuyPointByVol.py 范例程序中将验证"量增价平"的买点。在这个范例程序中做了三件事：第一是通过雅虎（Yahoo）网站爬取指定股票在指定范围内的交易数据；第二是通过调用 Pandas 库中的方法保存爬取到的数据，以便日后验证；第三遍历 DataFrame 对象来计算量和价的关系，从而获得买点日期。

```python
# !/usr/bin/env python
#coding=utf-8
import pandas_datareader
import pandas as pd
import numpy as np
# 涨幅是否大于指定比率
def isMoreThanPer(lessVal,highVal,per):
    if np.abs(highVal-lessVal)/lessVal>per/100:
        return True
    else:
        return False
# 涨幅是否小于指定比率
def isLessThanPer(lessVal,highVal,per):
    if np.abs(highVal-lessVal)/lessVal<per/100:
        return True
    else:
        return False
code='600895.ss'
stock = pandas_datareader.get_data_yahoo(code,'2018-09-01','2018-12-31')
# 删除最后一行，因为 get_data_yahoo 会多取一天的股票交易数据
stock.drop(stock.index[len(stock)-1],inplace=True)
# 保存在本地
stock.to_csv('D:\\stockData\ch7\\60089520181231.csv')
# 从文件中读取数据
df = pd.read_csv('D:/stockData/ch7/60089520181231.csv',encoding='gbk')
cnt=0
while cnt<=len(df)-1:
    try:
        # 规则1：连续三天收盘价变动不超过3%
        if isLessThanPer(df.iloc[cnt]['Close'],df.iloc[cnt+1]['Close'],3) and isLessThanPer(df.iloc[cnt]['Close'],df.iloc[cnt+2]['Close'],3) :
            # 规则2：连续三天成交量涨幅超过75%
            if isMoreThanPer(df.iloc[cnt]['Volume'],df.iloc[cnt+1]['Volume'],75) and isMoreThanPer(df.iloc[cnt]['Volume'],df.iloc[cnt+2]['Volume'],75) :
                print("Buy Point on:" + df.iloc[cnt]['Date'])
    except:
        pass
    cnt=cnt+1
```

在第 7 行定义的 isMoreThanPer 方法中比较了高价和低价，以判断是否超过由参数 per 指定的

涨幅。在第 13 行的 isLessThanPer 方法中判断了跌幅是否超过 per 指定的范围。由于这两个功能经常会用到，因此把它们封装成函数。

从第 18 行到第 25 行的程序语句完成了获取并保存数据的操作，并用 df 对象保存了要遍历的股票数据（即股票"张江高科"2018-09-01 到 2018-12-31 的数据）。

在第 27 行到第 36 行是按日期遍历股票交易数据，并制定了如下规则，连续 3 天股票的收盘价变动范围不超过 5%（即价平）且 3 天成交量的涨幅过 75%（即量增），把满足条件的日期打印出来。运行这个范例程序后，就能看到 11 月 2 日这个买点。

把 7.4.2 小节的 drawKMAAndVol.py 范例程序中第 8 行的代码改成如下，从 60089520181231.csv 文件中读取股票数据，再运行范例程序 drawKMAAndVol01.py，就可看到如图 7-8 所示的结果。

```
8    df = pd.read_csv('D:/stockData/ch7/60089520181231.csv',encoding='gbk')
```

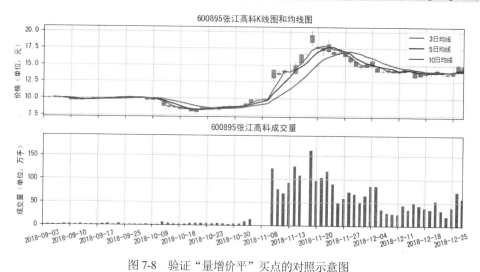

图 7-8　验证"量增价平"买点的对照示意图

从这个范例程序的运行结果可以看到验证后的股价走势：在 11 月 2 日之后，股票的涨幅比较明显，确实是个合适的买点，这就是"量增价平"的指导意义。

7.6.3　验证"量减价平"的卖点

在下面 calSellPointByVol.py 范例程序中，同样是分析股票"张江高科"2018-09-01 到 2018-12-31 的交易数据，本次制定的策略是：第一，还是连续三天股票的收盘价变动范围不超过 5%（即价平）；第二，与第一日相比，第二日和第三日的成交量下降幅度超过 75%（即量减）。

```
1    # !/usr/bin/env python
2    # coding=utf-8
3    import pandas_datareader
4    import pandas as pd
5    import numpy as np
6    # 涨幅是否大于指定比率
7    def isMoreThanPer(lessVal,highVal,per):
8        if np.abs(highVal-lessVal)/lessVal>per/100:
```

```
9              return True
10        else:
11              return False
12  # 涨幅是否小于指定比率
13  def isLessThanPer(lessVal,highVal,per):
14      if np.abs(highVal-lessVal)/lessVal<per/100:
15          return True
16      else:
17          return False
18  # 本次直接从文件中读取数据
19  df = pd.read_csv('D:/stockData/ch7/60089520181231.csv',encoding='gbk')
20  cnt=0
21  while cnt<=len(df)-1:
22      try:
23          # 规则1：连续三天收盘价变动不超过3%
24          if isLessThanPer(df.iloc[cnt]['Close'],df.iloc[cnt+1]['Close'],3) and
isLessThanPer(df.iloc[cnt]['Close'],df.iloc[cnt+2]['Close'],3) :
25              #规则2：连续三天成交量跌幅超过75%
26              if isMoreThanPer(df.iloc[cnt+1]['Volume'],
df.iloc[cnt]['Volume'],75) and isMoreThanPer(df.iloc[cnt+2]['Volume'],
df.iloc[cnt]['Volume'],75) :
27                  print("Sell Point on:" + df.iloc[cnt]['Date'])
28      except:
29          pass
30      cnt=cnt+1
```

这个范例程序中的代码和 7.6.2 小节的 calBuyPointByVol.py 范例程序中的代码很相似，只不过前者适当变更了第 26 行判断"成交量"的 if 条件。这个范例程序运行后，即可得到的卖点是 2018-12-05，从图 7-8 中可以看出，在这段时间之后的若干交易日里，股票"张江高科"的股价确实有下跌现象。

7.7 本章小结

在本章中，首先介绍了一组准备知识，包括 NumPy 和 Pandas 库中相关对象的用法，在此基础上，通过范例程序在 K 线图上整合了均线。完成均线整合后，又通过子图的形式，绘制了成交量图。最后通过均线和成交量的相关范例程序，让读者对 Python 中的图形绘制和数据分析操作有进一步的认识。

在本章中还给出了若干基于均线和成交量的交易策略，并基于 Pandas 和 NumPy 等库实现并验证了这些策略，让读者熟悉异常处理、方法定义与调用等实用技能。

第**8**章

数据库操作与绘制 MACD 线

在之前的章节中，把从网站爬取到的数据存储到 csv 或 excel 文件内，不过这只能满足简单的数据分析需求，如果需要对数据做进一步的分析，就得用到数据库了。

在本章中，将把爬虫爬取到的股票数据通过 insert 语句放入 MySQL 数据库的数据表中，在要用的时候，再通过 select 语句从数据表中提取。至于股票相关的范例程序，本章将讲述比 K 线、均线和成交量稍微复杂些的 MACD 指标线，与之前范例程序不同的是，绘制 MACD 指标线的数据是从数据库中提取的。

在讲述完 MACD 指标的算法和绘制方法后，本章同样也会用 Python 语言程序根据 MACD 指标来验证合适的买点和卖点。

8.1 Python 连接 MySQL 数据库的准备工作

在本节将介绍 MySQL 数据库在本地的配置以及 Python 连接 MySQL 数据库，并在此基础上给出针对 MySQL 建表、增、删、改和查的相关范例程序。

8.1.1 在本地搭建 MySQL 环境

为了使用 MySQL，需要在本地计算机系统中安装 MySQL 服务器。安装好以后固然可以通过命令行来进行数据库的相关操作，如创建连接或执行 SQL 语句等。为了方便起见，可以通过客户端来管理和操作数据库及其数据表，在范例程序中用到的是 Navicat，搭建 MySQL 服务器和 Navicat 环境的步骤如下所示。

步骤 01 下载并安装 MySQL Community Server 作为服务器，安装完成后，设置本地域名为 localhost，端口是 3306，用户名是 root，密码是 123456。这里给出的是本章范例程序演示的配置，读者可以根据实际情况进行调整。

步骤 02 选用 Navicat for MySQL 作为客户端管理工具，通过这个工具可以创建与服务器的连接，如图 8-1 所示，其中输入连接名是 PythonConn，密码是之前设置的 123456。

图 8-1 通过 Navicat 连接 MySQL 服务器

创建连接后，单击图 8-1 中的"连接测试"按钮来确认连接的正确性，如果正确，单击"确定"按钮保存该连接。随后，通过鼠标单击进入到这个连接后，就能看到其中的数据库（即 Schema，数据库对象的集合），如图 8-2 所示。

图 8-2 数据库（Schema）示意图

8.1.2　安装用来连接 MySQL 的 PyMySQL 库

本书使用的 Python 版本是 Python 3，所以要用 PyMySQL 库来连接 MySQL 数据库，而 Python 2 用的是 MySQLdb 库。

在第 5 章介绍过通过 pip3 命令来安装第三方库的方法，下面同样在命令行中到 pip3.exe 所在的目录里运行如下命令，以安装 PyMySQL 包。

```
pip3 install PyMySQL
```

安装好以后，会看到如图 8-3 所示的提示信息。

图 8-3　在命令行窗口中安装 PyMySQL 库时显示的提示信息

8.1.3　在 MySQL 中创建数据库与数据表

接下来需要在 MySQL 中创建专门用于股票范例程序的数据库，具体步骤是，在 8.1.1 小节创建的 PythonConn 连接上，单击鼠标右键，在弹出的快捷菜单中选择"新建数据库"，如图 8-4 所示。

图 8-4　单击"新建数据库"菜单选项

打开"新建数据库"对话框，输入数据库名为 pythonStock，再单击"确定"按钮完成创建，如图 8-5 所示。

图 8-5　输入数据库名

请注意，这里创建的数据库（也叫 Schema，即数据库对象的集合）和之前创建的"连接"以及后文将要创建的"数据表"三者之间的关系描述如下。

（1）用数据库连接地址（比如这里的 localhost）以及端口号（这里是 3306）能确定一个数据库连接，一个连接往往对应一个连接 url。

（2）在一个数据库连接中，能创建一个或多个数据库，本章刚创建的数据库名为 pythonStock。

（3）在一个数据库中，可以创建一个或多个数据表，比如这里将要创建的数据表名是 stockInfo，该表的结构如表 8-1 所示。

表 8-1　stockInfo 数据表中字段的一览表

字段名	类型	含义
date	varchar	交易日期
open	float	当天的开盘价
close	float	收盘价
high	float	最高价
low	float	最低价
vol	int	成交量（单位是股）
stockCode	varchar	股票代码

8.1.4　通过 select 语句执行查询

在创建完数据库及其数据表后，就可以手动向 stockInfo 表里插入一条记录（即一条数据），如图 8-6 所示，这是股票代码为 600895（张江高科）在 20190102 交易日的交易数据。

date	open	close	high	low	vol	stockCode
20190102	15.06	15.93	16.33	14.71	75979904	600895

图 8-6　手动插入一个记录后的效果图

下面通过 TestMySQLDB.py 范例程序来演示连接数据库并输出 stockInfo 表中的数据信息。

```
1   #!/usr/bin/env python
2   #coding=utf-8
3   import pymysql
4   import sys
5   import pandas as pd
6   try:
7       # 打开数据库连接
8       db = pymysql.connect("localhost","root","123456","pythonStock" )
9   except:
10      print('Error when Connecting to DB.')
11      sys.exit()
12  cursor = db.cursor()
13  cursor.execute("select * from stockinfo")
14  # 获取所有的数据，但不包含列表名
15  result=cursor.fetchall()
16  cols = cursor.description   # 返回列表头信息
17  print(cols)
18  col = []
19  # 依次把每个 cols 元素中的第一个值放入 col 数组
20  for index in cols:
21      col.append(index[0])
22  result = list(result)       # 转成列表，方便存入 DataFrame
23  result = pd.DataFrame(result,columns=col)
24  print(result)                  # 输出结果
25  # 关闭游标和连接对象，否则会造成资源无法释放
26  cursor.close()
27  db.close()
```

在第 3 行中通过 import 语句导入了用于连接 MySQL 的 Pymysql 库。从第 6 行到第 11 行的程序语句通过 try…except 从句连接到 MySQL 的 pythonStock 数据库。

请注意第 8 行的 pymysql.connect 语句，它的第一个参数表示要连接数据库的 url，即 localhost，第二和第三个参数表示连接所需的用户名和密码，第四个参数表示连接到哪个数据库。该方法会返回一个连接对象，这里是 db 对象。

由于连接数据库时有可能会抛出异常，因此在第 9 行中用 except 来接收并处理异常，在第 10 行是输出了错误提示，在第 11 行调用 sys.exit() 退出程序。

不妨修改一下第 8 行的连接参数，比如故意传入错误的密码，这时会看到输出第 10 行的提示信息并退出程序。

在获得 db 连接对象后，在第 12 行和第 13 行中创建了游标 cursor 对象，并通过游标来执行返回 stockInfo 表中所有数据的 SQL 语句。在第 15 行调用 fetchall 方法返回 stockInfo 表里的所有数据并赋值给 result 对象。请注意，这里 result 对象中只包含数据，并不包含字段名信息。

在第 16 行中通过调用 cursor.description 返回数据库的字段信息，执行第 17 行的打印语句，就能看到 cols 其实是以元组（Tuple）的形式保存了各字段的信息，其中每个元组的元素中包含该字段的名字和长度等信息。

```
(('date', 253, None, 255, 255, 0, True), ('open', 4, None, 12, 12, 31, True)…
```

省略其他字段的输出语句

在第 20 行和第 21 行的 for 循环中，把每个 cols 元素的第 0 个索引值（其中包含字段名）放入了 col 数组，在第 22 行和第 23 行中则整合了 stockInfo 表的字段列表和所有数据，并存放到 DataFrame 类型的 result 对象中。

第 22 行语句把 result 强制转换成列表的用意是，在第 23 行构造 DataFrame 类型的对象时，第一个参数必须是列表类型。执行第 24 行的 print 语句，就能看到如下的输出结果，其中包含了字段名和数据。

```
       date     open   close   high    low    vol       stockCode
0   20190102    15.06  15.93  16.33  14.71  75979904    600895
```

在完成对 MySQL 数据库的操作后，一定要执行第 26 行和第 27 行所示的程序代码来关闭游标和数据库连接对象，如果不关闭的话，一旦数据库的连接数到达上限，后续程序就有可能无法获得连接。

8.1.5 执行增、删、改操作

在 8.1.4 小节的范例程序中是通过 select 语句读取数据，此外还可以调用 PyMySQL 库中的方法对 MySQL 数据库中的数据表进行数据的插入、删除和更新操作。在 MySQLDemoSql.py 范例程序中示范了这些操作。

```
1   # !/usr/bin/env python
2   # coding=utf-8
3   import pymysql
4   import sys
5   try:
6       # 打开数据库连接
7       db = pymysql.connect("localhost","root","123456","pythonStock" )
8   except:
9       print('Error when Connecting to DB.')
10      sys.exit()
11  cursor = db.cursor()
12  # 插入一条记录
13  insertSql="insert into stockinfo (date,open,close,high,low,vol,stockCode )
    values ('20190103',16.65,15.31,15.78,16.24,94733382,'600895')"
14  cursor.execute(insertSql)
15  db.commit()         # 需要调用 commit 方法才能把操作提交到数据表中使之生效
16  # 删除一条记录
17  deleteSql="delete from stockinfo where stockCode = '600895' and
    date='20190103'"
18  cursor.execute(deleteSql)
19  db.commit()
20  # 更新数据
21  insertErrorSql="insert into stockinfo (date,open,close,high,low,vol,
    stockCode ) values ('201901030000',16.65,15.31,15.78,16.24,94733382,
    '600895')"
22  cursor.execute(insertErrorSql) # 插入了一条错误的记录，date 不对
```

```
23  db.commit()
24  updateSql="update stockinfo set date='20190103' where date='201901030000' and
    stockCode = '600895'"
25  cursor.execute(updateSql)
26  db.commit()
27  cursor.close()
28  db.close()
```

在第 13 行中定义了一条执行 insert 的 SQL 语句，在第 14 行通过调用 cursor.execute 方法执行了这条 SQL 语句。如果不执行第 15 行的 db.commit()语句，第 13 行的 insert 语句就不会生效。

从第 17 行到第 19 行的程序语句中，通过 delete 语句示范了删除数据的用法，同样请注意，在第 18 行执行完 cursor.execute 之后，也需要在第 19 行调用 db.commit()方法使 delete 操作生效。

从第 21 行到第 23 行的程序语句中，插入了一个错误的记录，该记录中，日期是'201901030000'，正确的应该是'20190103'，所以在第 24 行到第 26 行通过 update 语句更新了这条记录。

其实这个范例程序执行了四个针对数据库的操作：第一是插入了股票代码为 600895，日期是 20190103 的交易数据；第二是删除了该条记录；第三是插入了股票 600895 日期是 201901030000 的数据；第四是把第三个操作中插入数据中的日期改为 20190103。

至此，在数据库中应该是多了一个代码为 600895、期是 20190103 的交易记录（即交易数据），如果通过 Navicat 客户端来查看 stockInfo 表，就能验证这个插入操作的结果，如图 8-7 所示，其中第二行即为新插入的交易数据。

date	open	close	high	low	vol	stockCode
20190102	15.06	15.93	16.33	14.71	75979904	600895
20190103	16.65	15.31	15.78	16.24	94733382	600895

图 8-7　新插入交易数据后的结果图

在插入数据的时候还需要注意一点，在 insert 语句中的 values 关键字之前，需要详细给出字段列表，而之后的多个值是一一和字段列表相对应。

```
insert into stockinfo (date,open,close,high,low,vol,stockCode ) values
('20190103',16.65,15.31,15.78,16.24,94733382,'600895')
```

当然，在这个范例程序中如果不写字段列表，语法上也没问题，也能正确地插入数据，但这样的话，不仅代码的可读性很差，其他人就更难理解插入的值究竟对应到哪个字段。而且，如果当新增了字段时，比如在 date 和 open 之间插入了 amount（成交金额）字段，那么 values 之后的第二个参数 16.65 就会对应到"成交金额"，而不是之前所预期的"开盘价"，从而给后续程序的维护和升级留下隐患。

8.1.6　事务提交与回滚

在 8.1.5 小节的增删改操作之后，都带了一句 db.commit()，这是"操作提交"或"事务提交"的意思，否则的话，增删改操作无法真正更新到数据表中。

在实际的程序项目中，经常会遇到一组"要么全都做，要么全都不做"的事务性操作。在 PyMySQL 库中，除了有提交事务的 commit 方法外，还有回滚事务的 rollback 方法。在下面的

MySQLTransaction.py 范例程序中将示范提交事务和回滚事务的用法。

```python
# !/usr/bin/env python
# coding=utf-8
import pymysql
import sys
try:
    # 打开数据库连接
    db = pymysql.connect("localhost","root","123456","pythonStock")
except:
    print('Error when Connecting to DB.')
    sys.exit()
cursor = db.cursor()
try:
    # 插入 2 条记录
    insertSql1="insert into stockinfo (date,open,close,high,low,vol,stockCode ) values ('20190103',16.65,15.31,15.78,16.24,94733382,'600895')"
    cursor.execute(insertSql1)
    raise Exception
    insertSql2="insert into stockinfo (date,open,close,high,low,vol,stockCode ) values ('20190104',16.58,15.60,15.70,16.30,68985635,'600895')"
    cursor.execute(insertSql2)
    db.commit()  # 没问题就提交
except:
    print("Error happens, rollback.")
    db.rollback()
finally:
    cursor.close()
    db.close()
```

在第 12 行到第 19 行的 try 从句中有两条 insert（插入）语句，但请注意，对这两条 insert 语句，只在第 19 行写了一条 commit 语句。

在第 20 行到第 22 行的 except 从句中，编写了打印错误提示信息的语句和调用 rollback 方法执行回滚操作的语句。根据第 4 章中关于异常处理的介绍可知，不管是否发生了异常，以及无论发生了何种异常，finally 从句中的语句块一定会被执行，所以这个范例程序把关闭游标和关闭数据库连接的语句编写到第 23 行到第 25 行的 finally 从句中。

请读者注意，在第 16 行中通过 raise 语句抛出了异常。虽然在抛出异常之前，已经在第 15 行通过 execute 语句执行了一条 insert 语句，但由于在 except 从句的第 22 行执行了 rollback 操作，因此这两条 insert 语句不会被提交，可以到 stockInfo 数据表中去验证这个结果。

这个范例程序通过 raise 语句显式地抛出异常，如果去掉这条语句，但同时故意写错 insert 语句的语法，比如在第 17 行 insert 语句中故意多写了一个不存在的字段，那么同样会因为抛出异常而执行回滚操作，这两条 insert 语句同样不会生效。

但是，如果去掉这条 raise 语句，由于无异常发生，那么会通过第 19 行的 commit 完成事务提交，这样的话，就能在 stockInfo 表中看到两条新插入的记录。

8.2 整合爬虫模块和数据库模块

MySQL 是存储数据的载体，在实际的程序项目中，一般会从各种途径导入数据，比如在本节中，将把从网站爬取到的数据通过调用 PyMySQL 库提供的方法存入数据库。

8.2.1 根据股票代码动态创建数据表

在 8.1 节，范例程序是把所有股票的信息都放在 stockInfo 表中，所以该表包含用于区分股票的 stockCode 字段。

下面为每个股票创建自己的表，表名的形式是 stock_股票代码，比如在 stock_300776 表中存放的是代码为 300776（帝尔激光）的股票信息。由于已经能通过表名标识股票代码，因此在创建此类数据表时，无需再加入描述股票代码的 stockCode 字段。

在下面的 CreateTablesByCode.py 范例程序中，首先是通过第 5 章介绍过的 Tushare 库获取所有的股票代码，其次会通过 for 循环，以此为每个股票创建数据表，具体的程序代码如下。

```python
1    # !/usr/bin/env python
2    # coding=utf-8
3    import pymysql
4    import sys
5    import tushare as ts
6    try:
7        # 打开数据库连接
8        db = pymysql.connect("localhost","root","123456","pythonStock" )
9    except:
10       print('Error when Connecting to DB.')
11       sys.exit()
12   cursor = db.cursor()
13   '''
14   stockList=['600895','603982','300097','603505','600759']
15   for code in stockList:
16       try:
17           createSql= 'CREATE TABLE stock_' +code+' ( date varchar(255) ,open
     float,close float ,high float , low float,vol int(11))'
18           cursor.execute(createSql)
19       except:
20           print('Error when Creating table for:' + code)
21   '''
22   stockList=ts.get_stock_basics()        # 通过 Tushare 接口获取股票代码
23   for code in stockList.index:
24       try:
25           createSql= 'CREATE TABLE stock_' +code+' ( date varchar(255) ,open
     float,close float ,high float , low float,vol int(11))'
26           #int(createSql)
```

```
27          cursor.execute(createSql)
28      except:
29          print('Error when Creating table for:' + code)
30  db.commit()
31  cursor.close()
32  db.close()
```

在第 6 行到第 12 行中，像之前那样连接到了 MySQL 数据库，首先注释掉第 14 行第 20 行的代码。

在第 22 行的代码中调用了 Tushare 库的 get_stock_basics 方法，获取到了所有的股票代码，并在第 23 行到第 29 行的 for 循环中，以此读取 stockList 对象中的 code 信息，并在 25 行的 create 语句中通过 code 组装创建表的 create 语句。

注意，范例程序是在 for 循环中把每个创建表的 create 语句包在 try…except 从句里，这样做的目的是，一旦当前创建数据表的语句出现异常，不是中止程序，而只是中止创建当前 code 表的操作，这样就会把异常造成的影响缩小在最小范围。另外，在处理异常 except 从句的 29 行，打印了出现建表错误的 code 信息，这样当程序运行结束后，即使出现问题，也能手动创建数据表。

在第 30 行中通过调用 commit 方法执行了提交操作，第 31 行和第 32 行的程序代码用于关闭对游标和数据库的连接。运行这个范例程序后，就能在 MySQL 的 pythonStock 库中看到已创建好了多张表。

如果不想为所有股票代码都创建数据表，即只是想创建指定股票代码的数据表，那么可以注释掉第 22 行到第 29 行的代码，同时去掉第 14 行到第 20 行程序语句的注释，这样就只会创建由第 14 行指定的股票代码的数据表。

8.2.2　把爬取到的数据存入数据表

在为每个股票创建好相应的数据表之后，可以通过爬虫从雅虎（Yahoo）网站爬取指定股票代码对应的交易数据，并存入对应的数据表中。本节的 InsertDataFromYahoo.py 范例程序比较长，下面分若干段来讲解。

```
1   # !/usr/bin/env python
2   # coding=utf-8
3   import pymysql
4   import sys
5   import tushare as ts
6   import pandas as pd
7   import pandas_datareader
8   try:
9       # 打开数据库连接
10      db = pymysql.connect("localhost","root","123456","pythonStock" )
11  except:
12      print('Error when Connecting to DB.')
13      sys.exit()
14  cursor = db.cursor()
```

第 8 行到第 14 行的程序代码打开了 MySQL 数据库的连接，并在第 14 行创建了用于操作数据的 cursor 游标对象。

```
15    # 从网站爬取数据，并插入到对应的数据表中
16    def insertStockData(code,startDate,endDate):
17      try:
18          filename='D:\\stockData\ch8\\'+code+startDate+endDate+'.csv'
19          stock = pandas_datareader.get_data_yahoo(code+'.ss',startDate,
      endDate)
20          if(len(stock)<1):
21              stock= pandas_datareader.get_data_yahoo(code+'.sz',startDate,
      endDate)
22          # 删除最后一行，因为 get_data_yahoo 会多取一天的股票交易数据
23          stock.drop(stock.index[len(stock)-1],inplace=True)    # 在本地留份 csv
24          print('Current handle:' + code)
25          stock.to_csv(filename)
26          df = pd.read_csv(filename,encoding='gbk')
27          cnt=0
28          while cnt<=len(df)-1:
29              date=df.iloc[cnt]['Date']
30              open=df.iloc[cnt]['Open']
31              close=df.iloc[cnt]['Close']
32              high=df.iloc[cnt]['High']
33              low=df.iloc[cnt]['Low']
34              vol=df.iloc[cnt]['Volume']
35              tableName='stock_'+code
36              values = [date,float(open),float(close),float(high),
      float(low),int(vol)]
37              insertSql='insert into '+tableName+' (date,open,close,high,low,vol)
      values (%s,%s,%s,%s,%s,%s)'
38              cursor.execute(insertSql, values)
39              cnt=cnt+1
40          db.commit()
41      except Exception as e:
42          print('Error when inserting the data of:' + code)
43          print(repr(e))
44          db.rollback()
```

在第 16 行到第 44 行定义的 insertStockData 方法中，从第 18 行到第 21 行的程序语句通过雅虎（Yahoo）网站爬取了股票交易数据，其中参数 code 指定了股票，而股票交易数据的开始时间和结束时间则由 startDate 和 endDate 两个参数来指定。

请注意，pandas_datareader.get_data_yahoo 方法在爬取沪市的股票时，需要加上.ss 的后缀，在爬取深圳的股票时，需要加上.sz 的后缀，所以首先需要在第 19 行用 code 加.ss 的后缀以沪市股票的代码形式去爬取股票交易数据，如果没爬取到，则在第 21 行用.sz 的后缀再去爬取一次。在第 23 行中，需要删除最后一行的数据，因为之前讲过，pandas_datareader.get_data_yahoo 方法会多返回一个交易日的股票交易数据。

数据爬取完成之后，通过第 25 行的程序代码把数据存入到 csv 格式的文件中，以便在本地留存一份股票交易数据。

从第 28 行到第 44 行的程序语句通过 while 循环，依次遍历了从 csv 文件中读取到数据 df 对象

（数据类型为 DataFrame）。在每次遍历中，从第 29 行到第 34 行的程序语句，指定了具体日期的股票交易数据，在第 35 行中指定了插入数据表的名字，这和 8.2.1 小节创建数据表的格式一致，都是 'stock_' 加股票代码。

在第 37 行的 insert 语句中的 values 设置值中，用 6 个%s 作为占位符，依次和 values 之前的字段列表相对应。在第 38 行执行的 cursor.execute 方法中，还传入了 values 这个参数，这个参数是在第 36 行设置的值，用来指定要插入的具体值。

请注意第 17 行的 try 语句和 41 行的 except 从句,如果没出现问题,则会执行第 40 行的 commit 语句向数据表中提交插入操作，如果出现异常，则会执行 except 从句中的第 42 行和第 43 行来输出提示，并在第 44 行执行回滚操作。也就是说，如果插入某个股票代码的数据出现异常，那么该股票指定时间范围内的所有交易数据都不会进入到数据表中。

调用该方法的用户能在这个范例程序运行结束后，根据错误提示知道哪些股票代码有问题，然后再手动解决。

```
45  startDate='2018-09-01'
46  endDate='2019-05-31'
47  stockList=['600895','603505','600759']
48  for code in stockList:
49      insertStockData(code,startDate,endDate)
50  '''
51  stockList=ts.get_stock_basics()        # 通过 Tushare 接口获取股票代码
52  for code in stockList.index:
53      insertStockData(code,startDate,endDate)
54  '''
55  cursor.close()
56  db.close()
```

在第 45 行和第 46 行中定义了获取股票交易数据的起始时间和结束时间，读者在运行本范例程序时，可以根据实际情况手动调整。在第 48 行和第 49 行的 for 循环中依次对第 47 行指定的 stockList 对象中的每个股票代码调用 insertStockData 方法，如果一切顺利的话，在对应的数据表中即可看到指定时间范围内的股票交易数据。

如果把第 50 行到第 54 行的注释去掉，则可以通过调用第 50 行的 get_stock_basics 方法获取所有股票代码，再通过第 52 行到第 53 行的 for 循环，依次爬取指定股票代码的交易数据并插入到数据库中。

需要注意的是，如果通过第 51 行到第 53 行来遍历并插入所有股票的交易数据，范例程序运行的时间可能比较长,此时如果对 MySQL 数据库中的数据表再执行其他操作,则可能会导致锁表。因此建议大家如果没有实际的需要，可以像第 47 行程序语句那样指定股票代码，只处理有分析需求的股票数据。

第 55 行和第 56 行是通过调用 close 语句来关闭游标和数据库连接对象,没有这两条语句的话,这些系统资源就无法释放。

最后，再请读者回顾一下本范例程序中的异常处理方式。

（1）如果在处理某个股票代码时发生异常，本着"异常影响范围应当最小"的原则，该范例程序只是中止了当前股票代码的处理，并没有中止对其他股票代码的处理。

（2）try…except 从句是编写在 insertStockData 方法中的，可以想象一下，如果本来该往一个股票数据表中插入 100 条记录，假设插入第 50 条记录时出错了，此时再插入其他记录也没意义了。因为缺失数据会导致分析结论出错，所以本范例程序的处理方式是：出错了就回滚该股票的所有插入操作，只有确认该股票代码指定时间范围内的所有交易数据都成功插入了，才执行 commit 进行提交，以确保数据的完整性和准确性。

8.3　绘制 MACD 指标线

MACD 中文全称是"平滑异同移动平均线"，英文全称是 Moving Average Convergence Divergence。它是查拉尔·阿佩尔（Geral Appel）在 1979 年提出的。MACD 是通过短期（一般是 12 日）移动平均线和长期（一般是 26 日）移动平均线之间的聚合与分离情况，来研判买卖时机的技术指标。

8.3.1　MACD 指标的计算方式

从数学角度来分析，MACD 指标是根据均线的构造原理，对股票收盘价进行平滑处理，计算出算术平均值以后再进行二次计算，它是属于趋向类指标。

MACD 指标是由三部分构成的，分别是：DIF（离差值，也叫差离值）、DEA（离差值平均）和 BAR（柱状线）。

具体的计算过程是，首先算出快速移动平均线（EMA1）和慢速移动平均线（EMA2），用这两个数值来测量两者间的差离值（DIF），在此基础上再计算差离值（DIF）N 周期的平滑移动平均线 DEA（也叫 MACD、DEM）线。

如前文所述，EMA1 周期参数一般取 12 日，EMA2 一般取 26 日，而 DIF 一般取 9 日，在此基础上，MACD 指标的计算步骤如下所示。

步骤 01　计算移动平均值（即 EMA）。

12 日 EMA1 的计算方式是：EMA（12）= 前一日 EMA（12）× 11/13 ＋ 今日收盘价 × 2/13
26 日 EMA2 的计算方式是：EMA（26）= 前一日 EMA（26）× 25/27 ＋ 今日收盘价 ×2 /27

步骤 02　计算 MACD 指标中的差离值（即 DIF）。

DIF = 今日 EMA（12）－ 今日 EMA（26）

步骤 03　计算差离值的 9 日 EMA（即 MACD 指标中的 DEA）。用差离值计算它的 9 日 EMA，这个值就是差离平均值（DEA）。

今日 DEA（MACD）= 前一日 DEA × 8/10 ＋ 今日 DIF × 2/10

步骤 04　计算 BAR 柱状线。

BAR = 2 × (DIF － DEA)

这里乘以 2 的原因是，在不影响趋势的情况下，从数值上扩大 DIF 和 DEA 差值，这样观察效果就更加明显。

最后，把各点（即每个交易日）的 DIF 值和 DEA 值连接起来，就能得到在 x 轴上下移动的两条线，分别表示短期（即快速，EMA1，周期是 12 天）和长期（即慢速，EMA2，周期是 26 天）。而且，DIF 和 DEA 的离差值能构成红、绿两种颜色的柱状线，在 x 轴之上是红色，而 x 轴之下是绿色。

8.3.2　遍历数据表数据，绘制 MACD 指标

同 K 线指标一样，根据不同的计算周期，MACD 指标也可以分为日指标、周指标、月指标乃至年指标。在下面的 DrawMACD.py 范例程序中将绘制日 MACD 指标，在这个范例程序中可以看到关于数据结构、图形绘制和数据库相关的操作，由于程序代码比较长，下面分段讲解。

```python
1   # !/usr/bin/env python
2   # coding=utf-8
3   import pandas as pd
4   import matplotlib.pyplot as plt
5   import pymysql
6   import sys
7   # 第一个参数是数据，第二个参数是周期
8   def calEMA(df, term):
9       for i in range(len(df)):
10          if i==0: # 第一天
11              df.ix[i,'EMA']=df.ix[i,'close']
12          if i>0:
13              df.ix[i,'EMA']=(term-1)/(term+1)*df.ix[i-1,'EMA']+2/(term+1) * df.ix[i,'close']
14      EMAList=list(df['EMA'])
15      return EMAList
```

在第 8 行到第 15 行的 calEMA 方法中，根据第二个参数 term，计算快速（周期是 12 天）和慢速（周期是 26 天）的 EMA 值。

具体步骤是，通过第 9 行的 for 循环，遍历由第一个参数指定的 DataFrame 类型的 df 对象，根据第 10 行的 if 条件中，如果是第一天，则 EMA 值用当天的收盘价，如果满足第 12 行的条件，即不是第一天，则在第 13 行中根据 8.3.1 小节的算法，计算当天的 EMA 值。

请注意，在第 11 行和第 13 行中是通过 df.ix 的形式访问索引行（比如第 i 行）和指定标签列（比如 EMA 列）的数值，ix 方法与之前 loc 以及 iloc 方法不同的是，ix 方法可以通过索引值和标签值访问，而 loc 以及 iloc 方法只能通过索引值来访问。计算完成后，在第 14 行把 df 的 EMA 列转换成列表类型的对象并在第 15 行返回。

```python
16  # 定义计算 MACD 的方法
17  def calMACD(df, shortTerm=12, longTerm=26, DIFTerm=9):
18      shortEMA = calEMA(df, shortTerm)
19      longEMA = calEMA(df, longTerm)
20      df['DIF'] = pd.Series(shortEMA) - pd.Series(longEMA)
```

```
21      for i in range(len(df)):
22          if i==0:      # 第一天
23              df.ix[i,'DEA'] = df.ix[i,'DIF']  # ix 可以通过标签名和索引来获取数据
24          if i>0:
25              df.ix[i,'DEA'] = (DIFTerm-1)/(DIFTerm+1)*df.ix[i-1,'DEA'] +
     2/(DIFTerm+1)*df.ix[i,'DIF']
26      df['MACD'] = 2*(df['DIF'] - df['DEA'])
27      return df[['date','DIF','DEA','MACD']]
28      # return df
```

在第 15 行到第 27 行定义的 calMACD 方法中，将调用第 8 行定义的 calEMA 方法来计算 MACD 的值。具体步骤是，在第 18 行和第 19 行通过调用 calEMA 方法，分别得到了快速和慢速的 EMA 值，在第 20 行，用这两个值计算 DIF 值。请注意，shortEMA 和 longEMA 都是列表类型，所以可以像第 20 行那样，通过调用 pd.Series 方法把它们转换成 Series 类对象后再直接计算差值。

从第 21 行到第 25 行的程序语句，也是根据 8.3.1 小节给出的公式计算 DEA 值，同样要用两条 if 语句区分"第一天"和"以后几天"这两种情况，在第 26 行根据计算公式算出 MACD 的值。

第 27 行返回指定的列，在后面的代码中还要用到 df 对象的其他列，此时则可以用如第 28 行所示的代码返回 df 的全部列。

```
29  try:
30      # 打开数据库连接
31      db = pymysql.connect("localhost","root","123456","pythonStock" )
32  except:
33      print('Error when Connecting to DB.')
34      sys.exit()
35  cursor = db.cursor()
36  cursor.execute("select * from stock_600895")
37  cols = cursor.description    # 返回列名
38  heads = []
39  # 依次把每个 cols 元素中的第一个值放入 col 数组
40  for index in cols:
41      heads.append(index[0])
42  result = cursor.fetchall()
43  df = pd.DataFrame(list(result))
44  df.columns=heads
45  # print(calMACD(df, 12, 26, 9)) # 输出结果
46  stockDataFrame = calMACD(df, 12, 26, 9)
```

从第 29 行到第 35 行的程序语句，建立了 MySQL 数据库的连接和获得游标 cursor 对象，在第 36 行中，通过 select 类型的 SQL 语句，来获取 stock_600895 表中的所有数据，如 8.2 节所述，这个数据表中的数据源自雅虎网站。

在第 37 行中，得到了 stock_600895 数据表的字段列表。在第 40 行和第 41 行的 for 循环中，把字段列表中的第 0 行索引元素放入了 heads。在第 42 行和第 43 行，把从 stock_600895 数据表中获取的数据放入到 df 对象。在第 44 行的程序语句，把包含数据表字段列表的 heads 对象赋值给 df 对象的字段。

执行到这里，如果去掉第 45 行打印语句的注解，就能看到第一列输出的是字段名列表，之后会按天输出与 MACD 有关的股票指标数据。

在第 46 行调用了 calMACD 方法，并把结果赋值给 stockDataFrame 对象，之后就可以根据 stockDataFrame 对象中的值开始绘图。

```
47  # 开始绘图
48  plt.figure()
49  stockDataFrame['DEA'].plot(color="red",label='DEA')
50  stockDataFrame['DIF'].plot(color="blue",label='DIF')
51  plt.legend(loc='best')  # 绘制图例
52  # 设置 MACD 柱状图
53  for index, row in stockDataFrame.iterrows():
54      if(row['MACD'] >0): # 大于 0 则用红色
55          plt.bar(row['date'], row['MACD'],width=0.5, color='red')
56      else:                    # 小于等于 0 则用绿色
57          plt.bar(row['date'], row['MACD'],width=0.5, color='green')
58  # 设置 x 轴坐标的标签和旋转角度
59  major_index=stockDataFrame.index[stockDataFrame.index%10==0]
60  major_xtics=stockDataFrame['date'][stockDataFrame.index%10==0]
61  plt.xticks(major_index,major_xtics)
62  plt.setp(plt.gca().get_xticklabels(), rotation=30)
63  # 带网格线，且设置了网格样式
64  plt.grid(linestyle='-.')
65  plt.title("600895 张江高科的 MACD 图")
66  plt.rcParams['axes.unicode_minus'] = False
67  plt.rcParams['font.sans-serif']=['SimHei']
68  plt.show()
```

在第 49 和第 50 行中通过调用 plot 方法，以折线的形式绘制出 DEA 和 DIF 两根线，在第 51 行中设置了图例。在第 53 行到第 57 行的 for 循环中，以柱状图的形式依次绘制了每天的 MACD 值的柱状线，这里用第 54 行和第 56 行的 if...else 语句进行区分，如果大于 0，则 MACD 柱是红色，反之是绿色。

从第 59 行到第 61 行的程序语句设置了 x 轴的标签，如果显示每天的日期，那么 x 轴上的文字会过于密集，所以在第 59 行和第 60 行进行相应的处理，只显示 stockDataFrame.index%10==0（即索引值是 10 的倍数）的日期。

在第 62 行设置了 x 轴文字的旋转角度，在第 64 行设置了网格的式样，在第 65 行设置了标题文字，最后在第 68 行通过调用 show 方法绘制了整个图形。

如果按 8.2 节的内容已经往 stock_600895 数据表中插入了股票"张江高科"指定时间范围内的股票交易数据，则可以看到如图 8-8 所示的图形。请注意，如果不编写第 66 行的程序语句，那么 y 轴标签值里的负号就不会显示，读者可以把这条语句注释掉后，再运行一下，看看结果如何。

如果打开"中国银河证券双子星"软件（其他股票交易软件也一样），用该软件打开股票"张江高科"2018 年 9 月到 2019 年 5 月的 MACD 走势图，如图 8-8 所示，会发现由股票交易软件绘制出的 MACD 走势图和本节中用 Python 绘制出的如图 8-9 所示的 MACD 走势图基本一致。

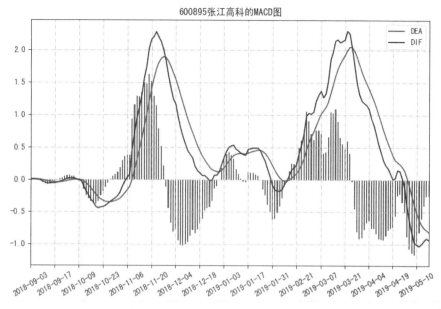

图 8-8　股票"张江高科"MACD 走势图

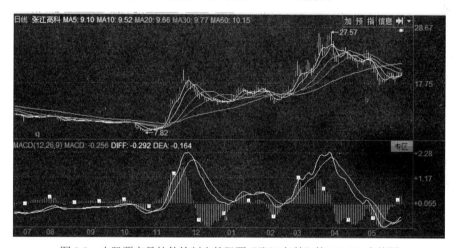

图 8-9　由股票交易软件绘制出的股票"张江高科"的 MACD 走势图

至此，我们实现了计算并绘制 MACD 指标线的功能，通过 8.2 节的学习，读者应该掌握了如何获得指定股票在指定时间段内的交易数据，而后可以稍微改写上述的范例程序，绘制出其他股票在指定时间范围内的 MACD 走势图。

8.3.3　关于数据误差的说明

在表 8-2 中，对比了若干交易日中程序计算出的 MACD 相关指标和"中国银河证券双子星"软件计算出的 MACD 相关指标。从中可以发现，通过 DrawMACD.py 范例程序计算出的 MACD 相关指标和由股票交易软件得出的 MACD 相关指标值之间有细微的差别。

表 8-2　MACD 数据对比表（精确到小数点后 3 位）

交易日	MACD（软件）	MACD（程序）	DIF（软件）	DIF（程序）	DEA（软件）	DEA（程序）
20190411	-0.908	-0.913	0.529	0.539	0.983	0.996
20190415	-0.930	-0.935	0.287	0.296	0.752	0.763
20190418	-0.749	-0.754	0.079	0.086	0.453	0.463
20180903	0.047	0.000	-0.207	0.000	-0.230	0.000
20180904	-0.056	0.010	-0.195	0.006	-0.223	0.001
20180905	0.047	0.000	-0.194	0.002	-0.217	0.001

其原因是，股票交易软件开始计算 MACD 指标的起始日是该股票的上市之日，而 DrawMACD.py 范例程序中计算的起始日是 20180903，在这一天里，范例程序中给相关指标赋予的值仅仅是当日的指标（因为没取之前的交易数据），而股票交易软件计算这一天的相关指标是基于之前交易日的数据计算而来的，于是就产生了如表 8-2 所示的误差。

通过进一步的对比可以发现，离 20180903 越近的日期，两者的误差越明显，因为 DIF 的周期是 9 日，而慢速 EMA 的周期是 26 日。在表 8-2 中，离开起始日有半年多的时间，所以误差范围就在 0.01 左右。

在后续章节的 KDJ 等指标的分析过程中，读者也将看到类似的误差情况。本书对这些指标进行分析的目的并不是用于推荐股票，分析股票策略的动机也仅仅是通过计算进一步示范 Python 相关对象的用法，所以也无意修正误差，毕竟本书的精髓在于借助股票范例程序来演示 Python 编程中常见的用法。而一些股票交易软件的相关指标已经做得非常完善，如果读者真的有投资选股的需要，直接参考其中的各种指标即可。

8.3.4　MACD 与 K 线均线的整合效果图

MACD 是趋势类指标，如果把它与 K 线和均线整合到一起的话，就能更好地看出股票走势的"趋势性"。在下面的 DrawKwithMACD.py 范例程序中示范了整合它们的效果，由于程序代码比较长，因而在下面的分析中略去了一些之前分析过的重复代码，读者可以从本书提供下载的范例程序中看到完整的代码。

```
1    # !/usr/bin/env python
2    # coding=utf-8
3    import pandas as pd
4    import matplotlib.pyplot as plt
5    import pymysql
6    import sys
7    from mpl_finance import candlestick2_ochl
8    from matplotlib.ticker import MultipleLocator
9    # 计算EMA的方法，第一个参数是数据，第二个参数是周期
10   def calEMA(df, term):
11       # 省略具体实现，请参考本书提供下载的完整范例程序
```

```
12   # 定义计算 MACD 的方法
13   def calMACD(df, shortTerm=12, longTerm=26, DIFTerm=9):
14       # 省略中间的计算过程，请参考本书提供下载的完整范例程序
15       return df
```

从第 3 行到第 8 行的程序语句通过 import 语句导入了必要的依赖包，第 10 行定义的 calEMA 方法和 DrawMACD.py 范例程序中的完全一致，所以就省略了该方法内部的代码。第 13 行定义计算 MACD 的 calMACD 方法和 DrawMACD.py 范例程序中的同名方法也完全一致，但在最后的第 15 行，是通过 return 语句返回整个 df 对象，而不是返回仅仅包含 MACD 指标的相关列，这是因为，在后文中需要股票的开盘价等数值来绘制 K 线图。

```
16   try:
17       # 打开数据库连接
18       db = pymysql.connect("localhost","root","123456","pythonStock" )
19   except:
20       print('Error when Connecting to DB.')
21       sys.exit()
22   cursor = db.cursor()
23   cursor.execute("select * from stock_600895")
24   cols = cursor.description    # 返回列名
25   heads = []
26   # 依次把每个 cols 元素中的第一个值放入 col 数组
27   for index in cols:
28       heads.append(index[0])
29   result = cursor.fetchall()
30   df = pd.DataFrame(list(result))
31   df.columns=heads
32   # print(calMACD(df, 12, 26, 9))       # 输出结果
33   stockDataFrame = calMACD(df, 12, 26, 9)
```

从第 16 行到第 33 行的程序语句把需要的数据放入了 stockDataFrame 这个 DataFrame 类型的对象中，之后就可以根据其中的数据画图了，这段程序代码之前分析过，就不再重复讲述了。

```
34   # 开始绘图，设置大小，共享 x 坐标轴
35   figure,(axPrice, axMACD) = plt.subplots(2, sharex=True, figsize=(15,8))
36   # 调用方法绘制 K 线图
37   candlestick2_ochl(ax = axPrice, opens=stockDataFrame["open"].values, closes
     = stockDataFrame["close"].values, highs=stockDataFrame["high"].values,  lows
     = stockDataFrame["low"].values, width=0.75, colorup='red', colordown='green')
38   axPrice.set_title("600895 张江高科 K 线图和均线图") # 设置子图的标题
39   stockDataFrame['close'].rolling(window=3).mean().plot(ax=axPrice,
     color="red",label='3 日均线')
40   stockDataFrame['close'].rolling(window=5).mean().plot(ax=axPrice,
     color="blue",label='5 日均线')
41   stockDataFrame['close'].rolling(window=10).mean().plot(ax=axPrice,
     color="green",label='10 日均线')
42   axPrice.legend(loc='best')        # 绘制图例
43   axPrice.set_ylabel("价格（单位：元）")
44   axPrice.grid(linestyle='-.')      # 带网格线
```

从第 34 行到第 44 行的程序语句绘制了指定时间范围内"张江高科"股票的 K 线图和均线，这部分代码和第 7 章 drawKMAAndVol.py 范例程序中实现同类功能的代码很相似，有差别的是在第 35 行，第二个子图的名字设置为"axMACD"，在第 44 行中通过 linestyle 设置了网格线的样式。

```
45  # 开始绘制第二个子图
46  stockDataFrame['DEA'].plot(ax=axMACD,color="red",label='DEA')
47  stockDataFrame['DIF'].plot(ax=axMACD,color="blue",label='DIF')
48  plt.legend(loc='best')  # 绘制图例
49  # 设置第二个子图中的 MACD 柱状图
50  for index, row in stockDataFrame.iterrows():
51      if(row['MACD'] >0): # 大于 0 则用红色
52          axMACD.bar(row['date'], row['MACD'],width=0.5, color='red')
53      else:                   # 小于等于 0 则用绿色
54          axMACD.bar(row['date'], row['MACD'],width=0.5, color='green')
55  axMACD.set_title("600895 张江高科 MACD")  # 设置子图的标题
56  axMACD.grid(linestyle='-.')             # 带网格线
57  # xmajorLocator = MultipleLocator(10)   # 将 x 轴的主刻度设置为 10 的倍数
58  # axMACD.xaxis.set_major_locator(xmajorLocator)
59  major_xtics=stockDataFrame['date'][stockDataFrame.index%10==0]
60  axMACD.set_xticks(major_xtics)
61  # 旋转 x 轴显示文字的角度
62  for xtick in axMACD.get_xticklabels():
63      xtick.set_rotation(30)
64  plt.rcParams['font.sans-serif']=['SimHei']
65  plt.rcParams['axes.unicode_minus'] = False
66  plt.show()
```

在上述程序代码中，在 axMACD 子图内绘制了 MACD 线，由于是在子图内绘制，因此在第 46 行和第 47 行绘制 DEA 和 DIF 折线的时候，需要在参数里通过"ax=axMACD"的形式指定所在的子图。

在第 59 行和第 60 行中设置了 axMACD 子图中的 x 轴标签，由于在第 35 行中设置了 axPrice 和 axMACD 两子图共享 x 轴，因此 K 线和均线所在子图的 x 轴刻度会和 MACD 子图中的一样。因为是在子图中，所以需要通过第 62 行和第 63 行的 for 循环依次旋转 x 轴坐标的标签文字。

在这段代码中其实给出了两种设置 x 轴标签的方式。如果注释掉第 59 行和第 60 行的代码，并去掉第 57 行和第 58 行的注释，会发现效果是相同的。

需要说明的是，虽然在第 57 行和第 59 行的代码中并没有指定标签文字，但在第 37 行调用 candlestick2_ochl 方法绘制 K 线图时，会设置 x 轴的标签文字，所以依然能看到 x 轴上日期的标签。运行这个范例程序后，结果如图 8-10 所示。

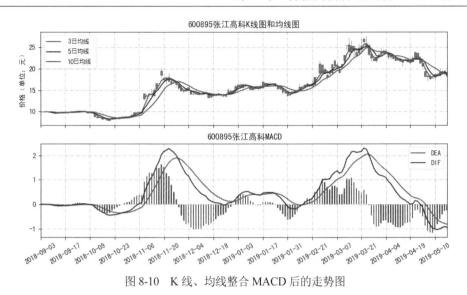

图 8-10　K 线、均线整合 MACD 后的走势图

8.4　验证基于 MACD 指标的买卖点

在本节中将讲述股票交易理论中基于 MACD 指标的研判标准，而后再通过 Python 程序来验证一下，让读者从中再次熟悉 Python 相关数据结构对象的用法。

8.4.1　MACD 指标的指导意义与盲点

根据 MACD 各项指标的含义，可以通过 DIF 和 DEA 两者的值、DIF 和 DEA 指标的交叉情况（比如金叉或死叉）以及 BAR 柱状图的长短与收缩的情况来判断当前股票的趋势。

如下两点是根据 DIF 和 DEA 的数值情况以及它们在 x 轴上下的位置来确定股票的买卖策略。

（1）当 DIF 和 DEA 两者的值均大于 0（在 x 轴之上）并向上移动时，一般表示当前处于多头行情中，建议可以买入。反之，当两者的值均小于 0 且向下移动时，一般表示处于空头行情中，建议卖出或观望。

（2）当 DIF 和 DEA 的值均大于 0 但都在向下移动时，一般表示为上涨趋势即将结束，建议可以卖出股票或观望。同理，当两者的值均小于 0，但在向上移动时，一般表示股票将上涨，建议可以持续关注或买进。

如下四点是根据 DIF 和 DEA 的交叉情况来决定买卖策略。

（1）DIF 与 DEA 都大于 0 而且 DIF 向上突破 DEA 时，说明当前处于强势阶段，股价再次上涨的可能性比较大，建议可以买进，这就是所谓 MACD 指标黄金交叉，也叫金叉。

（2）DIF 与 DEA 都小于 0，但此时 DIF 向上突破 DEA 时，表明股市虽然当前可能仍然处于跌势，但即将转强，建议可以开始买进股票或者重点关注，这也是 MACD 金叉的一种形式。

（3）DIF 与 DEA 虽然都大于 0，但 DIF 向下突破 DEA 时，这说明当前有可能从强势转变成弱势，股价有可能会跌，此时建议看机会就卖出，这就是所谓 MACD 指标的死亡交叉，也叫死叉。

（4）DIF 和 DEA 都小于 0，在这种情况下又发生了 DIF 向下突破 DEA 的情况，这说明可能进入下一阶段的弱势中，股价有可能继续下跌，此时建议卖出股票或观望，这也是 MACD 死叉的一种形式。

如下两点是根据 MACD 中 BAR 柱状图的情况来决定买卖策略。

（1）红柱持续放大，这说明当前处于多头行情中，此时建议买入股票，直到红柱无法再进一步放大时才考虑卖出。相反，如果绿柱持续放大，这说明当前处于空头行情中，股价有可能继续下跌，此时观望或卖出，直到绿柱开始缩小时才能考虑买入。

（2）当红柱逐渐消失而绿柱逐渐出现时，这表明当前的上涨趋势即将结束，有可能开始加速下跌，这时建议可以卖出股票或者观望。反之，当绿柱逐渐消失而红柱开始出现时，这说明下跌行情即将或者已经结束，有可能开始加速上涨，此时可以开始买入。

虽然说 MACD 指标对趋势的分析有一定的指导意义，但它同时也存在一定的盲点。

比如，当没有形成明显的上涨或下跌趋势时（即在盘整阶段），DIF 和 DEA 这两个指标会频繁地出现金叉和死叉的情况，这时由于没有形成趋势，因此金叉和死叉的指导意义并不明显。

又如，MACD 指标是对趋势而言的，从中无法看出未来时间段内价格上涨和下跌的幅度。比如在图 8-11 中，股票"张江高科"在价格高位时，DIF 的指标在 2 左右，但有些股票在高位时，DIF 的指标甚至会超过 5。

也就是说，无法根据 DIF 和 DEA 数值的大小来判断股价会不会进一步涨或进一步跌。有时看似 DIF 和 DEA 到达一个高位，但如果当前上涨趋势强劲，股价会继续上涨，同时这两个指标会进一步上升，反之亦然。

因此，在实际使用中，投资者可以用 MACD 指标结合其他技术指标，比如之前提到的均线，从而能对买卖信号进行多重确认。

8.4.2 验证基于柱状图和金叉的买点

在 8.4.1 小节介绍了基于柱状图和 MACD 金叉的买卖策略，在 CalBuyPointByMACD.py 范例程序中将根据如下原则来验证买点：DIF 向上突破 DEA（出现金叉），且柱状图在 x 轴上方（即当前是红柱状态）。

在这个范例程序中，用的是股票"金石资源（代码为 603505）从 2018 年 9 月到 2019 年 5 月的交易数据，这部分数据存放在 8.2 节介绍过的 stock_603505 数据表中，如果在数据表中没有现成数据，那么在运行 InsertDataFromYahoo.py 范例程序之后即可得到。CalBuyPointByMACD.py 范例程序的程序代码如下。

```
1   # !/usr/bin/env python
2   # coding=utf-8
3   import pandas as pd
4   import pymysql
5   import sys
6   # 第一个参数是数据，第二个参数是周期
7   def calEMA(df, term):
```

```
8          # 省略方法内的代码，请参考本书提供下载的完整范例程序
9     # 定义计算 MACD 的方法
10    def calMACD(df, shortTerm=12, longTerm=26, DIFTerm=9):
11         # 省略中间计算过程的代码，最后返回的是 df，请参考本书提供下载的完整范例程序
12         return df
```

上述代码的 calEMA 和 calMACD 方法和 8.3.4 小节的范例程序中的代码完全一致，所以就不再重复讲述了。

```
13    def getMACDByCode(code):
14        try:
15            # 打开数据库连接
16            db = pymysql.connect("localhost","root","123456","pythonStock" )
17        except:
18            print('Error when Connecting to DB.')
19            sys.exit()
20        cursor = db.cursor()
21        cursor.execute('select * from stock_'+code)
22        cols = cursor.description    # 返回列名
23        heads = []
24        # 依次把每个 cols 元素中的第一个值放入 col 数组
25        for index in cols:
26            heads.append(index[0])
27        result = cursor.fetchall()
28        df = pd.DataFrame(list(result))
29        df.columns=heads
30        stockDataFrame = calMACD(df, 12, 26, 9)
31        return stockDataFrame
```

第 13 行开始的 getMACDByCode 方法中包含了从数据表中获取的股票交易数据并返回 MACD 指标的代码，这部分程序代码与之前 DrawKwithMACD.py 范例程序中的程序也非常相似，只不过在第 21 行中是根据股票代码来动态地拼接 select 语句。该方法在第 31 行中返回包含 MACD 指标的 stockDataFrame 对象。

```
32    # print(getMACDByCode('603505'))    # 可去除这条语句的注解以确认数据
33    stockDf = getMACDByCode('603505')
34    cnt=0
35    while cnt<=len(stockDf)-1:
36        if(cnt>=30):       # 前几天有误差，从第 30 天算起
37            try:
38                # 规则 1: 这天 DIF 值上穿 DEA
39                if stockDf.iloc[cnt]['DIF']>stockDf.iloc[cnt]['DEA'] and
       stockDf.iloc[cnt-1]['DIF']<stockDf.iloc[cnt-1]['DEA']:
40                    #规则 2: 出现红柱，即 MACD 值大于 0
41                    if stockDf.iloc[cnt]['MACD']>0:
42                        print("Buy Point by MACD on:" + stockDf.iloc[cnt]['date'])
43            except:
44                pass
45        cnt=cnt+1
```

如果去掉第 32 行打印语句的注释，执行后就能确认数据。在第 35 行到第 45 行的 while 循环

中，依次遍历了每个交易日的数据。之前在 8.3.3 小节提到过有数据计算的误差，所以在这个范例程序中通过第 36 行的 if 语句排除了刚开始 29 天的数据，从第 30 天算起。

在第 39 行的 if 条件语句中制定了第一个规则，前一个交易日的 DIF 小于 DEA，而且当天 DIF 大于 DEA，即出现上穿金叉的现象。在第 41 行的 if 条件语句中制定了第二个规则，即出现金叉的当日，MACD 指标需要大于 0，即当前 BAR 柱是红柱状态。运行这个范例程序之后，就能看到如下输出的买点。

```
Buy Point by MACD on:2018-10-31
Buy Point by MACD on:2019-01-09
Buy Point by MACD on:2019-03-18
Buy Point by MACD on:2019-04-04
Buy Point by MACD on:2019-04-19
```

下面改写一下 8.3.4 小节的 DrawKwithMACD.py 范例程序，把股票代码改成 603505，把股票名称改为"金石资源"，运行后即可看到如图 8-11 所示的结果图。

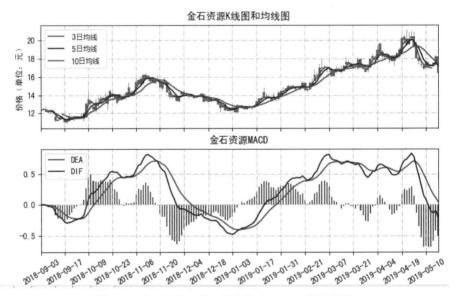

图 8-11　金石资源 K 线、均线整合 MACD 的走势图

根据图 8-11 中的价格走势，在表 8-3 中列出了各买点的确认情况。

表 8-3　基于 MACD 得到的买点情况确认表

买点	对买点的分析	正确性
2018-10-31	该日出现 DIF 金叉，且 Bar 已经在红柱状态，后市有涨	正确
2019-01-09	该日出现 DIF 金叉，且 Bar 柱开始逐渐变红，后市有涨	正确
2019-03-18	该日虽然出现金叉，Bar 柱也开始变红，但之后几天 Bar 交替出现红柱和绿柱情况，后市在下跌后，出现上涨情况	不明确
2019-04-04	该日在出现金叉的同时，Bar 柱由绿转红。但之后若干交易日后出现死叉，且 Bar 柱又转绿，后市下跌	不正确
2019-04-19	出现金叉，且 Bar 柱由绿柱一下子变很长，后市有涨	正确

根据这个范例程序的运行结果，可以得到的结论是：通过 MACD 指标的确能算出买点，但之前也说过，MACD 有盲点，在盘整阶段，趋势没有形成时，此时金叉的指导意义就不是很明显，甚至是错误的。

8.4.3　验证基于柱状图和死叉的卖点

参考 MACD 指标，与 8.4.2 小节描述的情况相反，如果出现如下情况，则可以卖出股票：DIF 向下突破 DEA（出现死叉），且柱状图向下运动（红柱缩小或绿柱变长）。下面通过股票"士兰微"（代码为 600460）从 2018 年 9 月到 2019 年 5 月的交易数据来验证卖点。

先来做如下的准备工作：在 MySQL 的 pythonStock 数据库中创建 stock_600460 数据表，在 8.2.2 小节介绍的 InsertDataFromYahoo.py 范例程序中，把股票代码改为 600460，运行后即可在 stock_600460 数据表中看到指定时间范围内的交易数据。

验证 MACD 指标卖点的 CalSellPointByMACD.py 范例程序与之前 CalBuyPointByMACD.py 范例程序很相似，下面只分析不同的程序代码部分。

```
1   # !/usr/bin/env python
2   # coding=utf-8
3   import pandas as pd
4   import pymysql
5   import sys
6   # calEMA 方法中的代码没有变
7   def calEMA(df, term):
8       # 省略方法内的程序代码，请参考本书提供下载的完整范例程序
9   # 定义计算 MACD 的方法内的程序代码也没有变
10  def calMACD(df, shortTerm=12, longTerm=26, DIFTerm=9):
11      # 省略方法内的程序代码，请参考本书提供下载的完整范例程序
12  def getMACDByCode(code):
13      # 和 CalBuyPointByMACD.py 范例程序中的程序代码一致
14  stockDf = getMACDByCode('600460')
15  cnt=0
16  while cnt<=len(stockDf)-1:
17    if(cnt>=30):      # 前几天有误差，从第 30 天算起
18      try:
19          # 规则 1：这天 DIF 值下穿 DEA
20          if stockDf.iloc[cnt]['DIF']<stockDf.iloc[cnt]['DEA'] and
   stockDf.iloc[cnt-1]['DIF']>stockDf.iloc[cnt-1]['DEA']:
21              # 规则 2：Bar 柱是否向下运动
22              if stockDf.iloc[cnt]['MACD']<stockDf.iloc[cnt-1]['MACD']:
23                  print("Sell Point by MACD on:" + stockDf.iloc[cnt]['date'])
24      except:
25          pass
26    cnt=cnt+1
```

上述代码中的 calEMA、calMACD 和 getMACDByCode 三个方法和 CalBuyPointByMACD.py 范例程序中的代码完全一致，所以本节仅仅给出了这些方法的定义，不再重复讲述了。

在第 14 行中通过调用 getMACDByCode 方法，获取了 600460（士兰微）的交易数据，其中包

含了 MACD 指标数据。在第 16 行到第 26 行的 while 循环中通过遍历 stockDf 对象，计算卖点。

具体的步骤是，通过第 17 行的 if 条件语句排除了误差比较大的数据，随后通过第 20 行的 if 语句判断当天是否出现了 DIF 死叉的情况，即前一个交易日的 DIF 比 DEA 大，但当前交易日 DIF 比 DEA 小。当满足这个条件时，再通过第 22 行的 if 语句判断当天的 Bar 柱数值是否小于前一天的，即判断 Bar 柱是否在向下运动。当满足这两个条件时，通过第 23 行的代码输出建议卖出股票的日期。运行这个范例程序代码后，可看到如下输出的卖点。

```
Sell Point by MACD on:2018-10-11
Sell Point by MACD on:2018-11-29
Sell Point by MACD on:2018-12-06
Sell Point by MACD on:2019-02-28
Sell Point by MACD on:2019-04-04
```

前文提到的 DrawKwithMACD.py 范例程序，把股票代码改为 600460，把股票名称改成"士兰微"，运行后即可看到如图 8-12 所示的结果图。

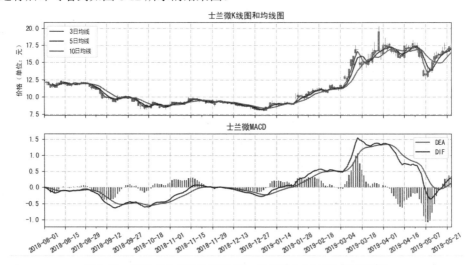

图 8-12　股票"士兰微"的 K 线、均线整合 MACD 的走势图

再根据图 8-12 中的价格走势，在表 8-4 中列出了各卖点的确认情况。

表 8-4　基于 MACD 得到的卖点情况确认表

卖点	对卖点的分析	正确性
2018-10-11	1. 该日出现 DIF 死叉，且 DIF 和 DEA 均在 x 轴下方，Bar 由红转绿，且绿柱持续扩大 2. 虽然能验证该点附近处于弱势，但由于此点已经处于弱势，所以后市价位跌幅不大	不明确
2018-11-29	1. 在 DIF 和 DEA 上行过程中出现死叉 2. Bar 柱由红转绿，后市股价有一定幅度的下跌	正确
2018-12-06	在 11 月 29 日的卖点基础上，再次出现死叉，且 Bar 柱没有向上运动的趋势，所以进一步确认了弱势行情，果然后市股价有一定幅度的下跌	正确

（续表）

卖点	对卖点的分析	正确性
2019-02-28	1. 虽然出现死叉，但前后几天 DIF 和 DEA 均在向上运动。这说明强势并没有结束 2. Bar 柱虽然变绿，但变绿的幅度非常小 3. 后市价格不是下跌，而是上涨了	不正确
2019-04-04	1. DIF 和 DEA 在 x 轴上方出现死叉，说明强势行情有可能即将结束 2. Bar 柱由红开始转绿 3. 后市价位出现一波短暂反弹，这可以理解成强势的结束，之后出现下跌，且下跌幅度不小	正确

从上述的验证结果可知，从 MACD 指标中能看出股价发展的趋势，当从强势开始转弱时，如果没有其他利好消息，可以考虑观望或适当卖出股票。

在通过 MACD 指标确认趋势时，应当从 DIF 和 DEA 的数值、运动趋势（即金叉或死叉的情况）和 Bar 柱的运动趋势等方面综合评判，而不能简单割裂地通过单个因素来考虑。

并且，影响股价的因素非常多，在选股时，应当从资金面、消息面和指标的技术面等因素综合考虑，哪怕在指标的技术面，也应当结合多项技术指标综合考虑。如前文所述，单个指标难免出现盲点，当遇到盲点时就有可能出现风险而误判。

8.5　本章小结

在本章的开始部分讲述了通过 PyMySQL 库操作数据库的一般做法，包括如何准备 MySQL 环境，如何安装 PyMySQL 库，如何执行增删改查的 SQL 语句。在讲述完这些准备知识之后，接着讲述了把从网站爬取的股票交易数据，通过调用 PyMySQL 库中的方法放入了 MySQL 对应的数据表中。

本章讲述的股票知识与 MACD 指标有关，根据 MACD 指标可以看到市场的趋势，随后使用 Matplotlib 库来绘制 MACD 指标线，不过与之前几章的范例程序的差别之处是，本章的范例程序是从数据库的数据表中获得股票的交易数据。

与第 7 章一样，在本章中也用 Python 语言程序来验证基于 MACD 的买卖点，通过本章的学习，相信读者不仅可以进一步深化对股票趋势分析的了解，还能通过基于股票的范例程序，进一步了解 Python 中异常处理、数据结构和绘图相关方法的用法。

第9章

以 KDJ 范例程序学习 GUI 编程

GUI 是 Graphical User Interface 的英文缩写，其意为图形用户界面，支持 Python 语言的 GUI 库是 Tkinter。在用 Tkinter 开发出来的用户操作界面中，用户可以通过键盘和鼠标等输入设备，操作屏幕上的文本框或命令框等控件来完成一些任务。

之前章节的范例程序中没有导入 GUI，是在代码中以静态的方式设置要绘制股票指标的参数，如果要更改显示的股票代码或日期范围，就要修改 Python 范例程序后再运行。在本章中，在绘制 KDJ 指标时，由于导入了 Tkinter 库，因此就能在界面上实现动态交互的效果。

9.1 Tkinter 的常用控件

Python 提供了多个图形开发界面的库，本书用的是 Tkinter 库。请注意，在 Python 3.x 版本中，库名首字母是小写的 t，这个库已经内置到 Python 的安装包中，所以无需额外安装即可直接使用。再次说明一下：Tkinter 的正式库名为 tkinter，在程序中用 import 导入这个库时，一定要用 tkinter，不过在本书的行文中，如果单独指代这个库时依然用 Tkinter，即第一个字母大写。

本节将通过范例程序来示范标签、文本框、命令框、下拉框、单选框和复选框等 Tkinter 常用控件的用法。

9.1.1 实现带标签、文本框和按钮的 GUI 界面

下面通过一个简单的 GUI 界面来介绍 Tkinter 库的基本用法，在其中包含了标签（Label）、文本框（Entry）和按钮（Button）控件，范例程序 tkinterStart.py 的具体代码如下。

```
1   # !/usr/bin/env python
2   # coding=utf-8
3   import tkinter
```

```
4    import tkinter.messagebox
5    loginWin = tkinter.Tk()
6    loginWin.geometry('220x120')      # 设置大小
7    loginWin.title('登录窗口')           # 设置窗口标题
8    # 放置两个 Label 标签
9    tkinter.Label(loginWin,text='用户名: ').place(x=10,y=20)
10   tkinter.Label(loginWin,text='密  码: ').place(x=10,y=50)
11   userVal = tkinter.StringVar()
12   pwdVal = tkinter.StringVar()
13   # Entry 是用来接受字符串的控件
14   userEntry = tkinter.Entry(loginWin,textvariable=userVal)
15   userEntry.place(x=65,y=20)
16   pwdEntry = tkinter.Entry(loginWin,textvariable=pwdVal,show='*')   #用*号代替输
     入文字
17   pwdEntry.place(x=65,y=50)
18   def check():             # 登录按钮的处理函数（即定义单击登录按钮时触发的方法）
19       userName=userVal.get()
20       pwd=pwdVal.get()
21       print('用户名:'+ userName)
22       print('密码:'+pwd)
23       if(userName=='python' and  pwd =='kdj'):
24           tkinter.messagebox.showinfo('提示','登录成功')
25       else:
26           tkinter.messagebox.showinfo('提示','登录失败')
27   tkinter.Button(loginWin,text='登录
     ',width=12,command=check).place(x=10,y=85)
28   tkinter.Button(loginWin,text='退出
     ',width=12,command=loginWin.quit).place(x=120,y=85)
29   tkinter.mainloop()
```

在第 3 行导入了 Tkinter 库，在第 4 行导入了 Tkinter 中的 Messagebox 库，这样就调用到对话框的功能。注意：程序语句中导入库时要使用库的原名，tkinter 和 messagebox（第一个字母小写）。

在第 5 行中创建了一个窗口，并通过第 6 行和第 7 行的程序语句设置了窗口的大小和标题。在第 9 行和第 10 行中，创建了两个 tkinter.Label 类型的标签对象，创建时第一个参数 loginWin 表示该标签放在哪个窗口内，第二个参数 text 表示标签的文本。在创建时，是通过调用 place 方法，指定该标签在窗口内的位置。

在第 11 行和第 12 行中，定义了两个 tkinter.StringVar()类型的对象，用来在第 14 行和第 16 行中接收两个文本框内的输入内容。在定义这两个 tkinter.Entry 类型的文本框时，第一个参数同样是指定该文本框显示在哪个窗口内，第二个参数 textvariable 则指定输入的内容放在哪个对象中。请注意在第 16 行的 Entry 文本框内，由于接收的是密码，因此还需要用第三个参数 "show='*'" 来指定输入的内容用*（星号）代替。

在第 27 行和第 28 行中，定义了两个 tkinter.Button 类型的命令按钮，在第 27 行的程序语句中，是用 command=check 的形式指定了单击该命令按钮后，会触发从第 18 行到第 26 行定义的 check 方法。

在第 28 行定义的"退出"命令按钮中，同样是通过 command 指定了单击该按钮后会触发 quit（即退出窗口）的操作。在 check 方法中，是通过第 23 行和第 25 行的 if…else 语句，实现了用户名和密码的登录验证操作，如果通过验证，则弹出第 24 行的对话框，否则弹出第 26 行的对话框。

最后请注意，通过 Tkinter 实现 GUI 的时候，一定要编写如第 29 行所示的 mainloop 方法开启一个主循环，在这个循环中会监听鼠标、键盘等操作的事件，一旦有事件发生，则会触发相应的方法，比如在这个范例程序中单击"登录"按钮会触发 check 方法，如果不加 mainloop 方法的话，则无法显示主窗口。

运行这个范例程序后，即可看到如图 9-1 所示的 GUI 界面，在其中可以看到在范例程序中通过代码所设置的各个控件。并且，在输入用户名为：python，密码为：kdj 之后，再单击"登录"按钮，就会看到显示"登录成功"的对话框。如果是输入其他内容再单击"登录"按钮，则会显示出"登录失败"的对话框。如果在登录窗口单击"退出"按钮，则会退出登录窗口。

图 9-1　简单的用户图形界面（GUI）效果图

9.1.2　实现下拉框控件

在下面的 tkinterWithComboBox.py 范例程序中，除了将演示下拉列表框控件的用法之外，还将示范如何在文本框中设置值。

```
1   # !/usr/bin/env python
2   # coding=utf-8
3   import tkinter as tk
4   from tkinter import ttk
5   win = tk.Tk()
6   win.title("下拉框")  # 添加标题
7   tk.Label(win, text="选择编程语言").grid(column=0, row=0)  # 添加标签
8   # 创建下拉框
9   comboboxVal = tk.StringVar()
10  combobox = ttk.Combobox(win, width=12, textvariable=comboboxVal)
11  combobox['values'] = ('Python', 'Java', '.NET','go')  # 设置下拉列表框的值
12  combobox.grid(column=1, row=0) # 设置其在界面中出现的位置，column 代表列，row 代表行
13  combobox.current(0)       # 设置下拉列表框的默认值
14  # 清空并插入文本框的内容
15  def handle():
16      text.delete(0,tk.END)
17      text.insert(0,combobox.get())
18  # 创建按钮
19  button = tk.Button(win, text="选择", width=12,command=handle)
20  button.grid(column=1, row=1)
21  # 创建文本框
22  val = tk.StringVar()
23  text = tk.Entry(win, width=12, textvariable=val) # 创建文本框
24  text.grid(column=0, row=1)
```

```
25    text.focus()              # 默认设置焦点（光标）在文本框中
26    win.mainloop()            # 开启主循环以监听事件
```

第 7 行程序语句创建了一个 Label 标签控件，通过 grid(column=0, row=0)的方式指定了该控件的位置是在窗口内的第 0 行第 0 列。

在第 9 行中定义了用来接收下拉列表框选中内容的 comboboxVal 对象，并在第 10 行中定义了名为 combobox 的下拉列表框，在定义时，把内容和 comboboxVal 绑定到一起。在第 11 行中定义了下拉框列表中的值，并在第 13 行中指定了默认值。在第 12 行中，同样是通过调用 grid 方法来设置下拉列表框的位置，位置是在窗口内的第 0 行第 1 列，即在标签控件的右边。

在第 18 行和第 19 行中定义了按钮控件，按钮控件显示的文本内容为"选择"，位置是在窗口内的第 1 行第 0 列，按钮对应的处理方法是第 15 行定义的 handle 方法。在这个方法中，先是通过调用第 16 行的 delete 方法来清空 text 文本框，再通过调用第 17 行的 insert 方法把下拉列表框选中的内容设置到 text 文本框内。

text 文本框的定义由在第 22 行到第 25 行的程序代码完成，该控件的位置是在窗口内的第 1 行第 0 列，即在命令按钮的左边，并通过第 25 行的代码来设置焦点，即在窗口打开时，光标的起始位置在文本框的框内。

同样，最后需要编写第 26 行的 mainloop 方法，显示窗口并启动主循环，以监听鼠标、键盘等操作的事件。运行这个范例程序后，即可看到如图 9-2 所示的结果图。选中下拉列表框中的内容后，单击"选择"按钮，就可以在文本框中看到所选择的内容。

图 9-2　带下拉列表框的窗口

9.1.3　单选框和多行文本框

在 Tkinter 库中，单选框控件是 Radiobutton 类型，而可以容纳多行文字的文本框是 Text 类型。在下面的 tkinterWithRadiobutton.py 范例程序中将演示这两种控件的用法。

```
1     # !/usr/bin/env python
2     # coding=utf-8
3     import tkinter
4     win = tkinter.Tk()
5     win.title("单选框")
6     win.geometry("200x150")
7     # 创建标签
8     tkinter.Label(win,text='您目前学的是:').pack()
9     # 定义选择单选框后执行的操作
10    def handleSelected():
11        text.delete(0.0,tkinter.END)
12        text.insert('insert',selectVal.get())
13    # 创建单选项
14    selectVal = tkinter.StringVar()
15    selectVal.set('Python')
```

```
16   pythonSelect = tkinter.Radiobutton(win,text='Python',value='Python',
     variable=selectVal, command=handleSelected).pack()
17   javaSelect = tkinter.Radiobutton(win,text='Java',value='Java',
     variable=selectVal, command=handleSelected).pack()
18   # 创建多行文本框
19   text = tkinter.Text(win,width=20,height=3)
20   text.pack()
21   win.mainloop()
```

在第 16 行和第 17 行中创建了两个 Radiobutton 类型的单选框，其中 text 参数用来指定单选框要显示的文字，value 参数用来指定本单选框的值，variable 则用于传入参数并绑定本单选框的变量，而 command 参数用来指定单击按钮后会触发的方法名（或称为函数名）。在实际使用中，value 和 variable 两个参数一般是配套使用的。

（1）在第 14 行和第 15 行中设置了初始化状态，哪个单选框会被选中，这里的 selectVal 指向 variable 参数，而在第 15 行的 set('Python')参数是指向 value。

（2）在第 10 行定义的触发方法 handleSelected 中，其中在第 12 行是通过调用 selectVal.get() 方法，也就是通过 variable 向多行文本框 Text 内写入值。

在第 19 行中定义了 Text 类型的多行文本框，在刚才提到的 handleSelected 方法中的第 11 行，在向 Text 控件设置值之前，是通过调用 delete 方法清空了 Text 控件。请注意，这里 delete 方法的第 1 个参数是 0.0，表示从第 0 行第 0 列（索引从 0 开始）的位置开始清空。

执行这个范例程序后，即可看到如图 9-3 所示的结果图。在窗口刚打开时，"Python"单选框是被默认选中的，如果在单选框的两个选项之间切换，那么下方的 Text 控件中就会交替显示当前选中的内容。

图 9-3　带单选框和多行文本框的窗口

9.1.4　复选框与在 Text 内显示多行文字

和单选框相比，在复选框中可以选择一个或多个值，在 9.1.3 小节中的范例程序中，只在 Text 控件中显示了一行文字。在下面的 tkinterWithCheckbutton.py 范例程序中，除了将演示复选框的用法之外，还将在 Text 控件内示范显示多行文字。

```
1   # !/usr/bin/env python
2   # coding=utf-8
3   import tkinter
4   win = tkinter.Tk()
5   win.title("复选框")
6   win.geometry("150x160")
```

```
7    # 添加 Label 标签
8    tkinter.Label(win,text='我已经掌握的编程语言').pack(anchor=tkinter.W)
9    # 单击复选框后触发的函数
10   def handleFunc():
11       msg = ''
12       # 选中为 True，不选为 False，下同
13       if pythonSelected.get() == True:
14           msg += pythonCheckButton.cget('text');
15           msg+='\n'
16       if javaSelected.get() == True:
17           msg += javaCheckBotton.cget('text')
18           msg+='\n'
19       if goSelected.get() == True:
20           msg += goCheckBotton.cget('text')
21           msg += "\n"
22       text.delete(0.0,tkinter.END)
23       text.insert('insert',msg)
24   # 创建多选框
25   pythonSelected = tkinter.BooleanVar()
26   pythonCheckButton = tkinter.Checkbutton(win,text='Python',variable=
     pythonSelected, command=handleFunc)
27   pythonCheckButton.pack(anchor=tkinter.W)
28   javaSelected = tkinter.BooleanVar()
29   javaCheckBotton = tkinter.Checkbutton(win,text='Java',variable=javaSelected,
     command=handleFunc)
30   javaCheckBotton.pack(anchor=tkinter.W)
31   goSelected = tkinter.BooleanVar()
32   goCheckBotton = tkinter.Checkbutton(win,text='Go',variable=goSelected,
     command=handleFunc)
33   goCheckBotton.pack(anchor=tkinter.W)
34   # 创建一个多行文本框
35   text = tkinter.Text(win,width=20,height=5)
36   text.pack(anchor=tkinter.W)
37   win.mainloop()
```

从第 25 行到第 33 行的程序语句定义了三个复选框控件，这里以其中显示 "Python" 内容的复选框为例来说明 Checkbutton 控件的用法。

由于复选框存在 "选中" 和 "没选中" 这两种状态，因此是在第 25 行中用 tkinter.BooleanVar()，即布尔类型的 pythonSelected 对象来记录第 26 行 pythonCheckButton 控件的状态。此外，在第 26 行通过 text 参数来指定该控件显示的文字，通过 command 参数来指定该控件会触发的方法。

因为需要让三个复选框控件靠左对齐，所以在第 27 行调用 pack 方法放置该控件时，即指定了 anchor=tkinter.W，即向西（即向左）靠齐。除了这个值以外，还可以设置 tkinter.E，表示向东（即向右）靠齐，tkinter.N 表示向北（即向上）靠齐，tkinter.S 表示向南（即向下）靠齐。第 28 行到第 33 行是另外两个复选框控件定义的方法，程序代码和刚才说明的第一个复选框类似，所以就不再重复讲述了。

当用户操作上述三个复选框中的任意一个时，就会触发从第 10 行开始定义的 handleFunc 方法，在该方法中用第 13 行、第 16 行和第 19 行这三个 if 语句来判断三个复选框是否被选中，如果被选中，则往 msg 变量中添加当前复选框的文字（即 text 属性），也就是说，如果选中多个，则

会以多行的形式显示在第 35 行程序语句定义的 Text 类型的多行文本框中。

运行这个范例程序之后，即可看到如图 9-4 所示的结果图，如果选中多个选项，就会在文本框中看到选中的多个值，在取消某个复选框后，在文本框内就能看到该值被删除掉。

图 9-4 带复选框和多行文本框的窗口

9.2 Tkinter 与 Matplotlib 的整合

在之前的章节中，已经通过与股票的 MACD 等指标有关的范例程序实践过 Matplotlib 库中诸多绘图方法。但是，之前的范例程序采用的是静态设置股票代码的方法，比如要绘制其他股票的 MACD 走势图时，则必须在范例程序中修改后再次运行程序，在使用上非常不方便。

与之相比，在整合了 Tkinter 库后，如果要绘制其他股票的指标图，则无需重写代码再重新运行程序，只需要在 GUI 界面中输入相关股票的代码后，再单击命令按钮即可。

9.2.1 整合的基础：Canvas 控件

Canvas（画布）是 Tkinter 库中的控件。在 Canvas 控件中，不仅可以绘制一些基本的图形，还可以导入基于 Matplotlib 库的图形。

因此可以说，该控件是 Matplotlib 库和 Tkinter 库整合的基础。在下面的 tkinterWithCanvas.py 范例程序中，先来看一下在画布控件中绘制不同种类图形的用法。

```python
1   # !/usr/bin/env python
2   # coding=utf-8
3   import tkinter as tk
4   win = tk.Tk()
5   win.title('Cavas 画布')  # 设置窗口标题
6   win.geometry("550x350")
7   canvas = tk.Canvas(win,background='white',width=500,height=300)
8   canvas.pack()
9   # 绘制直线
10  canvas.create_line((0, 0), (60, 60), width=2, fill="red")
11  # 绘制圆弧
12  canvas.create_arc((210, 210), (280, 280), fill='yellow',width=3)
13  # 绘制矩形
14  canvas.create_rectangle(75, 75, 120, 120, fill='green', width=2)
```

```
15   # 显示文字
16   canvas.create_text(350, 200,text='演示文字效果')
17   # 绘制圆或椭圆，取决于外接矩形
18   canvas.create_oval(150, 150, 200, 200,fill='red')
19   # 连接由参数指定的点，绘制多边形
20   point = [(280, 260), (300, 200), (350, 220),(400,280)]
21   canvas.create_polygon(point, outline='green', fill='yellow')
22   win.mainloop()
```

第 7 行程序语句在创建 Canvas 类型的画布对象时，指定了背景色和大小。在第 10 行中调用 create_line 方法绘制直线，该方法的前两个参数表示直线的起始坐标和终止坐标。

在第 12 行中调用 create_arc 方法绘制圆弧，前两个参数同样表示起始坐标和终止坐标。在第 14 行中调用 create_rectangle 方法绘制矩形，该方法的前 4 个参数分别表示起始位置的 x 和 y 坐标以及终止位置的 x 和 y 坐标。在第 16 行中调用 create_text 方法绘制文字，其中前两个参数表示要显示文字的起始位置的 x 和 y 坐标。

在第 18 行中调用 create_oval 方法绘制了一个圆形，该方法其实可以用来绘制圆或椭圆，前 4 个参数表示外接矩形的起始点的 x、y 坐标和终止点的 x、y 坐标。该方法中设置的外接矩形是正方形，所以绘制出来的是圆，如果指定的外接矩形长度和宽度不相等，那么绘制出来的就是椭圆。

在第 21 行中调用 create_polygon 方法绘制了多边形，它是由第一个参数指定的若干个坐标点连接而成。运行这个范例程序即可看到如图 9-5 所示的结果。

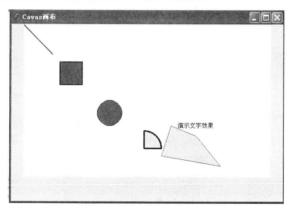

图 9-5　在画布控件中绘制不同的图形

9.2.2　在 Canvas 上绘制 Matplotlib 图形

在学习 9.2.1 小节范例程序之后可知，Canvas 控件其实是个容器，在 9.2.1 小节的范例程序中容纳了若干基本图形。在下面的 tkinterWithMatplotlib.py 范例程序中将示范容纳基于 Matplotlib 库的对象，将 Canvas 和 Matplotlib 两者进行整合。

```
1    # !/usr/bin/env python
2    # coding=utf-8
3    import matplotlib.pyplot as plt
4    from matplotlib.backends.backend_tkagg import FigureCanvasTkAgg
5    import numpy as np
6    from tkinter import *
```

```
7    win = Tk()
8    win.title("tkinter and matplotlib")
9    figure = plt.figure()
10   # 把用 matplotlib 绘制的操作定义在方法内，方便调用
11   def drawPlotOnCancas():
12       ax = figure.add_subplot(111)
13       ax.set_title('Matplotlib 整合 tkinter')
14       x = np.array([1,2,3,4,5])
15       ax.plot(x, x*x)
16       plt.rcParams['font.sans-serif']=['SimHei']
17   # 在 Canvas 上显示基于 matplotlib 的对象
18   canvs = FigureCanvasTkAgg(figure, win)
19   canvs.get_tk_widget().pack()
20   drawPlotOnCancas()
21   win.mainloop()
```

为了在 Canvas 容器中整合基于 Matplotlib 的对象，一般需要有如下三个步骤。

步骤 01 如第 18 行程序语句所示，通过调用 FigureCanvasTkAgg 方法把包含基于 Matplotlib 库的 figure 对象和基于 Tkinter 库（也就是 GUI）的 win 对象绑定到一起。

步骤 02 如第 19 行所示，在 GUI 窗口上放置 Canvas 对象。

步骤 03 如第 20 行所示，调用在第 11 行定义的 drawPlotOnCancas 方法，在 figure 内绘制一条曲线，该步骤的关键是在 figure 控件上通过调用 Matplotlib 库的方法绘制图形。由于在第 18 行的程序代码中，已经把 figure 和 win 绑定到了一起，因此在 figure 内绘制的图形就能显示到 Canvas 画布上。

drawPlotOnCancas 方法的具体执行过程是，在第 12 行中调用 add_subplot 方法创建了一个子图，并把操作该子图的句柄赋值给 ax 对象。在第 13 行通过 ax 对象设置子图的标题，在第 14 行和第 15 行调用 plot 方法绘制 y=x*x 的曲线，因为标题是中文，所以在第 16 行设置了字体。

最后还需要在第 21 行调用 mainloop 方法来开启主循环，否则图形将不会显示出来。

运行这个范例程序之后，即可看到如图 9-6 所示的图形，其中的曲线是通过 Matplotlib 的 figure 和 ax 等对象绘制出来的，而不是通过调用 Tkinter 库的方法绘制出来的。

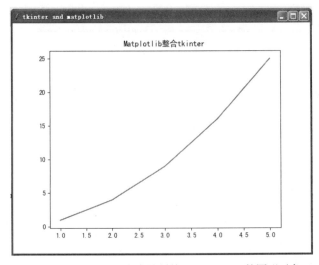

图 9-6　在 Canvas 画布中绘制基于 Matplotlib 的图形对象

9.2.3　在 GUI 窗口内绘制 K 线图

在 9.2.2 小节的范例程序中，在 Canvas 画布中绘制的图形虽然简单，但也包含了 figure 和 ax 等基于 Matplotlib 的对象。在之前章节的相关范例程序中，可以看到诸如坐标轴刻度、坐标轴文字、子图标题和网格样式等，现在也都可以通过 figure 和 ax 等对象绘制出来，也就是说，通过这种整合方式，还可以绘制出更为复杂的图形。

在下面的 drawKLineWithTkinter.py 范例程序中，将使用 9.2.3 小节范例程序给出的整合方式，在 Canvas 画布对象内绘制出更为复杂的 K 线图、均线图和图例等。

整合的目的是为了引入 GUI 交互的效果，在 drawKLineWithTkinter.py 这个范例程序中可以看到基于 Tkinter 库的按钮控件及其相关操作。这个范例程序的代码包含的内容比较多，下面分段讲述。

```python
1   # !/usr/bin/env python
2   # coding=utf-8
3   import matplotlib.pyplot as plt
4   from matplotlib.backends.backend_tkagg import FigureCanvasTkAgg
5   import pandas as pd
6   from mpl_finance import candlestick2_ochl
7   import tkinter
```

首先导入所用的库，尤其请注意，在第 4 行导入了 Tkinter 整合 Matplotlib 的 FigureCanvasTkAgg 库，在第 6 行导入了绘制 K 线图所用的 candlestick2_ochl 库。

```python
8   win = tkinter.Tk()
9   df = pd.read_csv('D:/stockData/ch6/600895.csv',encoding='gbk',index_col=0)
10  win.title("tkinter 整合 matplotlib")
11  figure = plt.figure()
12  canvas = FigureCanvasTkAgg(figure, win)
13  canvas.get_tk_widget().grid(row=0, column=0, columnspan=2)
```

在第 9 行中读入股票数据并放入 df 对象，因为这里的重点是整合，所以就直接从文件中读股票交易数据，而没有从数据表中读取。

在第 12 行的程序代码中，在 Canvas 对象中绑定了 Matplotlib 库中的 figure 对象和基于 GUI 的 win 窗口对象，在第 13 行中在放置 canvas 对象的同时，用 grid 参数指定了 Canvas 画布的位置是第 1 行（索引从 0 开始）第 1 列，并且将横跨由 columnspan 参数指定的 2 列。

```python
14  # 把用 matplotlib 绘制的操作定义在方法中，方便调用
15  def drawKLineOnCancas():
16      plt.clf()      # 先清空所有在 plt 上的图形
17      ax = figure.add_subplot(111)
18      ax.set_title('600895 张江高科的 K 线图')
19      ax = figure.add_subplot(111)
20      # 调用方法绘制 K 线图
21      candlestick2_ochl(ax = ax, opens=df["Open"].values,
    closes=df["Close"].values, highs=df["High"].values,
    lows=df["Low"].values,width=0.75, colorup='red', colordown='green')
22      df['Close'].rolling(window=3).mean().plot(color="red",label='3 日均线')
23      df['Close'].rolling(window=5).mean().plot(color="blue",label='5 日均线')
24      df['Close'].rolling(window=10).mean().plot(color="green",label='10 日均
```

```
        线')
25      plt.legend(loc='best')          # 绘制图例
26      plt.xticks(range(len (df.index.values)),df.index.values,rotation=30)
27      ax.grid(True)                   # 带网格
28      plt.rcParams['font.sans-serif']=['SimHei']
29      canvas.draw()
```

在从第 15 行到第 29 行程序语句定义的 drawKLineOnCancas 方法中，通过 plt、ax 和 figure 等 Matplotlib 对象绘制了 K 线图和均线图，这部分的代码之前讲过，就不再重复说明了。

请注意第 16 行，在绘制前需要调用 plt.clf()清空图形，在绘制完成后的第 29 行，由于此时 Canvas 画布已经和 figure 对象绑定到一起，因此可以调用 canvas.draw 方法把基于 Matplotlib 的图形绘制到 Canvas 画布上。

如果去掉第 16 行执行清空操作的程序代码，那么每次在单击"开始绘制"按钮时，就会重叠地绘制，也就是说，在 Canvas 画布中会看到由多张图叠加组成的错误图形。

```
30  button =tkinter.Button(win, text='开始绘制', width=10,command=
        drawKLineOnCancas).grid(row=1,column=0,columnspan=3)
31  def clearCanvas():
32      plt.clf()
33      canvas.draw()
34  button =tkinter.Button(win, text='清空',
    width=10,command=clearCanvas).grid(row=1,column=1,columnspan=3)
35  win.mainloop()
```

在第 30 行定义了"开始绘制"的按钮，通过该按钮 command 参数定义的方法，就能看到单击该按钮后会调用 drawKLineOnCancas 方法在画布上绘制 K 线图，请注意该按钮控件也是通过 grid 方法指定位置，它被放置在窗口的第 2 行第 1 列。

在第 34 行定义的"清空"按钮中，它触发的方法是在第 31 行定义的 clearCanvas 方法，在这个方法中，首先调用第 32 行的方法清空基于 Matplotlib 的图形（即 K 线图和均线图等），随后执行第 33 行的方法再次绘制 Canvas 画布，由于此时 Canvas 所绑定的 figure 对象内已经没有图形了，因此再次绘制操作就相当于重置了画布。

同样需要像在第 35 行中那样调用 mainloop 方法开启主循环，否则无法显示 GUI 界面。运行这个范例程序之后，即可看到如图 9-7 所示的初始化状态时的结果，画布上没有图形，如果单击右下方的"清空"按钮，也能看到这个结果。

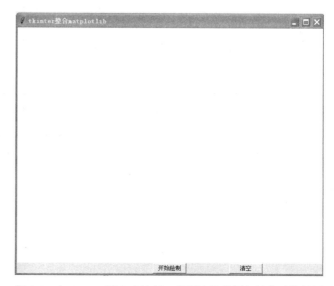

图 9-7　在 Canvas 画布内绘制 K 线图和均线图初始化时的结果

如果单击左下方的"开始绘制"命令按钮，即可看到如图 9-8 所示的结果，其中在 Canvas 画布内可以看到 K 线图、均线图和图例等的结果。

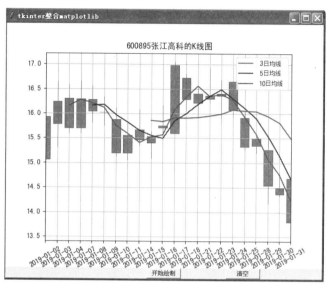

图 9-8　在 Canvas 画布内绘制 K 线图和均线图的结果

9.3　股票范例程序：绘制 KDJ 指标

KDJ 指标也叫随机指标，是由乔治·蓝恩博士（George Lane）最早提出的。该指标集中包含了强弱指标、动量概念和移动平均线的优点，可以用来衡量股价脱离正常价格范围的偏离程度。

本节首先用基于 Matplotlib 库的方法绘制 KDJ 指标，在此基础上，还将导入 Tkinter 库，以加入动态交互的效果。

9.3.1　KDJ 指标的计算过程

KDJ 指标的计算过程是，首先获取指定周期（一般是 9 天）内出现过的股票最高价、最低价和最后一个交易日的收盘价，随后通过它们三者间的比例关系来算出未成熟随机值 RSV，并在此基础上再用平滑移动平均线的方式来计算 K、D 和 J 值。计算完成后，把 KDJ 的值绘成曲线图，以此来预测股票走势，具体的算法如下所示。

步骤 01　计算周期内（n 日、n 周等，n 一般是 9）的 RSV 值，RSV 也叫未成熟随机指标值，是计算 K 值、D 值和 J 值的基础。以 n 日周期计算单位为例，计算公式如下所示。

　　　n 日 RSV =（Cn－Ln）/（Hn－Ln）× 100

其中，Cn 是第 n 日（一般是最后一日）的收盘价，Ln 是 n 日范围内的最低价，Hn 是 n 日范围内的最高价，根据上述公式可知，RSV 值的取值范围是 1 到 100。如果要计算 n 周的 RSV 值，则 Cn 还是最后一日的收盘价，但 Ln 和 Hn 则是 n 周内的最低价和最高价。

步骤 02　根据 RSV 计算 K 和 D 值，方法如下。

当日 K 值 = 2/3 × 前一日 K 值 + 1/3 × 当日的 RSV 值

当日 D 值 = 2/3 × 前一日 D 值 + 1/3 × 当日 K 值

在计算过程中，如果没有前一日 K 值或 D 值，则可以用数字 50 来代替。

在实际使用过程中，一般是以 9 日为周期来计算 KD 线，根据上述公式，首先是计算出最近 9 日的 RSV 值，即未成熟随机值，计算公式是 9 日 RSV =（C－L9）÷（H9－L9）× 100。其中各项参数含义在步骤一中已经提到，其次再按本步骤所示计算当日的 K 和 D 值。

需要说明的是，上式中的平滑因子 2/3 和 1/3 是可以更改的，不过在股市交易实践中，这两个值已经被默认设置为 2/3 和 1/3。

步骤 03 计算 J 值。J 指标的计算公式为：J = 3×K - 2×D。从使用角度来看，J 的实质是反映 K 值和 D 值的乖离程度，它的范围上可超过 100，下可低于 0。

最早的 KDJ 指标只有 K 线和 D 线两条线，那个时候也被称为 KD 指标，随着分析技术的发展，KD 指标逐渐演变成 KDJ 指标，引入 J 指标后，能提高 KDJ 指标预测行情的能力。

在按上述三个步骤计算出每天的 K、D 和 J 三个值之后，把它们连接起来，就可以看到 KDJ 指标线了。

9.3.2　绘制静态的 KDJ 指标线

根据 9.3.1 小节给出的 KDJ 算法，在下面的 drawKDJ.py 范例程序中将绘制股票"金石资源"（股票代码为 603505）从 2018 年 9 月到 2019 年 5 月这段时间内的 KDJ 走势图。

为了突出算法重点，在本范例程序中，暂时不与 Tkinter 库整合，仅用到了 Matplotlib 库中的相关方法，并且不再像第 8 章那样从数据库的数据表中提取股票交易数据，而是直接从 csv 文件中读取股票交易数据。

```
1   # !/usr/bin/env python
2   # coding=utf-8
3   import matplotlib.pyplot as plt
4   import pandas as pd
5   # 计算 KDJ
6   def calKDJ(df):
7       df['MinLow'] = df['Low'].rolling(9, min_periods=9).min()
8       # 填充 NaN 数据
9       df['MinLow'].fillna(value = df['Low'].expanding().min(), inplace = True)
10      df['MaxHigh'] = df['High'].rolling(9, min_periods=9).max()
11      df['MaxHigh'].fillna(value = df['High'].expanding().max(), inplace = True)
12      df['RSV'] = (df['Close'] - df['MinLow']) / (df['MaxHigh'] - df['MinLow']) * 100
13      # 通过 for 循环依次计算每个交易日的 KDJ 值
14      for i in range(len(df)):
15          if i==0: # 第一天
16              df.ix[i,'K']=50
17              df.ix[i,'D']=50
18          if i>0:
19              df.ix[i,'K']=df.ix[i-1,'K']*2/3 + 1/3*df.ix[i,'RSV']
```

```
20          df.ix[i,'D']=df.ix[i-1,'D']*2/3 + 1/3*df.ix[i,'K']
21          df.ix[i,'J']=3*df.ix[i,'K']-2*df.ix[i,'D']
22      return df
```

从第 6 行到第 22 行程序语句定义的 calKDJ 方法中，将根据输入参数 df，计算指定时间范围内的 KDJ 值。

具体的计算步骤是，在第 8 行中通过 df['Low'].rolling(9, min_periods=9).min()，把每一行（即每个交易日）的 'MinLow' 属性值设置为 9 天内收盘价（Low）的最小值。

如果只执行这句，第 1 到第 8 个交易日的 MinLow 属性值将会是 NaN，所以要通过第 9 行的程序代码，把这些交易日的 MinLow 属性值设置为 9 天内收盘价（Low）的最小值。同理，通过第 10 行的程序代码，把每个交易日的 'MaxHigh' 属性值设置为 9 天内的最高价，同样通过第 11 行的 fillna 方法，填充前 8 天的 'MaxHigh' 属性值。随后在第 12 行中根据算法计算每个交易日的 RSV 值。

在算完 RSV 值后，通过第 14 行的 for 循环，依次遍历每个交易日，在遍历时根据 KDJ 的算法分别计算出每个交易日对应的 KDJ 值。

请注意，如果是第 1 个交易日，则在第 16 行和第 17 行的程序代码中把 K 值和 D 值设置为默认的 50，如果不是第 1 交易日，则通过第 19 行和第 20 行的算法计算 K 值和 D 值。计算完 K 和 D 的值以后，再通过第 21 行的程序代码计算出每个交易日的 J 值。

从上述代码中，可以看到关于 DataFrame 对象的三个操作技巧：

（1）如第 9 行所示，如果要把修改后的数据写回到 DataFrame 中，必须加上 inplace = True 的参数；

（2）在第 12 行中，df['Close']等变量值是以列为单位，也就是说，在 DataFrame 中，可以直接以列为单位进行操作；

（3）在第 16 行的代码 df.ix[i,'K']=50，这里用到的是 ix 通过索引值和标签值来访问对象，而实现类似功能的 loc 和 iloc 方法只能通过索引值来访问。

```
23  # 绘制 KDJ 线
24  def drawKDJ():
25      df = pd.read_csv('D:/stockData/ch8/6035052018-09-012019-05-31.csv',
    encoding='gbk')
26      stockDataFrame = calKDJ(df)
27      print(stockDataFrame)
28      # 开始绘图
29      plt.figure()
30      stockDataFrame['K'].plot(color="blue",label='K')
31      stockDataFrame['D'].plot(color="green",label='D')
32      stockDataFrame['J'].plot(color="purple",label='J')
33      plt.legend(loc='best')          # 绘制图例
34      # 设置 x 轴坐标的标签和旋转角度
    major_index=stockDataFrame.index[stockDataFrame.index%10==0]
35  major_xtics=stockDataFrame['Date'][stockDataFrame.index%10==0]
36      plt.xticks(major_index,major_xtics)
37      plt.setp(plt.gca().get_xticklabels(), rotation=30)
38      # 带网格线，且设置了网格样式
39      plt.grid(linestyle='-.')
```

```
40      plt.title("金石资源的 KDJ 图")
41      plt.rcParams['font.sans-serif']=['SimHei']
42      plt.show()
43  # 调用方法
44  drawKDJ()
```

在第 24 行的 drawKDJ 方法中实现了绘制 KDJ 的操作。其中的关键步骤是，通过第 25 行的程序代码从指定的 csv 文件中读取股票交易数据，随后在第 30 行到第 32 行的程序代码中，调用 plot 方法分别用三种不同的颜色绘制了 KDJ 线，因为在绘制时通过 label 参数设置了标签，所以可以执行第 33 行的程序代码来绘制图例。

在第 34 行到第 37 行的代码中设置了 x 轴的文字标签和旋转角度，这部分代码与之前绘制 MACD 指标线的代码很相似，为了不在 x 轴上过多地显示日期，于是用 stockDataFrame.index%10 == 0 的方式，只显示索引值是 10 的倍数的日期。

在第 44 行调用了 drawKDJ 方法将 KDJ 绘制出来。运行这个范例程序之后，即可看到如图 9-9 所示的结果，其中 KDJ 三根曲线分别用蓝色、绿色和紫色绘制出来（因为本书采用黑白印刷而看不出彩色，请读者在自己的计算机上运行这个范例程序）。

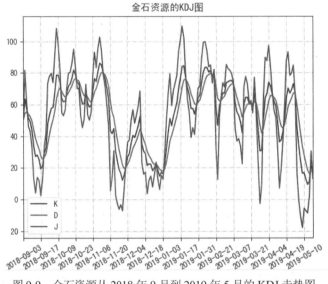

图 9-9 金石资源从 2018 年 9 月到 2019 年 5 月的 KDJ 走势图

图 9-10 是从股票软件中得到的股票"金石资源"在同时间段内的 KDJ 走势图，两者的变化趋势基本一致。

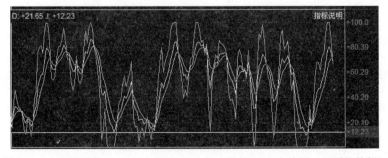

图 9-10 金石资源从 2018 年 9 月到 2019 年 5 月的 KDJ 走势图（股票软件版）

9.3.3　根据界面的输入绘制动态的 KDJ 线

在 9.3.2 小节的 drawKDJ.py 范例程序中，是以静态的方式绘制了指定股票代码在指定时间范围内的 KDJ 曲线，在本节的 drawKDJWithTkinter.py 范例程序中，将根据从 GUI 界面中输入的股票代码和时间范围，从网站爬取对应的股票交易数据，随后再绘制相应的 K 线图、均线图与 KDJ 指标图。这个范例程序的代码比较长，下面将分步骤讲述。

```
1    # !/usr/bin/env python
2    # coding=utf-8
3    import matplotlib.pyplot as plt
4    import pandas as pd
5    import pandas_datareader
6    from mpl_finance import candlestick2_ochl
7    from matplotlib.backends.backend_tkagg import FigureCanvasTkAgg
8    import tkinter
```

在上述代码中导入了这个范例程序中所用的依赖库，其中第 6 行导入的库用来绘制 K 线图，第 7 行导入的库用来整合 Tkinter 库与 Matplotlib 库，第 5 行导入的库提供了 get_data_yahoo 方法从雅虎网站爬取股票交易数据。

```
9    # 计算 KDJ
10   def calKDJ(df):
11       # 省略相关代码，请参考本书提供下载的完成范例程序
12   # 绘制 KDJ 线
13   def drawKDJAndKLine(stockCode,startDate,endDate):
14       filename='D:\\stockData\ch9\\'+stockCode +startDate+endDate+'.csv'
15       getStockDataFromAPI(stockCode,startDate,endDate)
16       df = pd.read_csv(filename,encoding='gbk')
17       stockDataFrame = calKDJ(df)
18       # 创建子图
19       (axPrice, axKDJ) = figure.subplots(2, sharex=True)
20       # 调用方法，在 axPrice 子图中绘制 K 线图
21       candlestick2_ochl(ax = axPrice, opens=stockDataFrame["Open"].values,
     closes=stockDataFrame["Close"].values, highs=stockDataFrame["High"].values,
     lows=stockDataFrame["Low"].values, width=0.75, colorup='red',
     colordown='green')
22       axPrice.set_title("K 线图和均线图")      # 设置子图标题
23       stockDataFrame['Close'].rolling(window=3).mean().
     plot(ax=axPrice,color="red", label='3 日均线')
24       stockDataFrame['Close'].rolling(window=5).mean().
     plot(ax=axPrice,color="blue", label='5 日均线')
25       stockDataFrame['Close'].rolling(window=10).mean().
     plot(ax=axPrice,color="green", label='10 日均线')
26       axPrice.legend(loc='best')                # 绘制图例
27       axPrice.set_ylabel("价格（单位：元）")
28       axPrice.grid(linestyle='-.')             # 带网格线
29       # 在 axKDJ 子图中绘制 KDJ
30       stockDataFrame['K'].plot(ax=axKDJ,color="blue",label='K')
31       stockDataFrame['D'].plot(ax=axKDJ,color="green", label='D')
```

```
32    stockDataFrame['J'].plot(ax=axKDJ,color="purple", label='J')
33    plt.legend(loc='best')                # 绘制图例
34    plt.rcParams['font.sans-serif']=['SimHei']
35    axKDJ.set_title("KDJ 图")              # 设置子图的标题
36    axKDJ.grid(linestyle='-.')            # 带网格线
37    # 设置 x 轴坐标的标签和旋转角度
38    major_index=stockDataFrame.index[stockDataFrame. index%5==0]
39    major_xtics=stockDataFrame['Date'][stockDataFrame. index%5==0]
40    plt.xticks(major_index,major_xtics)
41    plt.setp(plt.gca().get_xticklabels(), rotation=30)
```

第 10 行定义的 calKDJ 方法是根据传入的 DataFrame 类型的 df 对象，计算 KDJ 值，这个方法与之前范例程序中的基本相似，所以就不再给出代码和说明，读者可以自行参考本书提供下载的完整范例程序。

在第 13 行的 drawKDJAndKLine 方法中，是根据输入参数所提供的股票代码，开始时间和结束时间，从网站爬取股票交易数据，再调用 Matplotlib 库中的方法绘制 K 线图、均线图和 KDJ 指标图。

具体的执行步骤是，调用第 15 行的方法从网站爬取股票交易数据并写入本地的 csv 文件中，第 16 行的程序语句把本地 csv 文件中的信息读入 df 对象，随后再通过第 17 行的代码在 df 对象中再加入 KDJ 指标的信息。

在第 19 行中创建了 axPrice 和 axKDJ 这两个子图，在第一个子图内绘制 K 线与均线，在第二个子图里绘制 KDJ 指标线，而且这两个子图是共享 x 轴刻度和标签信息的。

之后在第 21 行到第 28 行的程序代码中，在 axPrice 子图内绘制了 K 线和 3 日、5 日与 10 日均线，这部分的代码之前讲述过，就不再赘述了。在第 30 行到第 32 行的程序代码中，也是通过调用 plot 方法，在 axKDJ 子图内绘制了三根曲线，分别代表 KDJ 线，它们的颜色各不相同，在第 33 行中为 KDJ 三根曲线绘制了图例。

在第 38 行到第 40 行的程序代码中设置了 axKDJ 子图 x 轴的标签和刻度，为了避免 x 轴刻度过于密集，这里是以 stockDataFrame.index%5==0 的方式，只显示索引值是 5 的倍数的日期。在第 41 行中把刻度标签文字旋转了 30 度。

```
42    # 从 API 中获取股票数据
43    def getStockDataFromAPI(stockCode,startDate,endDate):
44       try:
45          # 给股票代码加 ss 前缀来获取上证股票的数据
46          stock = pandas_datareader.get_data_yahoo(stockCode+'.ss',
      startDate,endDate)
47          if(len(stock)<1):
48             # 如果没有取到数据，则抛出异常
49             raise Exception()
50          # 删除最后一行，因为 get_data_yahoo 会多取一天股票交易数据
51          stock.drop(stock.index[len(stock)-1],inplace=True)
52          # 在本地留份 csv
53          filename='D:\\stockData\ch9\\'+stockCode +startDate+endDate+'.csv'
54          stock.to_csv(filename)
55       except Exception as e:
56          print('Error when getting the data of:' + stockCode)
57          print(repr(e))
```

在第 43 行定义的 getStockDataFromAPI 方法中，调用了 get_data_yahoo 方法从雅虎网站爬取股票交易数据。在第 46 行给股票代码加上 ss 后缀来获取上证股票的数据，如果没有取到数据，则在第 49 行使用 raise 语句抛出异常。在爬取到股票数据后，在第 54 行把数据以 csv 格式存储到本地文件中做一个备份，方便以后读取。

```
58  # 设置 tkinter 窗口
59  win = tkinter.Tk()
60  win.geometry('625x600')        # 设置大小
61  win.title("K 线均线整合 KDJ")
62  # 放置控件
63  tkinter.Label(win,text='股票代码：').place(x=10,y=20)
64  tkinter.Label(win,text='开始时间：').place(x=10,y=50)
65  tkinter.Label(win,text='结束时间：').place(x=10,y=80)
66  stockCodeVal = tkinter.StringVar()
67  startDateVal = tkinter.StringVar()
68  endDateVal = tkinter.StringVar()
69  stockCodeEntry = tkinter.Entry(win,textvariable=stockCodeVal)
70  stockCodeEntry.place(x=70,y=20)
71  stockCodeEntry.insert(0,'600640')
72  startDateEntry = tkinter.Entry(win,textvariable=startDateVal)
73  startDateEntry.place(x=70,y=50)
74  startDateEntry.insert(0,'2019-01-01')
75  endDateEntry = tkinter.Entry(win,textvariable=endDateVal)
76  endDateEntry.place(x=70,y=80)
77  endDateEntry.insert(0,'2019-05-31')
```

在第 60 行设置了 Tkinter 窗口的大小，在第 61 行设置了窗口的标题。从第 63 行到第 65 行的程序语句设置了 3 个标签，是通过调用 place 方法指定了标签放置的位置。

从第 69 行到第 71 行的程序语句设置了接收"股票代码"的文本框，并通过 insert 语句设置了该文本框的默认值，而该文本框的值会保存在第 66 行定义的 stockCodeVal 对象中。同样，在第 72 行到第 74 行设置了接收"开始时间"的文本框，在第 75 行到第 77 行设置了接收"结束时间"的文本框。

```
78  def draw():       # 绘制按钮触发的处理函数（或方法）
79      plt.clf()     # 先清空所有在 plt 上的图形
80      stockCode=stockCodeVal.get()
81      startDate=startDateVal.get()
82      endDate=endDateVal.get()
83      drawKDJAndKLine(stockCode,startDate,endDate)
84      canvas.draw()
85  tkinter.Button(win,text='绘制',width=12,command=draw).place(x=200,y=50)
```

在第 85 行定义了"绘制"命令按钮，它触发的处理函数（或方法）"draw"的定义在第 78 行到第 84 行。

在这个处理函数中，首先是通过第 79 行的程序代码清空 plt 上的图形，否则会出现图形重叠的情况，随后在第 80 行到第 82 行中用三个变量接收从界面输入的股票代码、开始时间和结束时间的属性值，并把它们作为参数传入第 83 行的 drawKDJAndKLine 方法中。因为已经完成了 Matplotlib 对象与 Tkinter 对象的整合，所以需要用第 84 行的代码把图形绘制到画布上。

```
86  def reset():
87      stockCodeEntry.delete(0,tkinter.END)
88      stockCodeEntry.insert(0,'600640')
89      startDateEntry.delete(0,tkinter.END)
90      startDateEntry.insert(0,'2019-01-01')
91      endDateEntry.delete(0,tkinter.END)
92      endDateEntry.insert(0,'2019-05-31')
93      plt.clf()
94      canvas.draw()
95  tkinter.Button(win,text='重置',width=12,command=reset).place(x=200,y=80)
```

在第 95 行定义了"重置"命令按钮，它触发的处理函数（或方法）"reset"的定义在第 86 行到第 94 行。在这个处理函数中，通过第 87 行到第 92 行的程序语句重新设置了股票代码、开始时间和结束时间这三个文本框的值。随后在第 93 行清空了 Canvas 画布 plt 内的图形对象，再通过第 94 行的代码重新绘制 Canvas，以达到清空画布的效果。

```
96  # 开始整合 figure 和 win
97  figure = plt.figure()
98  canvas = FigureCanvasTkAgg(figure, win)
99  canvas.get_tk_widget().config(width=575,height=500)
100 canvas.get_tk_widget().place(x=0,y=100)
101 win.mainloop()
```

在第 98 行中通过 FigureCanvasTkAgg 方法整合了基于 Matplotlib 库的 figure 对象和面向 GUI 界面的 win 对象，在第 99 行中通过了 config 方法设置了 Canvas 画布的大小，在第 100 行中通过调用 place 方法设置了 Canvas 画布的位置。最后还需要像第 101 行那样启动 win 界面的主循环以监听鼠标和键盘等操作的事件，否则界面无法显示出来。

运行这个范例程序之后，在初始化的界面中，Canvas 画布上没有图形，单击"绘制"按钮后，就能看到在画布中显示了股票"士兰微"（股票代码为 600460）从 20190101 到 20190531 这段时间内的 k 线图、均线图和 KDJ 图，如图 9-11 所示。

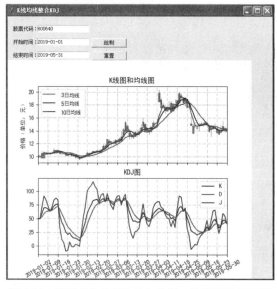

图 9-11　股票"士兰微"的 k 线图、均线图和 KDJ 图

　　从图 9-11 中可以看到标签、文本框、命令按钮和画布，而且还可以在画布上看到相关股票指标整合后的效果，具体在下方的 KDJ 子图中，根据图例可以看到三根不同颜色的曲线分别对应 KDJ 线。如果单击"重置"命令按钮，即可看到如图 9-12 所示的结果，其中三个文本框中的值被重置为默认值，同时画布中的图形被清空了。

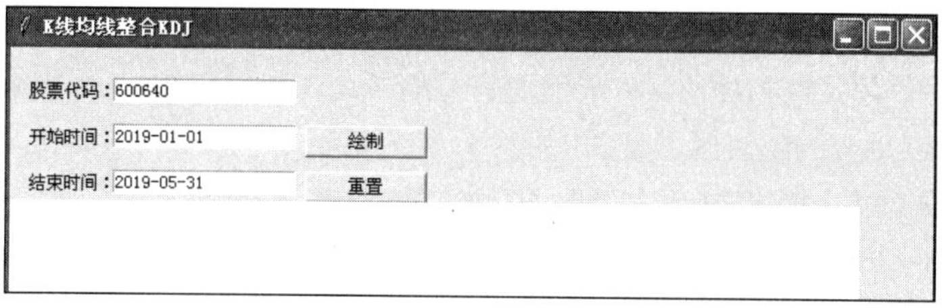

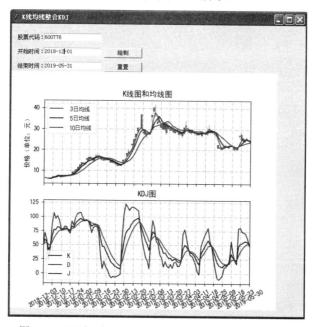

图 9-12　单击重置按钮后的效果图

　　如果在"股票代码"的文本框中输入其他上证的股票代码，比如 600776（东方通信），并在时间文本框中更改开始时间或结束时间，比如把开始时间更改为 2018-12-01，再单击"绘制"按钮，即可看到该股票在指定范围内的指标图，如图 9-13 所示。

图 9-13　股票"东方通信"的 k 线图、均线图和 KDJ 图

　　这里请注意输入的时间格式，必须和爬取股票交易数据的网站的时间格式保持一致，否则就会出现问题，而且本范例程序只支持上证股票，如果输入其他交易所的股票代码，也会有问题。

9.4　验证基于 KDJ 指标的交易策略

　　本节将介绍股票交易理论中基于 KDJ 指标的常用交易策略，并用 Python 程序实现并验证买卖策略。因为在 9.3 节已经实现了基于 GUI 交互的绘制效果，所以在本节的验证工作相对来说会

简单很多。

9.4.1　KDJ 指标对交易的指导作用

KDJ 指标的波动与买卖信号有着紧密的关联，根据 KDJ 指标的不同取值，可以把这指标划分成三个区域：超买区、超卖区和观望区。一般而言，KDJ 这三个值在 20 以下为超卖区，这是买入信号；这三个值在 80 以上为超买区，是卖出信号；如果这三个值在 20 到 80 之间则是在观望区。

如果再仔细划分一下，当 KDJ 三个值在 50 附近波动时，表示多空双方的力量对比相对均衡，当三个值均大于 50 时，表示多方力量有优势，反之当三个值均小于 50 时，表示空方力量占优势。

下面根据 KDJ 的取值以及波动情况，列出交易理论中比较常见的买卖策略。

（1）KDJ 指标中也有金叉和死叉的说法，即在低位 K 线上穿 D 线是金叉，是买入信号，反之在高位 K 线下穿 D 线则是死叉，是卖出信号。

（2）一般来说，KDJ 指标中的 D 线由向下趋势转变成向上是买入信号，反之，由向上趋势变成向下则为卖出信号。

（3）K 的值进入到 90 以上为超买区，10 以下为超卖区。对 D 而言，进入 80 以上为超买区，20 以下为超卖区。此外，对 K 线和 D 线而言，数值 50 是多空均衡线。如果当前态势是多方市场，50 是回档的支持线，即股价回探到 KD 值是 50 的状态时，可能会有一定的支撑，反之如果是空方市场，50 是反弹的压力线，即股价上探到 KD 是 50 的状态时，可能会有一定的向下打压的压力。

（4）一般来说，当 J 值大于 100 是卖出信号，如果小于 10，则是买入信号。

当然，上述策略仅针对 KDJ 指标而言，在现实的交易中，更应当从政策、消息、基本面和资金流等各个方面综合考虑。

9.4.2　基于 Tkinter 验证 KDJ 指标的买点

根据 KDJ 指标的特性，制定的"买入"策略是，前一个交易日 J 值大于 10 且本交易日 J 值小于 10，或者在数值 20 之下在 K 线上穿 D 线（即出现金叉）。

在 drawKDJWithTkinter.py 范例程序中，可以根据界面的输入来灵活地绘制指定股票在指定时间范围内的指标图。而在下面的 calKDJBuyPoints.py 范例程序中，是以上述界面为基础加一个"计算买点"的按钮，具体修改的程序代码如下。

修改点 1：通过如下的代码增加消息对话框的支持库，为的是支持在这个范例程序中可以在 messagebox 弹出框中显示出买点日期。

```
import tkinter.messagebox
```

修改点 2：通过如下代码在界面中增加了"计算买点"的命令按钮，它触发的处理函数（或方法）是 printBuyPoints。

```
tkinter.Button(win,text='计算买点',width=12,command=
            printBuyPoints).place(x=300,y=50)
```

修改点 3：增加了计算买点的 printBuyPoints 方法，代码如下。

```
1    # 以对话框的形式输出买点
2    def printBuyPoints():
3        stockCode=stockCodeVal.get()
4        startDate=startDateVal.get()
5        endDate=endDateVal.get()
6        filename='D:\\stockData\ch9\\'+stockCode+startDate+endDate+'.csv'
7        getStockDataFromAPI(stockCode,startDate,endDate)
8        df = pd.read_csv(filename,encoding='gbk')
9        stockDf = calKDJ(df)
10       cnt=0
11       buyDate=''
12       while cnt<=len(stockDf)-1:
13           if(cnt>=5):          # 略过前几天的误差
14               # 规则 1: 前一天 J 值大于 10，当天 J 值小于 10，是买点
15               if stockDf.iloc[cnt]['J']<10 and stockDf.iloc[cnt-1]['J']>10:
16                   buyDate = buyDate+stockDf.iloc[cnt]['Date'] + ','
17                   cnt=cnt+1
18                   continue
19               # 规则 2: K,D 均在 20 之下，出现 K 线上穿 D 线的金叉现象
20               # 规则 1 和规则 2 是"或"的关系，所以当满足规则 1 时直接 continue
21               if stockDf.iloc[cnt]['K']>stockDf.iloc[cnt]['D'] and
     stockDf.iloc[cnt-1]['D'] > stockDf.iloc[cnt-1]['K']:
22                   # 满足上穿条件后再判断 K 和 D 均小于 20
23                   if stockDf.iloc[cnt]['K']< 20 and stockDf.iloc[cnt]['D']<20:
24                       buyDate = buyDate + stockDf.iloc[cnt]['Date'] + ','
25           cnt=cnt+1
26       # 完成后，通过对话框的形式显示买入日期
27       tkinter.messagebox.showinfo('提示买点',buyDate)
```

在前 9 行中，根据文本框的值，对应到股票代码、开始时间和结束时间这三个参数来获取对应的股票交易数据，在第 9 行调用 calKDJ 方法算出了每个交易日的 KDJ 值。

在第 12 行的 while 循环中，依次遍历的每个交易日的数据，为了避免开始几天的误差，通过第 13 行的 if 语句过滤掉了前 5 个交易日的数据。

从第 15 行到第 18 行的 if 语句中，根据 J 值判断买点，具体的执行过程是，如果前一个交易日的 J 值大于 10 且本交易日的 J 值小于 10，则在当天可以买进股票。由于规则 1 是独立的，因此满足该条件后，执行第 16 行的程序代码把当天的日期记录到 buyDate 变量中，并执行第 18 行的 continue 语句结束本轮次的 while 循环，并进入下一轮次的循环。

在第 21 行和第 23 行中的两个 if 判断语句中，根据 K 值和 D 值来判断买点，即在当天 K 值和 D 值均小于 20 的前提下，判断 K 值有没有上穿 D 值形成金叉，如果是，则执行第 24 行的程序代码把当天的日期记录到 buyDate 变量中。

当 while 循环遍历完成后，执行第 27 行的代码，以 messagebox 消息框的形式显示诸多买点的日期。

运行范例程序的这部分代码，就能看到如图 9-14 所示的界面，其中多了一个"计算买点"的按钮。

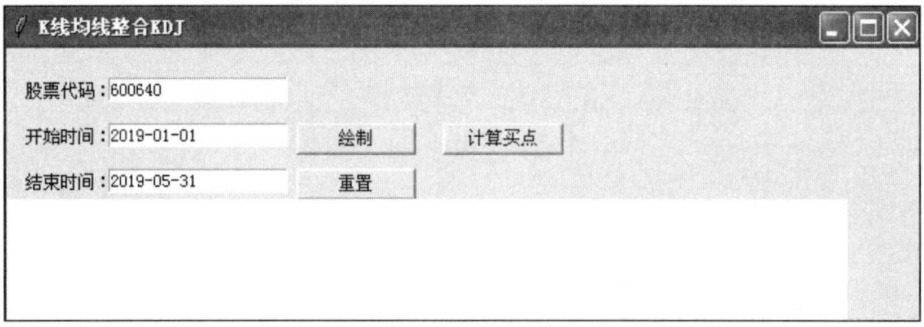

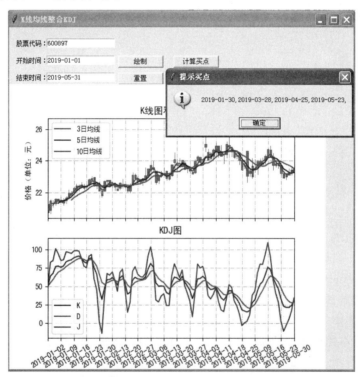

图 9-14　多了一个"计算买点"的按钮

下面换一个股票来验证，在股票代码里输入 600897（厦门空港），开始时间和结束时间不变，先单击"绘制"按钮以绘制出该股在这段时间内的 K 线、均线和 KDJ 指标图，再单击"计算买点"按钮，即可看到如图 9-15 所示的画面。

图 9-15　用股票"厦门空港"来验证 KDJ 买点策略

在表 9-1 中，归纳了对 KDJ 指标各买点的分析情况。

表 9-1　基于 KDJ 指标得到的买点情况确认表

买点日期	对买点的分析	正确性
2019-01-30	该日 J 指标低于 0，后市股价有一定的上涨	正确
2019-03-28	该日 J 指标低于 10，后市股价有一定的上涨	正确
2019-04-25	该日 J 指标在 0 点附近，后市股价有一定的上涨	正确
2019-05-23	该日 J 指标在 0 点附近，后市股价虽有上涨，但涨幅不大	不明确

9.4.3　基于 Tkinter 验证 KDJ 指标的卖点

根据 KDJ 指标的特性，制定的"卖出"策略是，前一个交易日 J 值小于 100 且本交易日的 J 值大于 10，或者在数值在 80 之上 K 线下穿 D 线（即出现死叉）。

本节的 calKDJSellPoints.py 范例程序是根据 9.4.2 小节的 calKDJBuyPoints.py 范例程序改写而成，具体来说，增加一个"计算卖点"命令按钮，新增的代码如下。

```
1   def printSellPoints():
2       stockCode=stockCodeVal.get()
3       startDate=startDateVal.get()
4       endDate=endDateVal.get()
5       filename='D:\\stockData\ch9\\' +stockCode+ startDate+endDate+'.csv'
6       getStockDataFromAPI(stockCode,startDate,endDate)
7       df = pd.read_csv(filename,encoding='gbk')
8       stockDf = calKDJ(df)
9       cnt=0
10      sellDate=''
11      while cnt<=len(stockDf)-1:
12          if(cnt>=5):   # 略过前几天的误差
13              # 规则1: 前一天 J 值小于 100，当天 J 值大于 100，是卖点
14              if stockDf.iloc[cnt]['J']>100 and stockDf.iloc[cnt-1]['J']<100:
15                  sellDate=sellDate+stockDf.iloc[cnt]['Date'] + ','
16                  cnt=cnt+1
17                  continue
18              # 规则2: K,D 均在 80 之上，出现 K 线下穿 D 线的死叉现象
19              if stockDf.iloc[cnt]['K']<stockDf.iloc[cnt]['D'] and
    stockDf.iloc[cnt-1]['D']<stockDf.iloc[cnt-1]['K']:
20                  # 满足上穿条件后再判断 K 和 D 均大于 80
21                  if stockDf.iloc[cnt]['K']> 80 and stockDf.iloc[cnt]['D']>80:
22                      sellDate = sellDate + stockDf.iloc[cnt]['Date'] + ','
23          cnt=cnt+1
24      tkinter.messagebox.showinfo('提示卖点',sellDate)
25  tkinter.Button(win,text='计算卖点',width=12,
    command=printSellPoints).place(x=300, y=80)
```

在第 24 行中新增了"计算卖点"的命令按钮，该按钮触发的处理方法就是第 1 行到底 24 行所定义的 printSellPoints 方法。

printSellPoints 方法与之前的 printBuyPoints 方法在结构上很相似，在第 14 行到第 17 行的 if 语句中，实现了基于 J 数值的卖出策略，即前一个交易日的 J 值小于 100 而当日大于 100。在第 19 行到第 22 行的 if 条件语句中实现了基于 KD 死叉的卖出策略，即在当日 KD 数值都大于 80 的前提下，K 线下穿 D 线。在第 25 行同样也是通过弹出消息框的形式显示了卖点的日期。

运行这个范例程序，在股票代码文本框中输入 600886，这次用股票"国投电力"来验证，随后依次单击"绘制"和"计算卖点"按钮，即可看到如图 9-16 所示的结果。

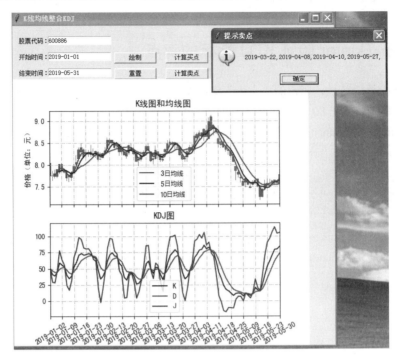

图 9-16   用股票"国投电力"来验证 KDJ 卖点策略

在表 9-2 中，归纳了对 KDJ 指标各卖点的分析情况。

表 9-2   基于 KDJ 指标得到的卖点情况确认表

卖点日期	对卖点的分析	正确性
2019-3-22	该日 J 指标大于 100，后市股价虽有一定的上涨，但在短暂上涨后有明显的下跌行情	不明确
2019-04-08	该日 J 指标大于 100，之后有明显的下跌行情	正确
2019-04-10	该日出现 K 线下穿 D 线的死叉现象，之后有明显的下跌行情，该下穿信号结合之前 4 月 8 日 J 线过 100 的信号，具有明显的"卖出"指导意义	正确
2019-05-27	该日 J 指标大于 100，但之后股价持续振荡，无明显下跌	不正确

9.5   本章小结

本章首先讲述了基于 Tkinter 库的 GUI 交互界面的开发，包括标签、文本框、按钮、下拉列表框、单选框和复选框等控件的用法，并结合 K 线图的范例程序讲述了 Matplotlib 库的对象与 Tkinter 库的对象整合的方式。

之后在讲述 Matplotlib 与 Tkinter 整合时，本章用到的范例程序是基于 KDJ 指标的，通过这些范例程序，让读者进一步了解 Tkinter 控件的用法，并能掌握 GUI 与图形库交互的技巧。

本章最后验证了基于 KDJ 指标的交易策略，在相关范例程序中，综合地用到了数据结构、Matplotlib 和 GUI 控件等知识，让读者从中进一步体会到图形库与 GUI 整合的优势。

第 10 章

基于 RSI 范例程序实现邮件功能

Python 具有强大的数据分析功能，在实际应用中，在完成分析后，往往会通过 smtplib 和 email 这两个模块，以邮件的形式发送结果。在本章中，将讲述用 Python 程序发送邮件的相关技巧，包括发送附件和发送富文本格式邮件的方式。

本章用到的股票范例程序是基于 RSI 指标的（RSI 是指相对强弱指标）。在讲述完该指标的算法和绘制方式后，同样会根据该指标来计算买点和卖点，不过在本章中，将用邮件的方式发送计算结果，让读者进一步体会用 Python 语言编写邮件功能的技巧。

10.1 实现发邮件的功能

SMTP（Simple Mail Transfer Protocol）也叫简单邮件传输协议，一般都是用这个协议来发送邮件。在 Python 的 smtplib 库中封装了 SMTP 协议的实现细节，通过调用这个库提供的方法，无需了解协议的底层，就能方便地发送简单文本邮件、富文本格式的邮件以及带附件的邮件。

10.1.1 发送简单格式的邮件（无收件人信息）

在本节中，我们选用网易 163 邮箱提供的 SMTP 服务来发送邮件，如果读者要用新浪、QQ 或其他邮箱的 SMTP 服务，可以依葫芦画瓢照此改写即可。

除了 smtplib 库之外，和邮件相关的库还有 email，可以通过它来设置邮件的标题和正文，这两个库都是 Python 自带的，无需额外安装。在下面的 sendSimpleMail.py 范例程序中将使用 smtplib 和 email 发送纯文本格式的邮件。

```
1    # !/usr/bin/env python
2    # coding=utf-8
```

```
3    import smtplib
4    from email.mime.text import MIMEText
5    # 发送邮件
6    def sendMail(username,pwd,from_addr,to_addr,msg):
7        try:
8            smtp = smtplib.SMTP()
9            smtp.connect('smtp.163.com')
10           smtp.login(username, pwd)
11           smtp.sendmail(from_addr,to_addr, msg)
12           smtp.quit()
13       except Exception as e:
14           print(str(e))
15   # 组织邮件
16   message = MIMEText('Python 邮件发送测试', 'plain', 'utf-8')
17   message['Subject'] = 'Hello,用 Python 发送邮件'
18   sendMail('hsm_computer','xxx','hsm_computer@163.com',
     'hsm_computer@163.com',message.as_string())
```

在第 3 行和第 4 行中导入了发送邮件需要的两个库，在第 6 行到第 14 行的 sendMail 方法中，首先在第 8 行创建了 smtp 对象，并通过第 9 行和第 10 行的程序代码登录到网易 163 邮箱的 SMTP 服务器：smtp.163.com，其中在第 10 行的 login 方法中，需要传入登录所用的用户名和密码。这里，读者需要改写范例程序，填入自己邮箱的 SMTP 服务器以及登录名和密码。

登录完成后，是通过调用第 11 行的 sendmail 方法发送邮件，其中的前两个参数分别代表邮件的发送者和接收者，第三个参数是邮件对象。发送完成后，需要通过第 12 行的程序语句断开和 SMTP 服务器的连接。由于在发送邮件时可能出现网络等问题，因此这里用 try…except 从句来接收并捕获异常。

在第 18 行中通过调用 sendmail 方法来发送邮件，其中前两个参数表示登录网易 163 邮箱所用到的用户名和密码，第三个和第四个参数表示发送者和接收者，范例程序中的这条程序语句其实是自己发自己收。

在第 16 行和第 17 行中定义了 sendmail 方法的第五个参数，即邮件对象。在第 16 行中创建了邮件对象 MIMEText，其中第一个参数表示邮件的正文内容，第二个参数表示是纯文本，第三个参数表示文本的编码方式，在第 17 行中则定义了邮件的标题。

运行这个范例程序后，即可在 163 邮箱里看到所发送的邮件，如图 10-1 所示，其中邮件标题和邮件正文就由上述代码所设置。

图 10-1　网易 163 邮箱接收到的纯文本邮件

本例使用网易 163 邮箱的 SMTP 服务器发送邮件，如果要用其他常用邮箱的 SMTP 服务器地址，请参考表 10-1。

表 10-1　常用邮箱的 SMTP 服务器一览表

邮箱	SMTP 服务器
新浪邮箱	smtp.sina.com
QQ 邮箱	smtp.qq.com
126 邮箱	smtp.126.com

10.1.2　发送 HTML 格式的邮件（显示收件人）

在 10.1.1 小节发送的邮件是纯文本格式，在下面的 sendMailWithHtml.py 范例程序中将在邮件正文内引入 html 元素。在图 10-1 中，可以看到收件人为空，在本节的范例程序中将解决这个问题。

```python
1  # !/usr/bin/env python
2  # coding=utf-8
3  import smtplib
4  from email.mime.text import MIMEText
5  # 发送邮件
6  def sendMail(username,pwd,from_addr,to_addr,msg):
7    # 程序代码和 sendSimpleMail.py 范例程序中的程序代码一样
8  HTMLContent = '<html><head></head><body>'\
9   '<h1>Hello</h1>This is <a href="https://www.cnblogs.com/JavaArchitect/">My
   Blog.</a>'\
10   '</body></html>'
11 message = MIMEText(HTMLContent, 'html', 'utf-8')
12 message['Subject'] = 'Hello,用 Python 发送邮件'
13 message['From'] = 'hsm_computer'          # 邮件上显示的发件人
14 message['To'] = 'hsm_computer@163.com' # 邮件上显示的收件人
15 sendMail('hsm_computer','xxx','hsm_computer@163.com','xxx',
   message.as_string())
```

这个范例程序中也用到 sendSimpleMail.py 范例程序中的 sendMail 方法，由于该方法的程序代码在这两个范例程序中完全一致，因此不再重复说明。

第 8 行到第 10 行其实是一条语句，由于比较长，所以用"\"符号表示分行编写，在 HTMLContent 变量中放置了基于 HTML 的邮件正文，其中包含了一个超链接文本元素。

由于邮件正文的格式是 HTML，因此第 11 行在定义 MIMEText 类型的 message 对象时，第二个参数不是 'plain'（纯文本格式）而是 'html'（HTML 格式）。

在第 13 行中通过 message['From']属性重写了发件人信息，在第 14 行是通过 To 属性重写了收件人信息，请注意这两行仅仅用于显示，邮件的真正发件人和收件人还是需要通过 sendMail 方法中调用的 smtp.sendmail(from_addr,to_addr, msg)方法，由其中的第一个和第二个参数来指定。

其他的程序代码没有变动，还是在第 12 行通过 Subject 定义邮件标题，通过第 15 行调用 sendMail 方法发送邮件，该方法的第 5 个参数依然是 message.as_string()。

运行这个范例程序之后，在网易 163 邮箱里就能收到如范例程序中代码所定义的邮件，如图

10-2 所示。单击邮件中的链接后，即可进入到目标页面。请注意，由于在程序中通过 message['From']
和 message['To'] 设置了用于显示的发件人和收件人信息，所以与图 10-1 相比，图 10-2 中的发件人
和收件人两栏的值有所改变。

图 10-2　网易 163 邮箱接收到的 HTML 格式的邮件

10.1.3　包含本文附件的邮件（多个收件人）

附件是邮件的可选项，在下面的 sendMailWithCsvAttachment.py 范例程序中，将示范如何在邮
件中包含文本附件，在该范例程序中，还将演示如何把邮件同时发送给多个收件人。

```
1   # !/usr/bin/env python
2   # coding=utf-8
3   import smtplib
4   from email.mime.text import MIMEText
5   from email.mime.multipart import MIMEMultipart
6   # 发送邮件
7   def sendMail(username,pwd,from_addr,to_addr,msg):
8       # 程序代码和 sendSimpleMail.py 范例程序中的一样
9   HTMLContent = '<html><head></head><body>'\
10   '<h1>Hello</h1>This is <a href="https://www.cnblogs.com/JavaArchitect/">My
     Blog.</a>'\
11   '</body></html>'
12  message = MIMEMultipart()
13  body = MIMEText(HTMLContent, 'html', 'utf-8')
14  message.attach(body)
15  message['Subject'] = 'Hello,用 Python 发送邮件'
16  message['From'] = 'hsm_computer@163.com'                    # 邮件上显示的收件人
17  message['To'] ='hsm_computer@163.com,153086207@qq.com' # 邮件上显示的发件人
18  file = MIMEText(open('D:\\stockData\\ch9\\6008862019-01-012019-05-31.csv',
     'rb').read(),'plain', 'utf-8')
19  file['Content-Type'] = 'application/text'
20  file['Content-Disposition'] = 'attachment;filename="stockInfo.csv"'
21  message.attach(file)
```

```
22  sendMail('hsm_computer','xxx','hsm_computer@163.com',
    ['hsm_computer@163.com', '153086207@qq.com'],message.as_string())
```

由于要发送附件，因此需要导入第 5 行的库，第 7 行 sendMail 方法的程序代码和之前范例程序中 sendMail 方法的程序代码完全一致，故而不再说明。

在第 12 行中，为了发附件，所以设置的邮件正文对象是 MIMEMultipart 类型，而不是 MIMEText 类型。第 13 行的邮件正文内容和之前 html 格式邮件的正文内容完全一致，但这里需要调用第 14 行的 attach 方法放入邮件 message 对象。

在第 15 行和第 16 行代码中分别设置了用于显示的邮件发件人和收件人信息，请注意，虽然在第 16 行中通过 message['To'] 属性设置了两个收件人，但如果不修改第 22 行的代码，即 sendMail 方法的第四个表示收件人的参数依然只有一个邮箱地址的话，这封邮件还是只会发到一个地址。

由于是文本格式的附件，因此在第 18 行中用 MIMEText 格式的对象接收了指定路径下的 csv 文件。在第 19 行中通过 Content-Disposition 属性指定了附件的文件名，在第 20 行中通过 attach 方法把附件放入 message 对象。

请注意第 22 行 sendMail 方法的第 4 个参数，该参数对应于如下 smtp.sendmail 方法语法的第 2 个参数，表示收件人，该参数已经被修改成['hsm_computer@163.com', '153086207@qq.com']，表示本邮件将向两个邮箱发送，邮箱之间用逗号分隔。

```
smtp.sendmail(from_addr,to_addr, msg)
```

运行这个范例程序之后，在网易 163 邮箱里就能看到如图 10-3 所示的带附件的邮件，同时请注意收件人栏中显示了两个邮箱地址，而且另一个 QQ 邮箱也能收到同样的带附件的邮件。

再次说明一下，这里是通过 smtp.sendmail(from_addr,to_addr, msg)方法中的 to_addr 参数把邮件发送到两个邮箱，而 message['To'] 属性中的两个邮箱仅仅是用来显示。

图 10-3　网易 163 邮箱接收到的带文本附件的邮件

10.1.4　在正文中嵌入图片

如果用类似 10.1.3 小节中范例程序的方法，则还可以引入图片格式的附件，在下面的 sendMailWithPicAttachment.py 范例程序中，将再进一步演示除了携带图片附件外，还将在邮件正文中以 html 的方式显示图片。

```
1   # !/usr/bin/env python
2   # coding=utf-8
3   import smtplib
4   from email.mime.text import MIMEText
5   from email.mime.image import MIMEImage
6   from email.mime.multipart import MIMEMultipart
7   # 发送邮件
8   def sendMail(username,pwd,from_addr,to_addr,msg):
9       try:
10          smtp = smtplib.SMTP()
11          smtp.connect('smtp.163.com')
12          smtp.login(username, pwd)
13          smtp.sendmail(from_addr,to_addr, msg)
14          smtp.quit()
15      except Exception as e:
16          print(str(e))
17  HTMLContent = '<html><head></head><body>'\ '<h1>Hello</h1>This is <a
    href="https://www.cnblogs.com/JavaArchitect/">My Blog.</a>'\ '<img
    src="cid:picAttachment"/>'\                    '</body></html>'
18  message = MIMEMultipart()
19  body = MIMEText(HTMLContent, 'html', 'utf-8')
20  message.attach(body)
21  message['Subject'] = 'Hello,用 Python 发送邮件'
22  message['From'] = 'hsm_computer@163.com'              # 邮件上显示的发件人
23  message['To'] ='hsm_computer@163.com,153086207@qq.com' # 故意显示两个收件人
24  imageFile = MIMEImage(open('D:\\stockData\\ch10\\picAttachement.jpg',
    'rb').read())
25  imageFile.add_header('Content-ID', 'picAttachment')
26  imageFile['Content-Disposition'] =
    'attachment;filename="picAttachement.jpg"'
27  message.attach(imageFile)
28  sendMail('hsm_computer','xxx','hsm_computer@163.com',
    'hsm_computer@163.com',message.as_string())
```

在第 23 行中虽然通过 message['To']属性设置了两个收件人，但在第 28 行的 sendMail 方法的第 4 个参数里，还是只放置了一个收件人，也就是说，在第 13 行 sendmail 方法的 to_addr 参数中也只包含了一个收件人，在运行范例程序之后，会发现只有 hsm_computer@163.com 邮箱收到了邮件，而 QQ 邮箱并没有收到，由此可知，message['To']属性仅仅是用来显示。

这里的做法其实是先把图片当成邮件的附件，随后在正文 html 中通过 img 标签来显示图片。

具体而言，在第 17 行的 HTMLContent 变量中，增加了一段话：'<img src="cid:picAttachment"/>'，用 img 标签来显示图片，其中 cid 是固定写法，而 cid 冒号后面的 picAttachment 需要和第 25 行中设置的 Content-ID 属性值完全一致，否则图片将无法正确显示。

由于上传的是图片附件，因此在第 24 行是用 MIMEImage 对象来容纳本地图片，如前文所述，在第 25 行中是通过 add_header 方法设置图片附件的 Content-ID 属性值。

运行这个范例程序之后，即可看到如图 10-4 所示的结果，其中收件人一栏中有两个邮箱地址

（实际上只向网易 163 邮箱发送了），而且图片显示在正文中。

图 10-4　网易 163 邮箱接收到的正文中包含图片的邮件

10.2　以邮件的形式发送 RSI 指标图

RSI 指标也叫相对强弱指标（Relative Strength Index，简称 RSI），是由威尔斯·魏尔德（Welles Wilder）于 1978 年首创，发表在他所写的《技术交易系统新思路》一书中。

该指标最早应用于期货交易中，后来发现它也能指导股票投资，于是就应用于股市。在本节中，先讲述 RSI 指标的算法，再用邮件的形式发送调用 Matplotlib 库绘制出来的 RSI 指标图。

10.2.1　RSI 指标的原理和算法描述

相对强弱指标（RSI）是通过比较某个时段内股价的涨跌幅度来判断多空双方的强弱程度，以此来预测未来走势。从数值上看，它体现出某股的买卖力量，所以投资者能据此预测未来价格的走势，在实际应用中，通常与移动平均线配合使用，以提高分析的准确性。

RSI 指标的计算公式如下所示。

RS（相对强度）＝N 日内收盘价涨数和的均值 ÷N 日内收盘价跌数和的均值

RSI（相对强弱指标）= 100 － 100 ÷ （1+RS）

请注意，这里"均值"的计算方法可以是简单移动平均（SMA），也可以是加权移动平均（WMA）和指数移动平均（EMA），本书采用的是比较简单的简单移动平均算法，有些股票软件采用的是后两种平均算法。采用不同的平均算法会导致 RSI 的值不同，但趋势不会改变，对交易的指导意义也不会变。

以 6 日 RSI 指标为例，从当日算起向前推算 6 个交易日，获取到包括本日在内的 7 个收盘价，用每一日的收盘价减去上一交易日的收盘价，以此方式得到 6 个数值，这些数值中有正有负。随后再按如下四个步骤计算 RSI 指标。

步骤 01 up = 6 个数字中正数之和的平均值。

步骤 02 down = 先取 6 个数字中负数之和的绝对值，再对绝对值取平均值。

步骤 03 RS = up 除以 down，RS 表示相对强度。

步骤 04 RSI（相对强弱指标）= 100 － 100 ÷ （1+RS）。

如果再对第四步得出的结果进行数学变换，能进一步约去 RS 因素，得到如下的结论：

RSI = 100 × (up) ÷ (up+down)

也就是说，RSI 等于"100 乘以 up"除以"up 与 down 之和"。

从本质上来看，RSI 反映了某阶段内（比如 6 个交易日内）由价格上涨引发的波动占总波动的百分比率，百分比越大，说明在这个时间段内股票越强势，反之如果百分比越小，则说明在这个时间段内股票越弱势。

从上述公式可知，RSI 的值介于 0 到 100 之间，目前比较常见的基准周期为 6 日、12 日和 24 日，把每个交易日的 RSI 值在坐标图上的点连成曲线，即能绘制成 RSI 指标线，也就是说，目前沪深股市中 RSI 指标线是由三根曲线构成。

10.2.2 通过范例程序观察 RSI 的算法

下面以 600584（长电科技）股票为例，计算它从 2018 年 9 月 3 日开始的 6 日 RSI 指标，在表 10-2 中，列出了针对每个交易日收盘价的上涨和下跌情况。

表 10-2 计算 RSI 的中间过程表

序号	日期	当日收盘价	当日上涨值	当日下跌值
0	2018-9-3	15.09	0	0
1	2018-9-4	15.41	0.32	0
2	2018-9-5	15.04	0	0.37
3	2018-9-6	15.03	0	0.01
4	2018-9-7	14.78	0	0.25
5	2018-9-10	14.02	0	0.76
6	2018-9-11	14.13	0.11	0
7	2018-9-12	14.2	0.07	0

6 日 RSI 指标应该从 9 月 11 号开始算起，从该日向前推 6 个交易日，得到包括 9 月 11 日在内的 7 个收盘价，在此基础上计算。

步骤 01 从表 10-2 中可以看到，从 9 月 11 日算起（含本日），前 6 日收盘价上涨数值之和是 0.32 + 0.11 = 0.43，取平均值后是 0.43 除以 6，结果为 0.0717。

步骤 02 从 9 月 11 日算起，前 6 日收盘价下跌数值之和是 0.37 + 0.01 + 0.25 + 0.76 = 1.39，取平均值后是 0.2317。

步骤 03 RS = up 除以 down，即 0.0717 除以 0.2317，保留两位小数是 0.31。

步骤 04 RSI = 100 － 100 ÷（1+RS），结果是 23.66。

也就是说，9 月 11 日的 6 日 RSI 指标值是 23.66，而 9 月 12 日的 RSI 指标的算法如下。

步骤 01 从当日（9 月 12 日）算起，前 6 日收盘价上涨数值之和是 0.18，取平均值是 0.03。

步骤 02 从当日算起，前 6 日收盘价下跌数值之和是 1.39，取平均值是 0.2317。

步骤 03 RS = 0.03 除以 0.2317，保留两位小数是 0.13。

步骤 04 RSI = 100 － 100 ÷（1+RS），结果是 11.46。

10.2.3 把 Matplotlib 绘制的 RSI 图存为图片

在下面的 DrawRSI.py 范例程序中，将根据上述算法绘制 600584（长电科技）股票从 2018 年 9 月到 2019 年 5 月间的 6 日、12 日和 24 日的 RSI 指标。

本范例程序使用的数据来自 csv 文件，而该文件的数据来自网站的股票接口，相关内容可阅读之前的章节。在本范例程序中，还会把由 Matplotlib 生成的图形存储为 png 格式，以方便之后用邮件的形式发送。

```python
1   # !/usr/bin/env python
2   # coding=utf-8
3   import pandas as pd
4   import matplotlib.pyplot as plt
5   # 计算 RSI 的方法，输入参数 periodList 传入周期列表
6   def calRSI(df,periodList):
7       # 计算和上一个交易日收盘价的差值
8       df['diff'] = df["Close"]-df["Close"].shift(1)
9       df['diff'].fillna(0, inplace = True)
10      df['up'] = df['diff']
11      # 过滤掉小于 0 的值
12      df['up'][df['up']<0] = 0
13      df['down'] = df['diff']
14      # 过滤掉大于 0 的值
15      df['down'][df['down']>0] = 0
16      # 通过 for 循环，依次计算 periodList 中不同周期的 RSI 等值
17      for period in periodList:
18          df['upAvg'+str(period)] = df['up'].rolling(period).sum()/period
19          df['upAvg'+str(period)].fillna(0, inplace = True)
20          df['downAvg'+str(period)] =
    abs(df['down'].rolling(period).sum()/period)
```

```
21        df['downAvg'+str(period)].fillna(0, inplace = True)
22        df['RSI'+str(period)] = 100 - 100/((df['upAvg'+str(period)] /
   df['downAvg'+str(period)]+1))
23    return df
```

第 6 行定义了用于计算 RSI 值的 calRSI 方法，该方法第一个参数是包含日期收盘价等信息的
DataFrame 类型的 df 对象，第二个参数是周期列表。

在第 8 行中把本交易日和上一个交易日收盘价的差价存入了 'diff' 列表，这里是用 shift(1)来
获取 df 中上一行（即上一个交易日）的收盘价。由于第一行的 diff 值是 NaN，因此需要用第 9 行
的 fillna 方法把 NaN 值更新为 0。

在第 11 行中在 df 对象中创建了 up 列，该列的值暂时和 diff 值相同，有正有负，但马上就通
过第 12 行的 df['up'][df['up']<0] = 0 把 up 列中的负值设置成 0，这样一来，up 列中就只包含了"N
日内收盘价的涨数"。在第 13 行和第 15 行中，用同样的方法，在 df 对象中创建了 down 列，并
在其中存入了"N 日内收盘价的跌数"。

随后是通过第 17 行的 for 循环，遍历存储在 periodList 中的周期对象，其实是下面第 26 行的
代码，可以看到计算 RSI 的周期分别是 6 天、12 天和 24 天。

针对每个周期，先是在第 18 行算出了这个周期内收盘价涨数和的均值，并把这个均值存入 df
对象中的 'upAvg'+str(period) 列中，比如当前周期是 6，那么该涨数的均值是存入 df['upAvg6']列。
在第 20 行中算出该周期内的收盘价跌数的均值，并存入 'downAvg'+str(period) 列中。最后在第 22
行算出本周期内的 RSI 值，并放入 df 对象中的 'RSI'+str(period) 中。

```
24  filename='D:\\stockData\ch10\\6005842018-09-012019-05-31.csv'
25  df = pd.read_csv(filename,encoding='gbk')
26  list = [6,12,24]          # 周期列表
27  # 调用方法计算 RSI
28  stockDataFrame = calRSI(df,list)
29  # print(stockDataFrame)
30  # 开始绘图
31  plt.figure()
32  stockDataFrame['RSI6'].plot(color="blue",label='RSI6')
33  stockDataFrame['RSI12'].plot(color="green",label='RSI12')
34  stockDataFrame['RSI24'].plot(color="purple",label='RSI24')
35  plt.legend(loc='best')   #绘制图例
36  # 设置 x 轴坐标的标签和旋转角度
37  major_index=stockDataFrame.index[stockDataFrame.index%10==0]
38  major_xtics=stockDataFrame['Date'][stockDataFrame.index%10==0]
39  plt.xticks(major_index,major_xtics)
40  plt.setp(plt.gca().get_xticklabels(), rotation=30)
41  # 带网格线，且设置了网格样式
42  plt.grid(linestyle='-.')
43  plt.title("RSI 效果图")
44  plt.rcParams['font.sans-serif']=['SimHei']
45  plt.savefig('D:\\stockData\ch10\\6005842018-09-012019-05-31.png')
46  plt.show()
```

在第 25 行从指定 csv 文件中获取包含日期收盘价等信息的数据，并在第 26 行指定了三个计算
周期。在第 28 行调用了 calRSI 方法计算了三个周期的 RSI 值，并存入 stockDataFrame 对象，当前

第 29 行的输出语句是注释掉的，在取消注释后，即可查看计算后的结果值，其中包含 upAvg6、
downAvg6 和 RSI6 等列。

　　在得到 RSI 数据后，从第 31 行开始绘图，其中比较重要的步骤是第 32 行到第 34 行的程序代
码，调用 plot 方法绘制三根曲线，随后在第 35 行调用 legend 方法设置图例，执行第 37 行和第 38
行的程序代码设置 x 轴刻度的文字以及旋转效果，第 42 行的程序代码用于设置网格样式，第 43
的程序代码用于设置标题。

　　在第 46 行调用 show 方法绘图之前，执行第 45 行的程序代码调用 savefig 方法把图形保存到
了指定目录，请注意这条程序语句需要放在 show 方法之前，否则保存的图片就会是空的。

　　运行这个范例程序之后，即可看到如图 10-5 所示的 RSI 效果图。需要说明的是，由于本范例
程序在计算收盘价涨数和均值和收盘价跌数和均值时，用的是简单移动平均算法，因此绘制出来的
图形可能和一些股票软件中的不一致，不过趋势是相同的。另外，在指定的目录中可以看到该 RSI
效果图以 png 格式存储的图片。

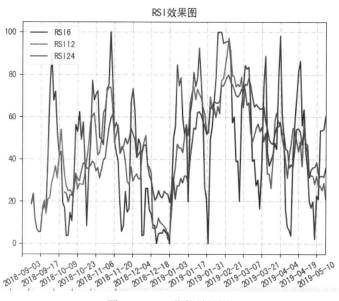

图 10-5　RSI 指标效果图

10.2.4　RSI 整合 K 线图后以邮件形式发送

　　在本节的 DrawKwithRSI.py 范例程序中将完成如下三个工作：

　　（1）计算 6 日、12 日和 24 日的 RSI 值。

　　（2）绘制 K 线、均线和 RSI 指标图，并把结果保存到 png 格式的图像文件中。

　　（3）发送邮件，并把 png 图片以富文本的格式显示在邮件正文中。

```python
1    # !/usr/bin/env python
2    # coding=utf-8
3    import pandas as pd
4    import matplotlib.pyplot as plt
```

```
5   from mpl_finance import candlestick2_ochl
6   from matplotlib.ticker import MultipleLocator
7   import smtplib
8   from email.mime.text import MIMEText
9   from email.mime.image import MIMEImage
10  from email.mime.multipart import MIMEMultipart
11  # 计算 RSI 的方法，输入参数 periodList 传入周期列表
12  def calRSI(df,periodList):
13      # 程序代码和 DrawRSI.py 范例程序中的程序代码一致，请参考本书提供下载的完整范例程序
```

从第 3 行到第 10 行的程序语句导入了相关的库文件，第 12 行定义的 calRSI 方法和本章前面与 RSI 相关的各范例程序中的 calRSI 方法完全一致，故略去不再重复说明了。

```
14  filename='D:\\stockData\ch10\\6005842018-09-012019-05-31.csv'
15  df = pd.read_csv(filename,encoding='gbk')
16  list = [6,12,24]            # 周期列表
17  # 调用方法计算 RSI
18  stockDataFrame = calRSI(df,list)
19  figure = plt.figure()
20  # 创建子图
21  (axPrice, axRSI) = figure.subplots(2, sharex=True)
22  # 调用方法，在 axPrice 子图中绘制 K 线图
23  candlestick2_ochl(ax = axPrice, opens=df["Open"].values,
    closes=df["Close"].values, highs=df["High"].values,
    lows=df["Low"].values,width=0.75, colorup='red', colordown='green')
24  axPrice.set_title("K 线图和均线图")    # 设置子图标题
25  stockDataFrame['Close'].rolling(window=3).mean().plot(ax=axPrice,
    color="red",label='3 日均线')
26  stockDataFrame['Close'].rolling(window=5).mean().plot(ax=axPrice,
    color="blue",label='5 日均线')
27  stockDataFrame['Close'].rolling(window=10).mean().plot(ax=axPrice,
    color="green",label='10 日均线')
28  axPrice.legend(loc='best')        # 绘制图例
29  axPrice.set_ylabel("价格（单位：元）")
30  axPrice.grid(linestyle='-.')      # 带网格线
31  # 在 axRSI 子图中绘制 RSI 图形
32  stockDataFrame['RSI6'].plot(ax=axRSI,color="blue",label='RSI6')
33  stockDataFrame['RSI12'].plot(ax=axRSI,color="green",label='RSI12')
34  stockDataFrame['RSI24'].plot(ax=axRSI,color="purple",label='RSI24')
35  plt.legend(loc='best') #绘制图例
36  plt.rcParams['font.sans-serif']=['SimHei']
37  axRSI.set_title("RSI 图")            # 设置子图的标题
38  axRSI.grid(linestyle='-.')          # 带网格线
39  # 设置 x 轴坐标的标签和旋转角度
40  major_index=stockDataFrame.index[stockDataFrame.index%7==0]
41  major_xtics=stockDataFrame['Date'][stockDataFrame.index%7==0]
42  plt.xticks(major_index,major_xtics)
43  plt.setp(plt.gca().get_xticklabels(), rotation=30)
44  plt.savefig('D:\\stockData\ch10\\600584RSI.png')
```

在第 18 行中通过调用 calRSI 方法得到了三个周期的 RSI 数据。在第 21 行设置了 axPrice 和

axRSI 这两个子图共享的 x 轴标签，在第 23 行中绘制了 K 线图，从第 25 行到第 27 行绘制了 3 日、5 日和 10 日的均线，从第 32 行到第 34 行绘制了 6 日、12 日和 24 日的三根 RSI 指标图。在第 44 行通过调用 savefig 方法把包含 K 线、均线和 RSI 指标线的图形存储到指定目录中。

```
45    # 发送邮件
46    def sendMail(username,pwd,from_addr,to_addr,msg):
47        # 和之前 sendMailWithPicAttachment.py 范例程序中的一致，请参考本书提供下载的完整范
          例程序
48    def buildMail(HTMLContent,subject,showFrom,showTo,attachfolder,
      attachFileName):
49        message = MIMEMultipart()
50        body = MIMEText(HTMLContent, 'html', 'utf-8')
51        message.attach(body)
52        message['Subject'] = subject
53        message['From'] = showFrom
54        message['To'] = showTo
55        imageFile = MIMEImage(open(attachfolder+attachFileName, 'rb').read())
56        imageFile.add_header('Content-ID', attachFileName)
57        imageFile['Content-Disposition'] =
      'attachment;filename="'+attachFileName+'"'
58        message.attach(imageFile)
59        return message
```

第 46 行定义的 sendMail 方法和本章之前各范例程序中的 sendMail 方法完全一致，故略去不再重复说明了。本范例程序与本章之前范例程序的不同之处是，在第 48 行中专门定义了 buildMail 方法，用来组装邮件对象，邮件的诸多元素由该方法的参数所定义。具体而言，在第 49 行中定义的邮件类型是 MIMEMultipart，也就是说对于带附件的邮件，在第 50 行和第 51 行中根据参数 HTMLContent 构建了邮件的正文，从第 52 行到第 54 行的程序语句设置了邮件的相关属性值，从第 55 行到第 57 行的程序语句根据输入参数构建了 MIMEImage 类型的图片类附件，在第 58 行中通过调用 attach 方法把附件并入邮件正文。

```
60    subject='RSI 效果图'
61    attachfolder='D:\\stockData\\ch10\\'
62    attachFileName='600584RSI.png'
63    HTMLContent = '<html><head></head><body>'\
64     '<img src="cid:'+attachFileName+'"/>'\
65     '</body></html>'
66    message = buildMail(HTMLContent,subject,'hsm_computer@163.com',
      'hsm_computer@163.com',attachfolder,attachFileName)
67    sendMail('hsm_computer','xxx','hsm_computer@163.com',
      'hsm_computer@163.com',message.as_string())
68    # 最后再绘制
69    plt.show()
```

从第 60 行到第 66 行的程序语句设置了邮件的相关属性值，并在第 66 行中通过调用 buildMail 方法创建了邮件对象 message，在第 67 行中通过调用 sendMail 方法发送邮件，最后在第 69 行通过 show 方法绘制了图形。本范例程序中的 3 个细节需要注意。

（1）第 64 行 cid 的值需要和第 56 行的 Content-ID 值一致，否则图片只能以附件的形式发送，

而无法在邮件正文内以富文本的格式显示。

（2）先构建并发送邮件，再通过第 69 行的代码绘制图形，如果次序颠倒，先绘制图形后发送邮件的话，那么 show 方法被调用后程序会阻塞在这个位置，无法继续执行。要等到手动关掉由 show 方法弹出的窗口后，才会触发 sendMail 方法发送邮件。

（3）在本范例程序的第 48 行，专门封装了用于构建邮件对象的 buildMail 方法，在该方法中通过参数动态地构建邮件，如此以来，如果要发送其他邮件，则可以调用该方法，从而可以提升代码的重用性。

运行这个范例程序之后，即可在弹出的窗口中看到 K 线、均线和 RSI 指标图整合后的效果图，而且可以在邮件的正文内看到相同的图，如图 10-6 所示。

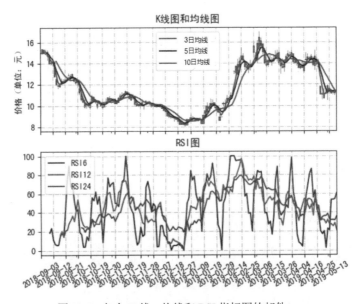

图 10-6　包含 K 线、均线和 RSI 指标图的邮件

10.3　以邮件的形式发送基于 RSI 指标的买卖点

本节会讲述基于 RSI 指标的常用买卖交易策略，并通过 Python 程序实现并验证相关策略。本节给出的买卖点日期将通过邮件的形式发出。

10.3.1　RSI 指标对买卖点的指导意义

一般来说，6 日、12 日和 24 日的 RSI 指标分别称为短期、中期和长期指标。和 KDJ 指标一样，RSI 指标也有超买区和超卖区。

具体而言，当 RSI 值在 50 到 70 之间波动时，表示当前属于强势状态，如继续上升，超过 80 时，则进入超买区，极可能在短期内转升为跌。反之 RSI 值在 20 到 50 之间时，说明当前市场处于相对弱势，如下降到 20 以下，则进入超卖区，股价可能出现反弹。

在讲述 RSI 交易策略之前，先来讲述一下在实际操作中总结出来的 RSI 指标的缺陷。

（1）周期较短（比如 6 日）的 RSI 指标比较灵敏，但快速震荡的次数较多，可靠性相对差些，而周期较长（比如 24 日）的 RSI 指标可靠性强，但灵敏度不够，经常会"滞后"的情况。

（2）当数值在 40 到 60 之间波动时，往往参考价值不大，具体而言，当数值向上突破 50 临界点时，表示股价已转强，反之向下跌破 50 时则表示转弱。不过在实践过程中，经常会出现 RSI 跌破 50 后股价却不下跌，以及突破 50 后股价不涨。

综合 RSI 算法、相关理论以及缺陷，下面再来讲述一下实际操作中常用的基于该指标的买卖策略。

（1）RSI 短期指标（6 日）在 20 以下超卖区与中长期 RSI（12 日或 24 日）发生黄金交叉，即 6 日线上穿 12 日或 24 日线，则说明即将发生反弹行情，如果参照其他技术指标或政策面等方面没有太大问题的话，可以适当买进。

（2）反之，RSI 短期指标（6 日）在 80 以上超买区与中长期 RSI（12 日或 24 日）发生死亡交叉，即 6 日线下穿 12 日或 24 日线，则说明可能会出现高位反转的情况，如果没有其他利好消息等，可以考虑卖出。

10.3.2　基于 RSI 指标计算买点并以邮件的形式发出

根据 10.3.1 小节的描述，本节采用的基于 RSI 的买点策略是，RSI6 日线在 20 以下与中长期 RSI（12 日或 24 日）发生了黄金交叉。

在下面的 calRSIBuyPoints.py 范例程序中，据此策略计算 600584（长电科技）从 2018 年 9 月到 2019 年 5 月间的买点，并通过邮件发送买点日期。

```python
# !/usr/bin/env python
# coding=utf-8
import pandas as pd
import smtplib
from email.mime.text import MIMEText
from email.mime.image import MIMEImage
from email.mime.multipart import MIMEMultipart
# 计算 RSI 的方法，输入参数 periodList 传入周期列表
def calRSI(df,periodList):
    # 和 DrawRSI.py 范例程序中的一致，省略相关代码，请参考本书提供下载的完整范例程序
```

```
11        return df
12  filename='D:\\stockData\ch10\\6005842018-09-012019-05-31.csv'
13  df = pd.read_csv(filename,encoding='gbk')
14  list = [6,12,24]              # 周期列表
15  # 调用方法计算 RSI
16  stockDataFrame = calRSI(df,list)
```

从第 3 行到第 7 行的程序语句通过 import 语句导入了相关库，第 9 行定义的 calRSI 方法和本章之前各范例程序中的 calRSI 方法一致，故略去不再说明了。在第 13 行通过读取 csv 文件得到了包括开盘价、收盘价、日期等的股票交易数据，在第 16 行调用 calRSI 方法后，stockDataFrame 对象中除了包含从 csv 文件中读取的股票数据外，还包含了 RSI6、RSI12 和 RSI24 的相关数据。

```
17  cnt=0
18  buyDate=''
19  while cnt<=len(stockDataFrame)-1:
20      if(cnt>=30):# 前几天有误差，从第 30 天算起
21          try:
22              # 规则 1：这天 RSI 6 的值低于 20
23              if stockDataFrame.iloc[cnt]['RSI6']<20:
24                  # 规则 2.1：当天 RSI6 上穿 RSI12
25                  if stockDataFrame.iloc[cnt]['RSI6']>stockDataFrame.
    iloc[cnt]['RSI12'] and stockDataFrame.iloc[cnt-1]['RSI6']<stockDataFrame.
    iloc[cnt-1]['RSI12']:
26                      buyDate = buyDate+stockDataFrame.iloc[cnt]['Date'] + ','
27                  # 规则 2.2：当天 RSI6 上穿 RSI24
28                  if stockDataFrame.iloc[cnt]['RSI6']>stockDataFrame.
    iloc[cnt] ['RSI24'] and stockDataFrame.iloc[cnt-1]['RSI6'] < stockDataFrame.
    iloc[cnt-1] ['RSI24']:
29                      buyDate = buyDate+stockDataFrame.iloc[cnt]['Date'] + ','
30                  except:
31              pass
32      cnt=cnt+1
33  print(buyDate)
```

在第 19 行的 while 循环中，按交易日逐天遍历了 stockDataFrame 对象，由于存在误差，因此过滤掉了前 30 个交易日的数据。

在第 22 行的 if 语句中，制定了第一个规则，即当天 RSI6 的值小于 20，在满足这个条件的前提下，再尝试第 25 行和第 29 行的 if 条件。

在第 25 行中制定的过滤规则是当天 RSI6 的值上穿 RSI12 形成金叉，即当日 RSI6 大于 RSI12，前一个交易日 RSI6 小于 RSI12。在第 28 行制定的过滤规则是当日 RSI6 上穿 RSI24 形成金叉。注意，第 25 行和第 28 的 if 条件属于"或"的关系。

本轮次的 while 循环结束后，通过第 33 行的打印语句，就能看到保存在 buyDate 对象中的买点日期。

```
34  def sendMail(username,pwd,from_addr,to_addr,msg):
35      # 和之前 DrawKwithRSI.py 范例程序中的一致，请参考本书提供下载的完整范例程序
36  def buildMail(HTMLContent,subject,showFrom,showTo,attachfolder,
    attachFileName):
```

```
37    # 和之前 DrawKwithRSI.py 范例程序中的一致，请参考本书提供下载的完整范例程序
38    subject='RSI 买点分析'
39    attachfolder='D:\\stockData\\ch10\\'
40    attachFileName='600584RSI.png'
41    HTMLContent = '<html><head></head><body>'\
42    '买点日期' + buyDate + \
43    '<img src="cid:'+attachFileName+'"/>'\
44    '</body></html>'
45    message = buildMail(HTMLContent,subject,'hsm_computer@163.com',
      'hsm_computer@163.com',attachfolder,attachFileName)
46    sendMail('hsm_computer','xxx','hsm_computer@163.com',
      'hsm_computer@163.com',message.as_string())
```

在第 34 行中定义了封装发邮件功能的 sendMail 方法，在第 36 行中定义了封装构建邮件功能的 buildMail 方法，这两个方法和本章前面各范例程序中的同名方法完全一致，因此不再重复说明。

从第 41 行到第 44 行程序语句中的 HTMLContent 对象里定义了邮件的正文，其中通过第 42 行的程序代码在正文内引入了买点日期，在第 43 行引入了这个时间范围内的 K 线、均线和 RSI 指标图。最后通过第 46 行的程序代码调用 sendMail 方法发送邮件。

运行这个范例程序之后，即可收到如图 10-7 所示的邮件，在其中就能看到买点日期和指标图。

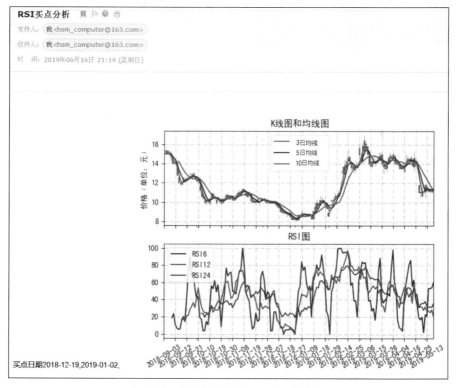

图 10-7　包含 RSI 买点和指标图的邮件

从执行结果可知，得到的买点日期是 2018-12-19 和 2019-01-02，其中，在 2018-12-19 之后的交易日里，股价有上涨，但涨幅不大，不过至少有出货的机会，而在 2019-01-02 之后的若干交易日内，股价有显著上涨。

10.3.3　基于 RSI 指标计算卖点并以邮件的形式发出

在下面基于 RSI 指标计算卖点的 calRSISellPoints.py 范例程序中，采用的策略是，RSI6 日线在 80 以上与中长期 RSI（12 日或 24 日）发生死叉，用于分析的股票依然是 600584（长电科技），时间段依然是 2018 年 9 月到 2019 年 5 月之间，计算出的卖点日期也是通过邮件发送。

```
1    # !/usr/bin/env python
2    # coding=utf-8
3    import pandas as pd
4    import smtplib
5    from email.mime.text import MIMEText
6    from email.mime.image import MIMEImage
7    from email.mime.multipart import MIMEMultipart
8    # 计算 RSI 的方法，输入参数 periodList 传入周期列表
9    def calRSI(df,periodList):
10       # 和 DrawRSI.py 范例程序中的一致，省略相关代码，请参考本书提供下载的完整范例程序
11   filename='D:\\stockData\ch10\\6005842018-09-012019-05-31.csv'
12   df = pd.read_csv(filename,encoding='gbk')
13   list = [6,12,24]          # 周期列表
14   # 调用方法计算 RSI
15   stockDataFrame = calRSI(df,list)
```

在第 15 行中通过调用 calRSI 方法计算 RSI 指标值，这部分程序代码和 10.3.2 小节的 calRSIBuyPoints.py 范例程序中的相关代码非常相似，故而不再重复说明了。

```
16   cnt=0
17   sellDate=''
18   while cnt<=len(stockDataFrame)-1:
19       if(cnt>=30):        # 前几天有误差，从第 30 天算起
20           try:
21               # 规则 1: 这天 RSI6 高于 80
22               if stockDataFrame.iloc[cnt]['RSI6']<80:
23                   # 规则 2.1: 当天 RSI6 下穿 RSI12
24                   if  stockDataFrame.iloc[cnt]['RSI6']<stockDataFrame. iloc[cnt]
['RSI12'] and stockDataFrame.iloc [cnt-1]['RSI6']>stockDataFrame.iloc[cnt-1]
['RSI12']:
25                       sellDate = sellDate+stockDataFrame.iloc[cnt]['Date'] + ','
26                   # 规则 2.2: 当天 RSI6 下穿 RSI24
27                   if  stockDataFrame.iloc[cnt]['RSI6']<stockDataFrame. iloc[cnt]
['RSI24'] and stockDataFrame.iloc[cnt-1] ['RSI6']>stockDataFrame.iloc[cnt-1]
['RSI24']:
28                       if sellDate.index(stockDataFrame.iloc[cnt]['Date']) == -1:
29                           sellDate = sellDate+stockDataFrame.iloc[cnt]['Date'] + ','
30           except:
31               pass
32       cnt=cnt+1
33   print(sellDate)
```

在第 18 行到第 32 行的 while 循环中，计算了基于 RSI 的卖点，在第 22 行的程序语句中制定了第一个规则：RSI6 数值大于 80。第 23 行和第 27 行的程序语句是在规则 1 的基础上制定了两个并行的子规则。通过这些程序代码，在 sellDate 对象中就存储了 RSI6 大于 80 并且 RSI6 下穿 RSI12（或 RSI24）的那个交易日，这些交易日即为卖点。

```
34  def sendMail(username,pwd,from_addr,to_addr,msg):
35      # 和之前 calRSIBuyPoints.py 范例程序中的完全一致，请参考本书提供下载的完整范例程序
36  def buildMail(HTMLContent,subject,showFrom,showTo,attachfolder,
    attachFileName):
37      # 和之前 calRSIBuyPoints.py 范例程序中的完全一致，请参考本书提供下载的完整范例程序
38  subject='RSI 卖点分析'
39  attachfolder='D:\\stockData\\ch10\\'
40  attachFileName='600584RSI.png'
41  HTMLContent = '<html><head></head><body>'\
42  '卖点日期' + sellDate + \
43  '<img src="cid:'+attachFileName+'"/>'\
44  '</body></html>'
45  message = buildMail(HTMLContent,subject,'hsm_computer@163.com',
    'hsm_computer@163.com',attachfolder,attachFileName)
46  sendMail('hsm_computer','xxx','hsm_computer@163.com',
    'hsm_computer@163.com',message.as_string())
```

第 34 行和第 36 行中的两个用于发送邮件和构建邮件的方法与本章前面的各范例程序中同名的方法完全一致，故略去不再额外说明了。

在第 38 行中定义的邮件标题是"RSI 卖点分析"，在第 41 行定义的描述正文的 HTMLContent 对象中存放的也是"卖点日期"，最终是在第 46 行调用 sendMail 方法通过邮件发送出去。

运行这个范例程序之后，即可看到如图 10-8 所示的邮件，其中包括了卖点日期和指标图。本范例计算得出的卖点日期比较多，经分析，这些日期之后，股价多有下跌的情况。

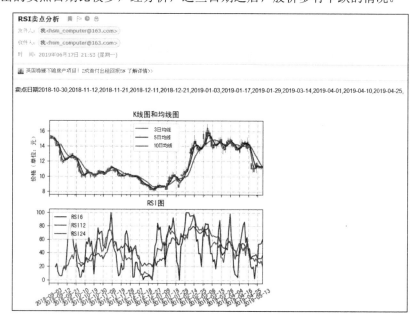

图 10-8　包含 RSI 卖点和指标图的邮件

10.4　本章小结

在本章的开始部分，讲述了通过 Python 的 smtplib 和 email 库发送纯文本和 HTML 格式邮件的用法，在此基础上还讲述了发送附件以及在邮件正文内引入图片的技巧。

之后讲述了 RSI 指标的原理和计算方法，以及如何在邮件正文内以图片的形式引入了 K 线、均线和 RSI 指标图，并通过范例程序示范了 Python 邮件编程的相关技巧。

在介绍完 RSI 的算法和绘制方法之后，照例讲述了验证基于 RSI 指标买点和卖点的方式，最后通过邮件发送基于 RSI 指标的买点和卖点日期。

第**11**章

用 BIAS 范例讲述 Django 框架

在开发网站时，应当更关注于网站的功能，而不应当过多关注"网页底层功能的实现"。比如开发显示股票指标的网站，需要更关注"显示哪些指标"之类的功能，而对于"HTTP 服务器支持页面的方式"以及"HTTP 页面间跳转方式"等细节，由于与网站的功能无关，则无需过多关注。

Django 框架能很好地屏蔽掉 HTTP 底层的细节，从而让开发者能集中精力开发必要的功能。更为方便的是，通过 Django 框架提供的工具，能方便地搭建一个"原型"网站，开发者就能在此基础上方便地添加各种功能，从而构建一个属于自己的网站，比如本章将在基于 Django 的原型网站上开发实现股票 BIAS 指标的范例程序。

11.1　基于 WSGI 规范的 Web 编程

没有对比，就无法感受到 Web 框架的优势，所以在介绍 Django 框架之前，先来看一下基于 WSGI 规则的 Web 编程方式。从中可以感受到，在基于 WSGI 规范的 Web 开发中，开发者还需要关注"页面交互细节"这类无法直接产生经济价值的 HTTP 底层实现。

11.1.1　基于 WSGI 规范的 Python Web 代码

WSGI 是 Web Server Gateway Interface 的缩写，中文含义是服务器网关接口。它是一个规范，通过该规范，Python 应用程序（或之后提到的框架）可以在 HTTP 服务器（HTTP Server）上运行。

下面通过 startWSGIServer.py 范例程序，来演示一下基于 WSGI 规范开发的 Web 项目的常规方式。

```
1    # !/usr/bin/env python
2    # coding=utf-8
```

```
3    from wsgiref.simple_server import make_server
4    def myWebApp(environ, response):
5        response('200 OK', [('Content-Type', 'text/html')])
6        return ['Web Page Created by WSGI.'.encode(encoding='utf_8')]
7
8    # 创建一个服务器，端口是 8080，用于处理的方法是 myWebApp
9    httpd = make_server('localhost', 8080, myWebApp)
10   print("Starting HTTP Server on 8080...")
11   # 监听 HTTP 请求，如果有请求，则调用 myWebApp 方法进行处理
12   httpd.serve_forever()
```

在第 9 行中创建了一个 HTTP 服务器，它运行在本地 localhost，监听端口是 8080，在第 12 行中通过调用 serve_forever 方法启动了这个服务器，此后一旦有请求发往 localhost 的 8080 端口，则会如第 9 行程序语句所设置的，调用在第 4 行定义的 myWebApp 方法来处理 HTTP 请求。

再来看一下第 4 行定义的处理 HTTP 请求的 myWebApp 方法，首先是在第 5 行返回 200 状态码，表示请求成功，随后在第 6 行返回一段文字。请注意，由于是在 Python 3 环境中开发，因此第 6 行返回的文字还需要调用 encode 方法转换成 byte 数组格式，否则会提示异常。

运行这个范例程序，随后在浏览器中输入 http://localhost:8080 就能看到如图 11-1 所示的画面，这说明，向 localhost 服务器 8080 端口发出的请求经 myWebApp 方法处理后，成功地返回了 200 状态码和一段文字。

图 11-1　简单的基于 WSGI Web 程序的运行结果

11.1.2　再加入处理 GET 请求的功能

11.1.1 小节的范例程序过于简单，读者无法体会到 WSGI 开发的复杂度，在下面的 startWSGIServerWithGet.py 范例程序中，加入了处理 GET 请求的功能，可以从中体会基于 WSGI 处理稍微复杂一点的 HTTP 请求的难度。

```
1    # !/usr/bin/env python
2    # coding=utf-8
3    from wsgiref.simple_server import make_server
4    def myWebApp(environ, response):
5        response('200 OK', [('Content-Type', 'text/html')])
6        method = environ['REQUEST_METHOD']
7        param = environ['PATH_INFO'][1:]
8        if method=='GET':
9            body='WSGI Get Demo!' + param
10       return [body.encode(encoding='utf_8')]
11
12   httpd = make_server('localhost', 8080, myWebApp)
13   print("Starting HTTP Server on 8080...")
14   httpd.serve_forever()
```

和 11.1.2 小节的 startWSGIServer.py 范例程序相比，本范例程序修改了处理 HTTP 请求的 myWebApp 方法。在这个方法的第 6 行，通过 environ['REQUEST_METHOD']属性得到了 HTTP 请求的方式，在第 7 行则通过 environ['PATH_INFO'][1:]得到了基于 GET 请求的参数。

在第 8 行的 if 条件判断语句中，HTTP 请求如果是 GET 格式，则在 body 字符串中加入 param 参数。启动本范例程序之后，如果在浏览器中输入 http://localhost:8080/Hello 就能看到如图 11-2 所示的结果。

图 11-2　WSGI 处理 GET 请求的结果

从 HTTP 服务的角度来看，http://localhost:8080/Hello 是基于 GET 的请求，而 Hello 则是参数，所以在 startWSGIServerWithGet.py 范例程序的第 7 行中，param 变量其实被赋值为"Hello"。

从这个范例程序的执行就能看到基于 WSGI 规范处理 GET 请求的步骤，首先要获取请求类型（比如 GET），然后再获取参数，随后再根据请求类型（有可能再根据请求参数），用不同的 if...else 流程来处理。

如果在某个程序项目中，需要用 GET 类型的参数区分"订单""会员"和"商品查询"等不同种类的请求，并根据请求执行不同的操作，那么就不得不通过多个 if...else 语句来分别处理，如果再加上 POST 类的 HTTP 请求，那么用于处理的程序代码将会变得非常复杂，非常不利于项目的维护。对此，有必要在 Web 开发中引入框架。

11.2　通过 Django 框架开发 Web 项目

在 Python 语言体系中，有多种不同的 Web 框架，Django 是其中比较流行的一种。通过 Django 框架，可以方便地创建基于 MVC 的空白 Web 项目。

由于这个空白的 Web 项目已经很好地封装了页面跳转等底层实现的细节，因此开发者可以在此基础上添加实现业务功能的具体程序代码，从而较为方便地构建实现具体功能的 Web 应用程序。

11.2.1　安装 Django 组件

可以用本书前面介绍过的 pip 命令安装 Django 框架组件，具体步骤是：到包含有 pip 命令的目录中，运行 pip install django 命令，假如本机的 pip 命令在 D:\Python34\Scripts 目录中，就先通过 cmd 命令进入到"命令提示符"窗口，再进入到此目录中，在其中运行 pip install django 命令。

上述命令运行后，会根据本机的 Python 版本安装对应的版本，安装成功后，在"命令提示符"窗口中能看到提示性文字，还可以通过运行如下的 djangoDemo.py 程序来确认安装是否成功。

```
1    # !/usr/bin/env python
2    import django
```

```
3    print(django.get_version())
```

其中在第 2 行导入了 Django 库，在第 3 行输出了 Django 的版本号，如果安装成功，那么运行这段程序时不会报错，而且会输出版本号。

11.2.2　创建并运行 Django

成功安装 Django 后，在 pip 所在的目录（本机是 D:\Python34\Scripts）就能看到 django-admin.exe 等 Django 相关的程序，在该目录中运行 django-admin startproject MyDjangoApp 命令，就能在当前目录创建名为 MyDjangoApp 的空白项目。

创建完成后，在 MyDjangoApp 目录中，能看到若干文件，这些文件的作用如表 11-1 所示，其中项目名为 MyDjangoApp。

表 11-1　Django 项目中各文件及其作用一览表

文件名	作用
~/ manage.py	包含同该 Django 项目进行交互的命令行工具
~/项目名/ __init__.py	空文件，说明该目录是一个 Python 包
~/项目名/settings.py	在该文件中能设置当前项目的配置
~/项目名/urls.py	在该文件中能设置当前项目的 HTTP 映射关系
~/项目名/wsgi.py	基于 WSGI 规范的当前项目的运行入口

在 wsgi.py 文件中，可以看到如下的代码，这说明 Django 框架的底层实现也是基于 WSGI 的。虽然如此，由于对 WSGI 进行了封装，在使用 Django 开发时，感知不到 WSGI 规范的存在，因此也不用过多地考虑基于 WSGI 规范的跳转细节。

```
application = get_wsgi_application()
```

创建完 Django 项目之后，可以把包含在 MyDjangoApp 目录中的文件复制到 Eclipse 工具中，以方便后续的开发和代码管理。具体步骤是，首先在 Eclipse 中创建名为 MyDjangoApp 的 PyDev 项目，请注意这里的项目名必须和之前通过 django-admin 命令创建的项目名保持一致。随后，把项目目录中的 manage.py 等文件复制到 Eclipse 中 MyDjangoApp 项目中的 src 目录下，对应的文件目录层次关系如图 11-3 所示。

图 11-3　Django 文件的目录层次关系图

创建好上述项目后，就可以通过如下的步骤运行这个空白的 Django 项目。

步骤 01　用鼠标选中 manage.py 文件，单击鼠标右键，在弹出的快捷菜单中依次选择"Run As"→"Run Configurations"，如图 11-4 所示。

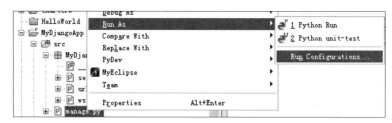

图 11-4　选中文件再单击鼠标右键，而后依次选择菜单项

步骤 02　在弹出的如图 11-5 所示的窗口中，切换到"Arguments"选项卡，在"Program arguments"文本框中输入 "runserver localhost:8080"，再单击 "Apply" 按钮保存上述修改，最后单击 "Run"按钮启动程序。

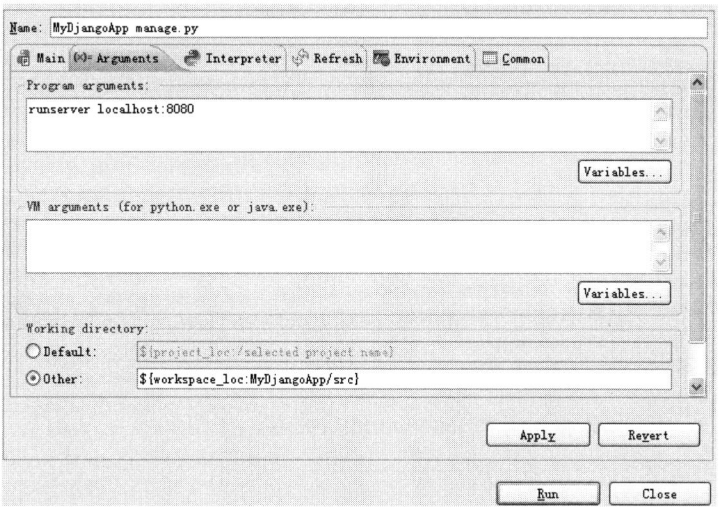

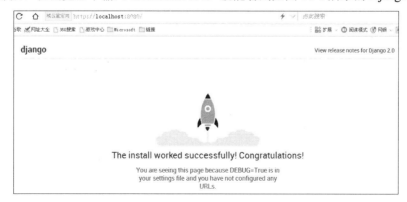

图 11-5　设置启动参数

在上述步骤中，设置了 manage.py 程序的启动参数，它的效果等价于如下的命令，其作用是，在 localhost 的 8080 端口启动了基于 Django 框架的 Web 程序。

```
python manage.py runserver localhost:8080
```

启动程序后，在浏览器中输入 localhost:8080，就能看到如图 11-6 所示的 Django 默认页面。

图 11-6　Django 默认的页面

在表 11-1 中可以看到 urls.py 文件中包含了映射规则，在其中可以加入自己定义的规则，修改后的 urls.py 文件如下所示。

```
1  from django.contrib import admin
2  from django.urls import path
3  from . import view
4
5  urlpatterns = [
6      path('admin/', admin.site.urls),
7      path('helloworld/', view.myView),
8  ]
```

第 7 行的代码是新加的，这说明 helloworld 内容的请求会被 view.py 中的 myView 方法处理过。到与 urls.py 文件平行的目录中创建 view.py 文件，在其中写入如下的代码。

```
1  from django.http import HttpResponse
2  def myView(request):
3      return HttpResponse("Hello world!")
```

在第 2 行定义的 myView 处理方法中，返回如第 3 行所示的"Hello world!"文字。

修改完 urls.py 并添加 view.py 文件后，再次启动 manage.py 程序，同样带上 runserver localhost:8080 参数。此时，如果在浏览器中输入 http://localhost:8080/helloworld/，该请求包含了"helloworld"参数，所以会命中如下的 url 映射规则，从而被 view.py 文件中的 myView 方法处理。

```
path('helloworld/', view.myView),
```

运行结果是，在浏览器中能看到"Hello world!"文字，如图 11-7 所示。

图 11-7　自定义映射规则后的运行结果

11.2.3　从 Form 表单入手扩展 Django 框架

在 Web 项目中，离不开 Form 表单（也称为窗体），因为它是发送 GET 和 POST 等 HTTP 请求的最常用元素。在本节中，将在上述 MyDjangoApp 项目的基础上，通过增加实现登录功能的 Form 表单来演示在 Django 框架中实现基于 MVC 请求的技巧。

步骤01　在与 url.py 同级的目录中，新建一个名为 templates 的目录，在其中存放 html 格式的网页文件，同时，在 Django 框架中的 settings.py 文件里，通过如下的代码使 Django 框架认可这个目录，这样 Django 就会到这个目录中查找指定的 html 文件。

```
1  TEMPLATES = [
2      {
3          …
4          'DIRS': ['MyDjangoApp/templates'],
5          …
```

```
6                },
7             },
```

修改了第 4 行的 DIRS 属性，在其中添加了刚才新建的 templates 目录，否则的话，系统会报"无法找到对应 html 文件"之类的错误。

步骤 02　在 templates 目录中，新建两个 html 文件，分别是 login.html 和 welcome.html，其中显示登录页面的 login.html 代码如下。

```
1   <html>
2   <head>
3   <title>django login</title>
4   </head>
5   <body>
6       <form name="loginForm" action="/loginAction/" method="POST">
7          {% csrf_token %}
8          <table>
9             <tr>
10                <td>UserName:</td>
11                <td><input type="text" name="username" id="username" /></td>
12             </tr>
13             <tr>
14                <td>Password</td>
15                <td><input type="password" name="password" id="password"
    /></td>
16             </tr>
17             <tr>
18                <td colospan="2" align="center">
19     <input type="submit" name="logon" value="Login" />  
20                <input type="reset" name="reset" value="Reset" />
21                </td>
22             </tr>
23          </table>
24       </form>
25   </body>
26   </html>
```

在第 6 行定义的 form 中，包含了 username 和 password 这两个文本框，一旦用鼠标单击了第 19 行定义的 Login 按钮，则会按照第 6 行 action 的定义，以 POST 的形式发出 /loginAction/ 跳转请求。

请注意，在 Django 框架的 form 中，需要加上如第 7 行所定义的 {% csrf_token %}，否则跳转时会报错。而显示欢迎页面的 welcome.html 页面相对简单，代码如下。

```
1   <html>
2   <body>
3     Welcome,{{ username }}
4   </body>
5   </html>
```

这里的关键语句是在第 3 行显示 Welcome 等文字，其中{{ username }}表示从其他页面中传来的 username 参数。

步骤 **03** 在 urls.py 中，定义各种跳转操作，代码如下。

```
1   from django.contrib import admin
2   from django.urls import path
3   from django.conf.urls import url
4   from . import login
5   urlpatterns = [
6       path('admin/', admin.site.urls),
7       url('^login/$', login.enterLoginPage),
8       url('^loginAction/$', login.loginAction)
9   ]
```

其中新加的是第 7 行和第 8 行语句，在第 7 行中定义了一旦有 login/的请求，则交由 login.py 文件中的 enterLoginPage 方法去处理，如果有 loginAction/的请求，则由 login.py 文件中的 loginAction 方法去处理。

步骤 **04** 定义具体处理跳转请求的 login.py，代码如下。

```
1   from django.shortcuts import render
2   def enterLoginPage(request):
3       return render(request, 'login.html')
4
5   def loginAction(request):
6       username = request.POST.get('username')
7       password = request.POST.get('password')
8       if username == 'Django' and password == 'Python':
9           return render(request, 'welcome.html', {
10              'username': username
11          })
12      else:
13          return render(request, 'login.html')
```

根据 urls.py 的定义，第 2 行定义的 enterLoginPage 方法用于处理 login/格式的请求，在其中的语句就是直接跳转到 login.html 页面。

而第 5 行定义的 loginAction 方法用于处理 loginAction/格式的请求，在其中的第 6 行和第 7 行语句，先获取到以 POST 格式传来的 username 和 password 参数，在第 8 行是通过了简单的 if 语句来进行身份验证，如果通过，则执行第 9 行的程序代码，携带 username 参数跳转到 welcome.html 页面，否则执行第 13 行的代码返回到 login.html 页面。

由于之前在 settings.py 的 TEMPLATES 中设置了 DIRS 路径，因此 login.html 和 welcome.html 这两个文件虽然和 login.py 不在同一个目录中，但 Django 系统会到 DIRS 路径中去找。如果没有事先设置，就会报错。

11.2.4　运行范例程序了解基于 MVC 的调用模式

如果按照 11.2.3 小节说明的过程编写完基于 Django 框架的"登录"代码后，参照 11.2.2 小节讲述的方式，携带 runserver localhost:8080 参数运行 manage.py，在本地的 8080 端口监听 HTTP 请求。

随后在浏览器中输入 http://localhost:8080/login/，根据 urls.py 中的定义，该请求会由 login.py 的 enterLoginPage 方法去处理，而该方法会跳转到 login.html 页面，因此会看到如图 11-8 所示的登录页面。

图 11-8　基于 Django 框架的登录页面

在其中输入用户名：Django，密码：Python，再单击"Login"按钮，该页面所在的 Form 表单会以 POST 的格式，把请求发送到/loginAction/，如 urls.py 定义，该请求会由 login.py 的 loginAction 方法去处理。

如果用户名和密码正确，则会携带 username 参数跳转到 welcome.html 页面，如图 11-9 所示。如果用户名和密码不正确，也会由 loginAction 方法处理，但会跳转回 login.html 登录页面。

```
< > C ⌂ 域名重定向 http://localhost:8080/loginAction/
▷  ☆收藏 ∨  📄谷歌 📄网址大全 📄360搜索 📄游戏中心 ▪Microsoft 📄链接

Welcome,Django
```

图 11-9　通过身份验证后的欢迎页面

在 login.html 文件中，需要加入{% csrf_token %}代码，这是为了防止 CSRF 攻击，从而提升安全性。只要在 Django 框架中使用 form 表单，则都需要加入这段代码。

如果把这段代码去掉，重新运行 manage.py，再次通过 http://localhost:8080/login/进入登录页面，在输入 UserName 和 Password 并单击"Login"按钮后，则会看到如图 11-10 所示的出错页面。

```
Forbidden (403)

CSRF verification failed. Request aborted.

Help

Reason given for failure:
    CSRF token missing or incorrect.

In general, this can occur when there is a genuine Cross Site Request Forgery, or when Django's CSRF mechani
    • Your browser is accepting cookies.
    • The view function passes a request to the template's render method.
    • In the template, there is a {% csrf_token %} template tag inside each POST form that targets an interna
    • If you are not using CsrfViewMiddleware, then you must use csrf_protect on any views that use the csrf_tok
    • The form has a valid CSRF token. After logging in in another browser tab or hitting the back button
      because the token is rotated after a login.

You're seeing the help section of this page because you have DEBUG = True in your Django settings file. Change
You can customize this page using the CSRF_FAILURE_VIEW setting.
```

图 11-10　去掉{% csrf_token %}代码后的错误提示页面

从上述运行流程中，可以看到 Django 框架里基于 MVC 的运行流程。

Django 框架能容纳 html 等 Web 页面来提供视图（View）的功能，而在 urls.py 中定义的跳转代码则承担了控制器（Control）的功能，也就是可以把视图端的请求转发到对应的处理方法中，而提供业务功能的 py 程序文件（这里是 login.py）则承担了模型（Model）的效果，因为其中的业务处理方法能返回经过处理后的业务结果模型。

正是因为 Django 框架中的 MVC 三模块各司其职，所以和 11.1 节讲述的单纯基于 WSGI 的 Web 开发方式相比，Django 具有很好的扩展性。具体表现为，能通过"可维护"的方式来扩展功能，而且扩展后的代码可读性非常好，也方便之后进一步的维护和扩展。

11.2.5 Django 框架与 Matplotlib 的整合

在之前的登录范例程序中模型（Model）层提供的 welcome.html 页面里，显示的是文字。由于 Web 页面难免需要显示图表，因此本节将在之前 MyDjangoApp 范例程序的基础上按如下步骤添加一些代码，从而在基于 Django 框架的页面中增加 Matplotlib 图形的实现方法。

步骤 01 在 urls.py 文件中的 urlpatterns 部分，新增一个映射关系，关键代码如下。

```
1  from . import viewForMatplotlib
2  urlpatterns = [
3    # 省略其他代码，请参考本书提供下载的完整范例程序
4    url('^showMatplotlibImg/$', viewForMatplotlib.createMatplotlibImg)
5  ]
```

第 4 行的规则做了如下定义：showMatplotlibImg 格式的请求交由 viewForMatplotlib.py 文件的 createMatplotlibImg 方法去处理，而在第 1 行的 import 语句中导入了对应的处理类。

步骤 02 创建包含上述处理方法的 viewForMatplotlib.py 文件，具体代码如下。

```
1  #!/usr/bin/env python
2  #coding=utf-8
3  from django.shortcuts import render
4  import matplotlib.pyplot as plt
5  import numpy as np
6  import sys
7  from io import BytesIO
8  import base64
9  import imp
10 # 以上导入了需要的类库
11 imp.reload(sys)        # 解决导入类库里可能会有的编码问题
12 def createMatplotlibImg(request):
13     figure = plt.figure()
14     ax = figure.add_subplot(111)
15     ax.set_title('django 整合 matplotlib')
16     x = np.array([1,2,3,4,5])
17     ax.plot(x, x*x)
18     plt.rcParams['font.sans-serif']=['SimHei']
19     # 把图形保存为 bytes 格式，方便传输
20     buffer = BytesIO()
21     plt.savefig(buffer)
22     plt.close()          # 关闭 plt 对象，否则下次调用可能出错
```

```
23        base64img = base64.b64encode(buffer.getvalue())
24        img = "data:image/png;base64,"+base64img.decode()
25        return render(request, 'data.html', {
26            'img': img
27        })
```

首先注意第 11 行的代码，在某些 Python 编译器中，在 Django 框架内，当通过 import 语句导入 Matplotlib 等库时，可能会报编码格式的错误，此时可以通过这段代码来解决。

在第 12 行的代码中定义了处理请求的 createMatplotlibImg 方法，在其中的第 13 行到第 18 行代码中，通过 plt 对象绘制了 y=x*x 的图形。在第 21 行通过调用 savefig 方法，把包含在 plt 对象中的图形存储到 buffer 这个字节流缓存内。第 23 行和第 24 行的程序语句把图形字节流用 base64 算法进行编码，并在第 25 行以 img 参数的形式发送到目标页面 data.html。

这里要注意两点：第一，基于 Matplotlib 的图形是以字节流的形式发送到目标页面；第二，在对容纳 Matplotlib 图形的 plt 处理完成后，需要如第 22 行那样，调用 close 方法关闭 plt 对象，否则在刷新页面时，因为 plt 对象没关闭，所以第二次使用时会出现异常。

步骤 03　编写最终显示 Matplotlib 图形的 data.html 页面，代码如下。

```
1   <html>
2   <head>
3   <meta charset="utf-8">
4   </head>
5   <body>
6          由 Matplotlib 绘制的图形:<br/>
7      <img src="{{ img }}">
8   </body>
9   </html>
```

如果要在 html 页面中显示中文，则需要加入第 3 行的代码，指定本页面支持 utf-8 格式，否则在某些版本的 Django 框架中会出错。这里显示图片的关键语句在第 7 行，通过接收 createMatplotlibImg 方法传来的 img 参数，在 html 页面的 img 控件中显示图片。

编写完上述代码后，同样携带 runserver localhost:8080 参数运行 manage.py，以启动本 Django 框架程序。随后在浏览器中输入 http://localhost:8080/showMatplotlibImg/，就能看到如图 11-11 所示的结果。从中可以看到，由 Matplotlib 生成的图形正确地显示在 Django 框架中的 html 页面内。

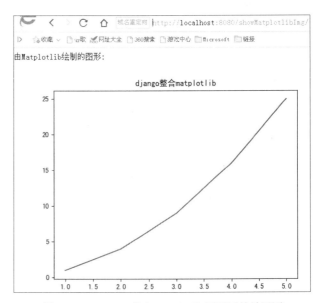

图 11-11　Django 整合 Matplotlib 图形后的效果图

11.3　绘制乖离率 BIAS 指标

在 11.2 节已经解决了在 Django 框架中显示 Matplotlib 图形的技术难点，在本节中将用股票分析理论中的乖离率（BIAS）来进一步示范 Django 框架的用法。

乖离率是根据之前提到过的葛兰碧移动均线八大法则而衍生出来的指标，顾名思义，它是通过计算当前价格和移动平均线的偏离程度来分析买卖时间点。

11.3.1　BIAS 指标的核心思想和算法

乖离率指标的核心思想是，当股价偏离移动平均线太远时，不论是在均线之上还是之下，都不会持续太长时间，而且股价随时会趋近移动平均线。根据这一原则，来介绍一下具体的算法。

同样，乖离率指标也可以分为日乖离率指标、周乖离率、月乖离率和年乖离率，股市分析实践中经常用到日乖离率和周乖离率，本范例程序中着重讲述日乖离率，它的计算方法如下。

N 日 BIAS =（当日收盘价 － N 日移动平均价）÷ N 日移动平均价 × 100

在实践中，N 的取值方式一般有两大种：一种是以 5 为倍数，比如 5 日、10 日和 30 日等，另一种是以 6 为倍数，比如 6 日、12 日和 24 日等。

虽然数值有所不同，但分析和研判买卖点的思路差不多，在本章给出的范例程序中，分别用 6日、12 日和 24 日代表短期、中期和长期乖离率。

11.3.2　绘制 K 线与 BIAS 指标图的整合效果

根据 11.3.1 小节介绍的算法，在下面的 DrawKwithBIAS.py 范例程序中，整合了 K 线图与 BIAS指标图。

```python
1   # !/usr/bin/env python
2   # coding=utf-8
3   import pandas as pd
4   import matplotlib.pyplot as plt
5   from mpl_finance import candlestick2_ochl
6   # 计算BIAS的方法，输入参数periodList传入周期列表
7   def calBIAS(df,periodList):
8       # 遍历周期，计算6,12,24日BIAS
9       for period in periodList:
10          df['MA'+str(period)] = df['Close'].rolling(window=period).mean()
11          df['MA'+str(period)].fillna(value = df['Close'], inplace = True)
12          df['BIAS'+str(period)] = (df['Close'] - df['MA'+str(period)])/df['MA'+
    str(period)]*100
13      return df
```

第 7 行的 calBIAS 方法实现了计算 BIAS 指标的功能，其中 df 参数中包含了交易日期收盘价等股票交易数据，而 periodList 参数中则包含了 BIAS 的计算周期，在调用时，其中包含了 6，12 和 24 这三个数值。

在第 9 行的 for 循环中，依次遍历了 periodList 参数，在第 10 行中计算了当前周期（比如 6 天）的均价，由于刚开始几天均价是 0，因此在第 11 行中设置了这几天的均价为收盘价。在第 12 行中根据了 11.3.1 小节给出的公式计算了当前周期的 BIAS 值。

```
14  filename='D:\\stockData\ch11\\6006402019-01-012019-05-31.csv'
15  df = pd.read_csv(filename,encoding='gbk')
16  list = [6,12,24]                # 周期列表
17  # 调用方法计算BIAS
18  stockDataFrame = calBIAS(df,list)
19  # print(stockDataFrame)        # 可以去掉注释来查看结果
20  figure = plt.figure()
21  # 创建子图
22  (axPrice, axBIAS) = figure.subplots(2, sharex=True)
23  # 调用方法，在 axPrice 子图中绘制 K 线图
24  candlestick2_ochl(ax = axPrice,
25              opens=df["Open"].values, closes=df["Close"].values,
26              highs=df["High"].values, lows=df["Low"].values,
27              width=0.75, colorup='red', colordown='green')
28  axPrice.set_title("K 线图和均线图")    # 设置子图标题
29  stockDataFrame['Close'].rolling(window=6).mean().plot(ax=axPrice,
    color="red",label='6 日均线')
30  stockDataFrame['Close'].rolling(window=12).mean().plot(ax=axPrice,
    color="blue",label='12 日均线')
31  stockDataFrame['Close'].rolling(window=24).mean().plot(ax=axPrice,
    color="green",label='24 日均线')
32  axPrice.legend(loc='best')        # 绘制图例
33  axPrice.set_ylabel("价格（单位：元）")
34  axPrice.grid(linestyle='-.')      #带网格线
35  # 在 axBIAS 子图中绘制 BIAS 图形
36  stockDataFrame['BIAS6'].plot(ax=axBIAS,color="blue",label='BIAS6')
37  stockDataFrame['BIAS12'].plot(ax=axBIAS,color="green",label='BIAS12')
38  stockDataFrame['BIAS24'].plot(ax=axBIAS,color="purple",label='BIAS24')
39  plt.legend(loc='best')         # 绘制图例
40  plt.rcParams['font.sans-serif']=['SimHei']
41  axBIAS.set_title("BIAS 指标图")  # 设置子图的标题
42  axBIAS.grid(linestyle='-.')      # 带网格线
43  # 设置 x 轴坐标的标签和旋转角度
44  major_index=stockDataFrame.index[stockDataFrame.index%5==0]
45  major_xtics=stockDataFrame['Date'][stockDataFrame.index%5==0]
46  plt.xticks(major_index,major_xtics)
47  plt.setp(plt.gca().get_xticklabels(), rotation=30)
48  plt.show()
```

第 16 行设置了计算 BIAS 的周期，分别是 6、12 和 24。在第 18 行中通过调用 calBIAS 方法，传入包含指定 600640 股票数据的 csv 文件，并计算出该股票短中长期的 BIAS 值。

随后，通过第 24 行的代码在上部的子图中绘制了 K 线图，通过第 29 行到第 31 行的代码绘制

了 6 日、12 日和 24 日的均线，这里的均线周期和 BIAS 的周期保持一致。

而在第 36 行到第 38 行的代码中，根据 stockDataFrame['BIAS6'] 等数据，调用 plot 方法绘制了三条 BIAS 指标线。

至于其他设置图例、网格线和坐标轴刻度文字等代码，在之前类似的范例程序中多次讲解过，所以这里不再重复说明了。

运行这个范例程序，即可看到如图 11-12 所示的结果。

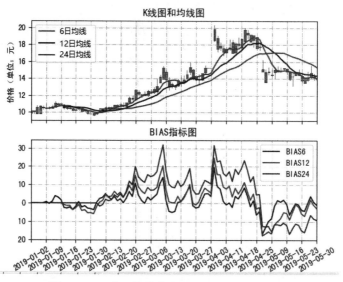

图 11-12　K 线、均线整合 BIAS 指标图的效果图

11.3.3　基于 BIAS 指标的买卖策略

从乖离率的算法中可知，如果当前股价在移动均线之上，乖离率数值为正数，即所谓的正乖离率，反之为负乖离率。当然，数值上也有零乖离率。

从乖离率的设计原则中可知，正乖离率数值越大，说明股价偏离均线的程度就越大，即股价涨幅过大，因此再度上涨的压力就变大，因而受获利回吐因素打压而下跌的可能性也就越高。反之亦然，负的乖离率数值越大，股价反弹的可能性就越大。据此，给出如下的基于 BIAS 指标的买卖策略。

（1）从数值上来看，当某个股票 12 日的乖离率大于 7，如果没有其他重大利好因素，则是短线卖出时机，而当 12 日乖离率小于 -7 时，如果没有其他利空因素，则是短线买入时机。

（2）综合短中长期（6 日、12 日和 24 日）的乖离率数值，当短期 BIAS 数值开始在低位向上突破（即出现金叉）长期 BIAS 曲线时，说明股价的弱势整理格局可能被打破，股价短期内可能将向上运动。如果此时中期 BIAS 线也向上突破长期 BIAS 线，说明股价的中长期上涨行情已经开始。

（3）当短期 BIAS 线在高位向下掉头时，说明股价短期上涨过快，可能出现向下调整的现象，如果此时中期 BIAS 线也开始在高位向下掉头时，说明股价的短期上涨行情可能结束。

在实际使用过程中，对 BIAS 指标还有如下要注意的地方，这些也都是在实践中总结出来的。

（1）该指标在确认卖出信号时，会存在一定时间范围上的滞后性。而且当股市处于大熊市下跌初期时，用该指标计算买点也会出现失误，最好是在下跌阶段的中后期（即熊市跌过一阵了）开始使用。

（2）对那些上市时间不到半年的新股，由于初始化样本数不足，判断的失误率会偏高。

（3）该指标的适用范围是弱市，对弱市阶段的抢反弹和抄底的指导意义比较明显。

11.3.4　在 Django 框架中绘制 BIAS 指标图

在本节中，首先将通过命令新建一个空白的 Django 项目，随后在项目中添加一个用于指定股票代码和时间范围的 Form 表单，并且绘制由此表单所指定股票和时间范围的 K 线、均线和 BIAS 指标图，具体步骤如下。

步骤 01　运行 django-admin startproject MyStockWeb 命令，创建一个空白的 Django 项目，为了方便编写代码，在 Eclipse 开发环境中新建一个同名的 PyDev 项目，并把创建好的空白项目文件复制其中。该步骤具体的过程请参考 11.2.2 小节的说明。

步骤 02　在 MyStockWeb 目录中新建 templates 目录，在其中存放 html 文件，并在 settings.py 中的 templates 项里增加此目录，代码如下所示，这样就能到该目录中查找对应的 html 文件。

```
1  TEMPLATES = [
2      {
3          'DIRS': ['MyStockWeb/templates'],
4          省略其他代码
5      },
6  ]
```

步骤 03　在 urls.py 文件中定义请求跳转的映射规则，代码如下所示。

```
1  from django.contrib import admin
2  from django.urls import path
3  from django.conf.urls import url
4  from . import mainForm
5  urlpatterns = [
6      path('admin/', admin.site.urls),
7      url('^mainForm/$', mainForm.display),
8      url('^mainAction/$', mainForm.draw)
9  ]
```

在第 7 行的程序语句定义了 mainForm 格式的请求交由 mainForm 的 display 方法去处理，在第 8 行定义了 mainAction 格式的请求交由 mainForm 的 draw 方法去处理。

步骤 04　定义 mainForm 的 display 方法，代码如下。

```
1  def display(request):
2      return render(request, 'main.html')
```

结合第三步的代码，可以看到，一旦遇到 mainForm 的请求，则会跳转到 main.html 页面。

步骤 05　编写 main.html 页面，在其中包含了接收股票信息的 Form 表单，代码如下。

```html
1   <html>
2   <meta charset="utf-8">
3   <head>
4   <title>分析股票</title>
5   </head>
6   <body>
7       <form name="mainForm" action="/mainAction/" method="POST">
8           {% csrf_token %}
9           <table>
10              <tr>
11                  <td>股票代码:</td>
12                  <td><input type="text" name="stockCode" id="stockCode"
    value="600007"/></td>
13              </tr>
14              <tr>
15                  <td>开始时间</td>
16                  <td><input type="text" name="startDate" id="startDate"
    value="2019-01-01" /></td>
17              </tr>
18              <tr>
19                  <td>结束时间</td>
20                  <td><input type="text" name="endDate" id="endDate"
    value="2019-05-31" /></td>
21              </tr>
22              <tr>
23                  <td colspan="2" align="center">
24                  <input type="submit" name="submit" value="提交" />  
25                  <input type="reset" name="reset" value="重置" />
26                  </td>
27              </tr>
28          </table>
29      </form>
30  </body>
31  </html>
```

如果需要在本页面中引入中文，就需要加入第 2 行的代码，指定本页面的编码规范是 utf-8。

在第 7 行的 Form 表单中指定了跳转请求，在 Form 表单内部分别在第 12 行、第 16 行和第 20 行定义了三个文本框，用户可以在其中输入股票代码（stockCode）、开始时间（startDate）和结束时间（endDate）等信息。请注意，在 Django 的 Form 表单中，需要加入第 8 行所示的代码，否则会出现问题。

当用户输入完信息并单击在第 24 行定义的"单击"按钮后，会如第 7 行定义的那样，发起 POST 格式的 mainAction 请求，通过第三步定义的映射规则，该请求会由 mainForm 文件的 draw 方法去处理。

步骤 06 这也是关键的一步，编写 mainForm 中的 draw 方法，在其中计算 BIAS 值，并绘制 K 线、均线和 BIAS 指标图，代码如下。

```python
1   # !/usr/bin/env python
2   # coding=utf-8
```

```
3    from django.shortcuts import render
4    import pandas_datareader
5    import matplotlib.pyplot as plt
6    import pandas as pd
7    from mpl_finance import candlestick2_ochl
8    import sys
9    from io import BytesIO
10   import base64
11   import imp
12   imp.reload(sys)
13   # 省略 display 方法，请参考本书提供下载的完整范例程序
14   # 计算 BIAS 的函数
15   def calBIAS(df,periodList):
16       # 省略中间计算代码，请参考本书提供下载的完整范例程序
17       return df
```

从第 4 行到第 11 行的程序语句导入了本范例程序所需要的库，请注意，需要加入第 12 行的 imp.reload(sys)代码，否则在某些 Django 版本中可能会因字符集的问题而导致出错。

在第 15 行定义了计算 BIAS 值的 calBIAS 方法，它的参数以及计算过程和 11.3.2 小节 DrawKwithBIAS.py 范例程序内的同名方法完全一致，故略去不再重复说明了。

```
18   def draw(request):
19       stockCode = request.POST.get('stockCode')
20       startDate = request.POST.get('startDate')
21       endDate = request.POST.get('endDate')
22       stock = pandas_datareader.get_data_yahoo(stockCode+'.ss',startDate,
     endDate)
23       # 删除最后一天多余的股票交易数据
24       stock.drop(stock.index[len(stock)-1],inplace=True)
25       filename='D:\\stockData\ch11\\'+stockCode+startDate+endDate+'.csv'
26       stock.to_csv(filename)
27       # 从文件中读取指定股票在指定范围内的交易数据
28       df = pd.read_csv(filename,encoding='gbk')
29       list = [6,12,24]          # 周期列表
30       stockDataFrame = calBIAS(df,list)
31       figure = plt.figure()
32       (axPrice, axBIAS) = figure.subplots(2, sharex=True)
33       # 绘制 K 线
34       candlestick2_ochl(ax = axPrice,
35               opens=df["Open"].values, closes=df["Close"].values,
36               highs=df["High"].values, lows=df["Low"].values,
37               width=0.75, colorup='red', colordown='green')
38       axPrice.set_title("K 线图和均线图")
39       stockDataFrame['Close'].rolling(window=6).mean(). plot(ax=axPrice,
     color="red",label='6 日均线')
40       stockDataFrame['Close'].rolling(window=12).mean(). plot(ax=axPrice,
     color="blue",label='12 日均线')
41       stockDataFrame['Close'].rolling(window=24).mean(). plot(ax=axPrice,
     color="green",label='24 日均线')
42       axPrice.legend(loc='best')          # 绘制图例
```

```
43    axPrice.set_ylabel("价格（单位：元）")
44    axPrice.grid(linestyle='-.')
45    # 绘制 BIAS 指标线
46    stockDataFrame['BIAS6'].plot(ax=axBIAS, color="blue",label='BIAS6')
47    stockDataFrame['BIAS12'].plot(ax=axBIAS, color="green",label='BIAS12')
48    stockDataFrame['BIAS24'].plot(ax=axBIAS, color="purple",label='BIAS24')
49    plt.legend(loc='best')
50    plt.rcParams['font.sans-serif']=['SimHei']
51    axBIAS.set_title("BIAS 指标图")
52    axBIAS.grid(linestyle='-.')
53    major_index=stockDataFrame.index[stockDataFrame. index%5==0]
54    major_xtics=stockDataFrame['Date'][stockDataFrame. index%5==0]
55    plt.xticks(major_index,major_xtics)
56    plt.setp(plt.gca().get_xticklabels(), rotation=30)
57    # 把存储在 plt 对象中的图形存入到 buffer 缓存对象中
58    buffer = BytesIO()
59    plt.savefig(buffer)
60    plt.close()
61    base64img = base64.b64encode(buffer.getvalue())
62    img = "data:image/png;base64,"+base64img.decode()
63    # 携带 img 参数，跳转到 stock.html 页面
64    return render(request, 'stock.html', {
65          'img': img,'stockCode':stockCode
66        })
```

在第 18 行定义的 draw 方法中要做如下三件事情：

（1）从第 19 行到第 21 行获取从 main.html 页面经 POST 形式发来的参数，并在第 22 行通过调用 get_data_yahoo 方法，从网站获取指定股票代码在指定时间范围内的股票交易数据。由于通过该网站获取到的股票交易数据会多一天，因此需要通过第 24 行的代码删除最后一行（即最后一天）的股票数据，再把数据保存到文件中。

（2）在第 28 行从指定文件中读取股票数据，再通过第 30 行的代码计算该股票对应的短中长期的 BIAS 值，随后通过第 31 行到第 56 行的程序代码绘制 K 线、均线和 BIAS 指标图。这部分程序代码在之前的 DrawKwithBIAS.py 范例程序中已经分析和说明过，所以不再赘述。不过，这个范例程序是把图片以数据流的形式发送到 stock.html 页面，所以无需调用 plt.show()方法将图片显示出来。

（3）通过第 59 行到第 62 行的程序代码把包含图片的数据流以 base64 格式进行编码，并在第 64 行跳转到 stock.html 页面时，作为 img 参数传过去，而且在第 64 行通过 render 语句进行跳转时，还携带了包含股票代码信息的 stockCode 变量，这样当 draw 方法执行完成后，就能在 stock.html 页面看到股票代码和对应的指标图。

步骤 07　编写绘制股票指标图的 stock.html 页面，代码如下。

```
1    <html>
2    <meta charset="utf-8">
3    <head>
4    <title>分析股票</title>
5    </head>
```

```
6    <body>
7        股票代码:{{ stockCode }}<br>
8     <img src="{{ img }}">
9    </body>
10   </html>
```

这段代码的关键是：在第 7 行输出从 draw 方法传来的 stockCode 变量，在第 8 行以输出 img 变量的形式显示指标图。

编写完上述代码后，启动 manage.py 程序，同时传入参数"runserver localhost:8080"。之后在浏览器中输入请求：http://localhost:8080/mainForm/，此时按照 urls.py 中的定义，会跳转到 main.html 页面，随后就能看到如图 11-13 所示的 Form 表单。

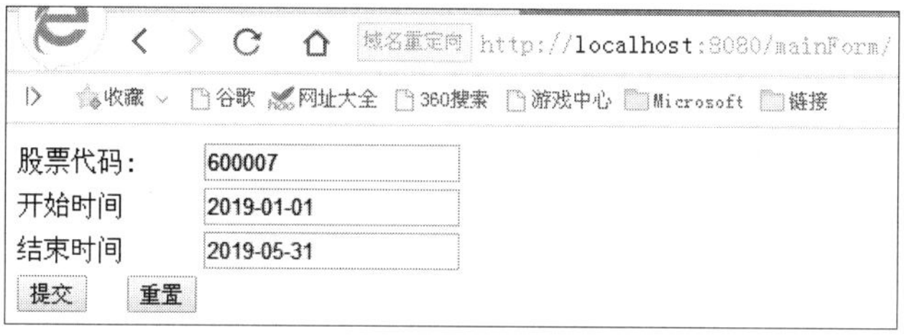

图 11-13　main.html 页面

在图 11-13 中，可以输入股票代码以及开始和结束时间，在输入的时候请注意格式，如果输错数据，可以通过单击"重置"按钮来重置输错的信息。

输入完成后单击"提交"按钮，这时会调用 mainForm.py 中的 draw 方法计算 BIAS 值并绘制对应的指标图。draw 方法运行完成后，除了能在对应的目录中看到 csv 格式的包含股票信息的文件之外，由于已经跳转到 stock.html 页面，因此还能在页面看到如图 11-14 所示的结果，在其中包含了股票代码和指标图。

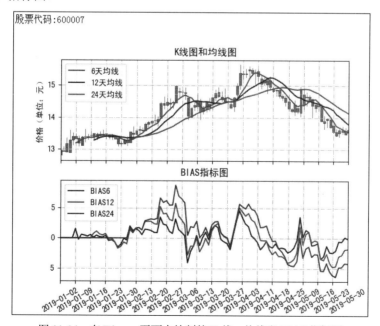

图 11-14　在 Django 页面中绘制的 K 线、均线和 BIAS 指标图

11.3.5 在 Django 框架中验证买点策略

根据 11.3.3 小节给出的关于 BIAS 指标的分析，本节要验证的"买点"策略是，中期（12 日）BIAS 值小于或等于-7，或者短期（6 日）BIAS 值上穿长期（24 日）值，即形成金叉。

对此，在 mainForm.py 中增加一个实现计算买点的方法 calBuyPoints，该方法的代码如下，参数是包含股票日期以及短中长期 BIAS 指标的 df 对象。

```python
1  def calBuyPoints(df):
2      cnt=0
3      buyDate=''
4      while cnt<=len(df)-1:
5          if(cnt>=30): # 前几天有误差，从第 30 天算起
6              # 规则 1: 这天中期 BIAS 小于或等于-7
7              if df.iloc[cnt]['BIAS12']<=-7:
8                  buyDate = buyDate+df.iloc[cnt]['Date'] + ','
9              # 规则 2: 当天 BIAS6 上穿 BIAS24
10             if df.iloc[cnt]['BIAS6']>df.iloc[cnt]['BIAS24'] and
    df.iloc[cnt-1]['BIAS6']<df.iloc[cnt-1]['BIAS24']:
11                 buyDate = buyDate+df.iloc[cnt]['Date'] + ','
12         cnt=cnt+1
13     return buyDate
```

在第 4 行的 while 循环中，依次遍历了 df 对象，由于之前可能出现 BIAS 指标值为 0 的情况，因此过滤掉前 30 个交易日的数据。

在第 7 行的 if 语句中，指定如果当天的中期 BIAS 值小于或等于-7，则在 buyDate 对象中记录下当天的日期。在第 10 行的 if 语句中，如果出现前一天 BIAS6 值小于 BIAS24 且当天 BIAS6 大于 BIAS24（即当天出现上穿的金叉现象），那么也把当天的日期记录到 buyDate 对象中。由于这两个条件是"或"的关系，因此第 7 行和第 10 行的 if 语句是并列的关系，该方法最后在第 13 行返回包含买点日期的 buyDate 对象。

本节先不给出该计算买点方法的调用方式和运行结果，等到后文讲述完计算卖点的方法之后再一并给出。

11.3.6 在 Django 框架中验证卖点策略

本节要验证的"卖点"策略是和 11.3.5 小节讲述的"买点"策略相对应，中期（12 日）BIAS 值大于或等于 7，或者短期（6 日）BIAS 值下穿长期（24 日）值，即形成死叉。对此，在 mainForm.py 中，增加 calSellPoints 方法来计算卖点日期，代码如下。

```python
1  def calSellPoints(df):
2      cnt=0
3      sellDate=''
4      while cnt<=len(df)-1:
5          if(cnt>=30): # 前几天有误差，从第 30 天算起
6              # 规则 1: 这天中期 BIAS 大于或等于 7
7              if df.iloc[cnt]['BIAS12']>=7:
```

```
8              sellDate = sellDate+df.iloc[cnt]['Date'] + ','
9          # 规则2：当天 BIAS6 下穿 BIAS24
10             if  df.iloc[cnt]['BIAS6']<df.iloc[cnt]['BIAS24'] and
   df.iloc[cnt-1]['BIAS6']>df.iloc[cnt-1]['BIAS24']:
11             sellDate = sellDate+df.iloc[cnt]['Date'] + ','
12         cnt=cnt+1
13     return sellDate
```

这段代码与之前的 calBuyPoints 方法很相似，依然是通过第 4 行的 while 循环语句遍历包含 BIAS 值的 df 对象。

差别之处是计算买点和卖点的两个规则，在第 7 行的 if 语句中，当中期 BIAS 值大于或等于 7 时，则把当前日期记录到 sellDate 变量中，在第 10 行并列的 if 语句中，如果判定出现 BIAS6 下穿 BIAS24 的现象，那么也把当前日期记录到 sellDate 变量中，最终是通过第 13 行的 return 语句返回卖点日期。

编写完 calBuyPoints 和 calSellPoints 方法后，在 mainForm.py 文件的 draw 方法中，加入如下两条调用语句，分别用 buyDate 和 sellDate 两个变量来接收调用结果。

```
1   buyDate = calBuyPoints(stockDataFrame)
2   sellDate = calSellPoints(stockDataFrame)
```

在最后跳转到 stock.html 页面的 return 语句中，需要编写下面第 3 行的代码，向 stock.html 页面传递上述的两个参数 buyDate 和 sellDate，代码如下。

```
1   return render(request, 'stock.html', {
2               'img': img,'stockCode':stockCode,
3               'buyDate':buyDate,'sellDate':sellDate
4          })
```

在 stock.html 页面中，需要编写下面第 8 行和第 9 行所示的程序代码，以显示买点和卖点日期。

```
1   <html>
2   <meta charset="utf-8">
3   <head>
4   <title>分析股票</title>
5   </head>
6   <body>
7       股票代码:{{ stockCode }}<br>
8       买点日期:{{ buyDate }}<br>
9       卖点日期:{{ sellDate }}<br>
10    <img src="{{ img }}">
11  </body>
12  </html>
```

完成上面的代码修改后，启动 manage.py 程序，在浏览器中输入 http://localhost:8080/mainForm/，这次用 600460（士兰微）股票来验证，如图 11-15 所示。

在如图 11-15 所示的界面中完成输入后，单击"提交"按钮，随后在 stock.html 页面中，除了 BIAS 等指标图外，还能看到具体的买点和卖点日期，如图 11-16 所示。

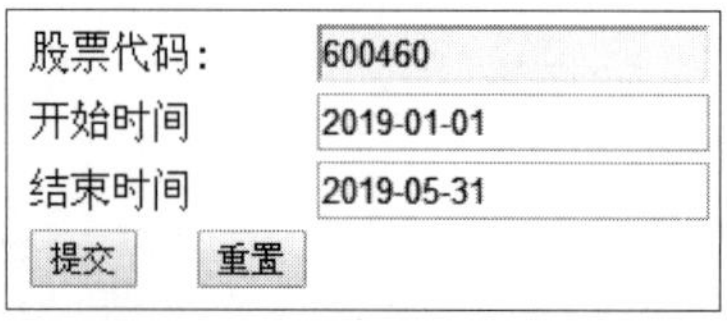

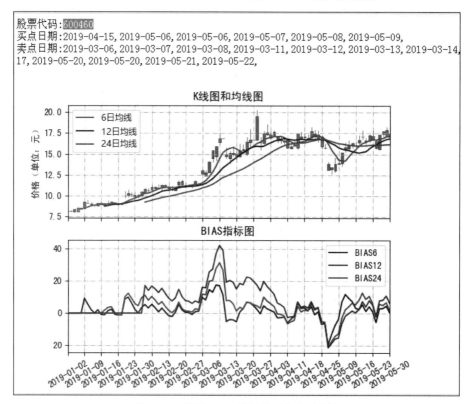

图 11-15　用股票代码 600460 来验证 BIAS 指标的买卖点

图 11-16　基于 BIAS 指标的买卖点示意图

从中图 11-16 可以看到，买点日期尚属正确，在这些买点日期之后，股价多少有些上涨，至少有出货的机会。而卖点日期就有些多，指导性就不强了，图 11-16 只显示了其中一部分，全部的卖点日期如下所示。卖点日期指导性不强的原因是，BIAS 指标更适用于弱势，而在下述日期的前后几天范围内股价波动比较厉害，因此该指标有钝化的现象。

```
卖点日期:2019-03-06,2019-03-07,2019-03-08,2019-03-11,2019-03-12,
    2019-03-13,2019-03-14,2019-03-15,2019-03-18,2019-04-01,
    2019-04-02,2019-04-16,2019-05-17,2019-05-20,2019-05-20,
    2019-05-21,2019-05-22,
```

11.4　本章小结

本章讲述的主要内容是基于 Python 语言的 Web 编程，尤其着重讲述了 Django 框架，用到的股票指标是乖离率（BIAS）。在本章的开始部分，通过演示基于 WSGI 规范的编程方式，讲述了引入 Django 框架的必要性，随后通过范例程序演示了基于 Django 框架的 Web 项目开发方式，由于 Django 框架有效地分离了 MVC 等模块，因此基于 Django 的 Web 框架比较容易扩展和维护。

在讲完乖离率的实现算法之后，用范例程序进一步演示了 Django 框架的用法，而且还在 Django 框架中实现了验证乖离率买点和卖点的功能。

虽然本章给出的 Django 范例程序并不复杂，但如果要实现复杂的功能，读者可以参照本章给出的思路，在 Django 框架中通过扩展映射项和功能文件的方式来逐步完善复杂的业务功能。

第 12 章

以 OBV 范例深入讲述 Django 框架

在一般的 Web 应用中，往往都会有对数据库的操作，比如页面从数据库中读取数据以实现动态的效果，或者把信息存入数据库中，以达到"数据持久化"的目的，本章将讲述 Django 框架整合 MySQL 数据库的方式。另外，一般的 Web 应用也会引入日志来定位并排查问题，本章将讲述在 Django 框架中引入不同级别日志的方法。

本章使用的股票指标是平衡交易量（OBV）指标，通过本章的范例程序，读者能接触到基于 Python 网站开发的常用技术，如 MVC、日志和数据库等。不少 Web 应用虽然页面多，但核心技术也就上述这些，所以通过本章的学习，读者应该能毫无困难地开发基于 Django 的 Web 应用。

12.1　在 Django 框架内引入日志

在一般的 Python 程序中，可以通过 print 语句向控制台输出日志，不过在基于 Django 框架的 Web 项目中，不可能仅仅把日志输出到控制台，原因有两个：

（1）在启动服务后不可能一直盯着控制台看日志；

（2）应该把日志存入到文件中，这样出了问题也能方便地从日志文件中查看当时的记录，以便定位和分析问题。

在本节中，首先将讲述不同级别日志的使用场合，其次将讲述在 Django 框架内向控制台和文件中输出不同级别的日志。

12.1.1　不同级别日志的使用场合

在 Django 框架中，可以用 logging 模块来处理日志，该模块提供了如表 12-1 所示的不同级别的日志。

表 12-1　logging 模块不同级别日志一览表

日志级别	使用场合
CRITICAL	输出因发生严重错误导致程序不能继续运行时的信息
ERROR	用于输出错误信息，比如数据库连接出错
WARNING	程序能正常运行，但出现和预期不符的信息，则此类信息用 WARNING 级别输出，比如虽然程序能运行但远端调用返回时间过长
INFO	输出关键点的消息，比如关键函数的输入参数和返回值
DEBUG	一般在调试阶段用 DEBUG 级别的日志，可以打印输出与功能测试相关的信息

在一般的项目实践中，CRITICAL 级别的日志不经常出现，毕竟严重的问题一般在测试阶段就已经暴露出来了，而且 CRITICAL 和 ERROR 级日志的区别并不容易掌握，所以错误类日志往往用 ERROR 级别来输出。

另外，为了方便排查和定位问题，日志应当有指向性，从这个意义上来讲，不该把所有方法的输入参数和返回值都用 INFO 级别的日志输出，如果这样的话，会因为日志信息量太大而导致很难排查问题，应当仅用 INFO 日志输出关键性函数的输入参数和返回值。

出于相同的原因，一般是通过 DEBUG 级别的日志排查调试阶段的问题，所以在程序上线后，往往不输出 DEBUG 级别的日志。

12.1.2　向控制台和文件输出不同级别的日志

本节将在新建的 Django 项目中定义不同的日志输出模式，从而实现如下的日志输出规范。

（1）因为往往会把生产环境中的日志放在文件内，而 DEBUG 级别的日志大多包含调试信息，所以此级别的日志只输出到控制台，不输出到文件中。

（2）ERROR 级别的日志比较重要，因为反映出了生产环境中的错误信息，所以该级别的日志要输出到专门的 error.log 文件中，该文件除了 ERROR 级别的日志外，不包含其他级别的日志。

定义日志规范的具体步骤如下：

步骤 01　在 MyEclipse 中创建名为 MyDjangoLogProj 的 Django 项目，在其中的 src 目录中创建 log 目录，并在 log 目录中新建 myLog.log 和 error.log 这两个日志文件，如图 12-1 所示。其中 log 目录和 MyDjangoLogProj 目录平行。

图 12-1　新建的日志目录和日志文件

步骤 02　在 settings.py 文件中，添加如下的关于日志的配置信息，代码如下。

```
1   LOGGING = {
2       'version': 1,
3       'disable_existing_loggers': False,
4       # 定义格式
5       'formatters': {
6           # 复杂的打印格式
7           'myFormat': {
8               'format': '[%(asctime)s][%(threadName)s:%(thread)d]
    [task_id:%(name)s] [%(levelname)s] %(message)s'
9           },
10          # 简单的打印格式
11          'mySimpleFormat': {
12              'format': '[%(asctime)s][%(levelname)s] %(message)s'
13          },
14      },
```

在第 5 行开始的 formatters 元素中定义了两类日志的输出格式，首先在第 8 行定义了名为 myFormat 的较为复杂的日志输出格式，其中包含了线程号和任务名（id），而在第 12 行定义的名为 mySimpleFormat 的格式中，仅仅包含了输出时间，日志级别和日志内容。

```
15      # 定义过滤器
16      'filters': {
17          # 启用 debug
18          'enableDebug': {
19              '()': 'django.utils.log.RequireDebugTrue',
20          },
21          'disableDebug': {
22              '()': 'django.utils.log.RequireDebugFalse',
23          }
24      },
```

在第 16 行开始定义的过滤器 filters 元素中，分别在第 18 行和第 21 行定义了"启用"和"禁用" debug 模式的两个属性。

```
25      'handlers': {
26          'console':{
27              'level':'DEBUG',
28              # debug 级别日志输出到控制台
29              'filters': ['enableDebug'],
30              'class':'logging.StreamHandler',
31              'formatter': 'mySimpleFormat'
32          },
33          'default': {
34              'level': 'INFO',
35              'class': 'logging.FileHandler',
36              'filename': os.path.join(BASE_DIR, 'log/myLog.log'),
37              'formatter': 'myFormat'
38          },
39          # 针对 DEBUG 级别的日志
40          'debug': {
41              'level': 'DEBUG',
```

```
42              'filters': ['enableDebug'],
43              'class': 'logging.FileHandler',
44              'filename': os.path.join(BASE_DIR, 'log/error.log'),
45              'formatter': 'myFormat'
46          },
47          # 针对 ERROR 级别的日志
48          'error': {
49              'level': 'ERROR',
50              'filters': ['disableDebug'],
51              'class': 'logging.FileHandler',
52              'filename': os.path.join(BASE_DIR, 'log/error.log'),
53              'formatter': 'myFormat'
54          }
55      },
```

在第 25 行开始定义的 handlers 元素中定义了若干种日志输出模式。在第 26 行定义的 console 模式中，在第 29 行的代码指定了 DEBUG 级别的日志（以及之上级别的 INFO、WARNING 和 ERROR 日志）采用 'enableDebug' 过滤器，即启用 debug 模式，第 30 行指定了日志的处理类是 'logging.StreamHandler'，即通过流的方式向控制台输出日志，第 31 行指定了采用 'mySimpleFormat' 格式来输出 DEBUG 级别的日志。

在第 33 行定义的 default 模式中，第 35 行指定了 INFO 级别的日志（以及之上级别的 WARNING 和 ERROR 日志，不包含之下的 DEBUG 级日志）用 'logging.FileHandler' 类来处理，即输出到文件中，在第 36 行里指定了输出日志的文件为 log 目录下的 myLog.log 文件，在第 37 行指定了文件输出的格式是之前定义的 'myFormat'。

之后用相似的方式，在第 40 行和第 47 行定义了 DEBUG 级别和 ERROR 级别日志的输出方式，请注意 ERROR 级别日志的输出模式，在第 50 行指定了 ERROR 级别日志"禁用 DEBUG"，这是因为在生产环境中无需输出 DEBUG 级别的日志，在第 52 行指定了 ERROR 级别的日志还需向 error.log 文件中输出。

下面定义了若干日志输出模式将应用在之后的 loggers 元素中。

```
56      'loggers': {
57          '': {
58              'handlers': ['console', 'default','error'],
59              'level': 'DEBUG'
60          },
61          'errorOnly': {
62              'handlers': ['debug','error'],
63              'level': 'ERROR'
64          }
65      },
66  }
```

在第 56 行定义的 loggers 元素中，第 57 行定义了默认的日志处理规则，在其中的第 58 行中用到了之前定义的三种模式，在第 61 定义了 errorOnly 处理规则，在其中的第 62 行中引入了两种模式，在第 63 行指定了该规则仅限于 ERROR 级别。

综合上面的描述可以看到，为了在 Django 内输出日志，需要在 settings.py 文件中配置四类元素，下面通过表 12-2 来总结一下这四类元素的作用。

表 12-2　日志相关的四类元素的作用一览表

元素名	使用场合
formatters	定义元素的输出格式，应用在 handlers 元素中，其中诸如 myFormat 等名字可以自己定义，但需要和引用的地方相一致
filters	定义日志模式在哪些场景里生效的过滤器，其中诸如 enableDebug 等名字也可以自己定义
handlers	定义日志的输出模式，比如 console 模式定义 DEBUG 级日志只能输出到控制台，同样，console 等名字也可以自己定义
loggers	定义日志的规则实例，比如 errorOnly 实例定义了 ERROR 级日志的输出方式

步骤 03　定义 URL 映射规则和处理函数。

在 urls.py 文件的 urlpatterns 中，新加了第 3 行和第 4 行两个映射规则，其中具体的处理方法（或函数）是在 view.py 中定义的。

```
1   urlpatterns = [
2       path('admin/', admin.site.urls),
3       path('log/', view.logDemo),
4       path('errorLog/', view.errorOnlyDemo)
5   ]
```

创建 view.py 文件，在其中添加如下的代码。

```
1   # !/usr/bin/env python
2   # coding=utf-8
3   from django.http import HttpResponse
4   import sys
5   import imp
6   imp.reload(sys)
7   import logging
8   # 引用 django 日志实例
9   def logDemo(request):
10      logger = logging.getLogger(__name__)
11      logger.debug("debug level log")
12      logger.warning("warning level log")
13      logger.info("info level log")
14      logger.error("error level log")
15      return HttpResponse("Demo Log.")
16  # 引用 errorOnly 日志实例
17  def errorOnlyDemo(request):
18      logger = logging.getLogger('errorOnly')
19      logger.debug("debug level log")
20      logger.warning("warning level log")
21      logger.info("info level log")
22      logger.error("error level log")
23      return HttpResponse("Only display error log.")
```

分别在第 8 行和第 17 行定义了处理两个不同 url 请求的方法（或函数），除了最后输出的文字不同之外，都用 logger 实例输出了 DEBUG、WARNING、INFO 和 ERROR 四种级别的日志。

请注意第 10 行和第 18 行的 getLogger 方法。在 logDemo 方法内的 getLogger 方法中的参数是 __name__，即表示当前的文件名，而在 errorOnlyDemo 方法内的 getLogger 方法中的参数则是 errorOnly。

编写完上述程序代码之后，以带 "runserver localhost:8080" 参数的方式启动 manage.py 文件，监听 localhost 的 8080 端口。随后在浏览器中输入 http://localhost:8080/log/，此时就能看到 Demo Log 的文字，不过这不是重点，要关注的是输出的日志。在控制台中与日志相关的输出如下：

```
[2019-07-15 07:10:35,437][DEBUG] debug level log
[2019-07-15 07:10:35,453][WARNING] warning level log
[2019-07-15 07:10:35,468][INFO] info level log
[2019-07-15 07:10:35,468][ERROR] error level log
```

在 myLog.log 文件中与日志相关的输出如下。

```
[2019-07-15 07:10:35,453][Thread-1:4572][task_id:MyDjangoLogProj.view]
[WARNING] warning level log
[2019-07-15 07:10:35,468][Thread-1:4572][task_id:MyDjangoLogProj.view][INFO]
info level log
[2019-07-15
07:10:35,468][Thread-1:4572][task_id:MyDjangoLogProj.view][ERROR] error
level log
```

在处理 log/请求的 logDemo 方法中，getLogger 的输入参数在 loggers 元素中找不到对应的实例名，所以就采用默认的规则，在默认规则中包含了 ['console', 'default','error'] 三种输出模式，其中在 console 模式中定义了 DEBUG 级别以及之上级别的日志都输出到控制台上。

在 default 模式中定义了 INFO 级别以及之上级别的日志（不含 DEBUG 级别）输出到文件中，所以在 myLog.log 文件中看不到 DEBUG 级别的日志，而在控制台上能看到 DEBUG 级别以及之上级别的四种日志。

此外，由于在默认的规则中没有引入 ERROR 级别日志的打印模式，因此 ERROR 级别的日志也是输出到 myLog.log 文件中，而没有输出到 error.log 文件中。要注意的是，控制台的日志输出采用的是 mySimpleFormat 格式，所以不含线程号和任务名（id），输出到文件的日志格式是 'myFormat'，因而还额外多出了 Thread 和 task_id 的内容（即线程和任务 id）。

如果在浏览器中输入 http://localhost:8080/errorLog/，在页面上就可以看到 "Only display error log." 的输出。在 error.log 文件中，虽然在 view.py 文件的 errorOnlyDemo 方法中也有输出 INFO 等其他级别的日志，但只能看到如下关于 ERROR 级别日志的输出。

```
[2019-07-15 22:04:59,593][Thread-5:1568][task_id:errorOnly][ERROR]
error level log
```

这是因为在 errorOnly 日志规则中定义了向 error.log 文件中输出，且在此日志规则中，通过第 63 行的 'level': 'ERROR' 语句指定了向 error.log 文件只输出 ERROR 级别及之上级别的日志。

12.2   在 Django 框架内引入数据库

在大多数 Web 应用中，页面上的数据动态地来自数据库，在本节中，将讲述 Django 与 MySQL 数据库整合的用法，如果要整合其他数据库，方法其实是大同小异的。

12.2.1   整合并连接 MySQL 数据库

可以在 Django 框架内修改配置文件并编写 Model 类，随后就可以通过 Python 命令在 MySQL 数据库中创建在 Django 内定义好的数据表，具体步骤如下。

步骤 01 创建名为 MyDjangoDBProj 的 Django 项目，在该项目中，使用了第 8 章讲过的 PyMySQL 库来连接 MySQL 数据库，因而需要在__init__.py 中添加如下两行代码，以便在项目启动时导入 PyMySQL。同时，在 manage.py 程序的最后，也加入如下两行代码。

```
import pymysql
pymysql.install_as_MySQLdb()
```

步骤 02 在 settings.py 中，修改 DATABASES 配置项的代码，如下所示。

```
1   DATABASES = {
2       'default': {
3           'ENGINE': 'django.db.backends.mysql',      # 数据库引擎
4           'NAME': 'djangoStock',                     # 数据库名
5           'USER': 'root',                            # 用户名
6           'PASSWORD': '123456',                      # 密码
7           'HOST': 'localhost',                       # 主机名
8           'PORT': '3306',                            # 端口号
9           'OPTIONS':{'isolation_level':None}
10      }
11  }
```

其中在第 3 行指定了数据库引擎，在第 4 行指定了要连接的 MySQL 数据库的名字，在第 5 行到第 8 行分别指定了连接所需的用户名、密码、连接地址和端口号。

请注意，这里需要像第 9 行那样把数据库的隔离级别设置为 None，否则在之后用 Python 命令生成数据库时可能会出现问题。

步骤 03 通过 Navicat 或其他 MySQL 的客户端连接到 localhost:3006，并创建名为 djangoStock 的数据库，这个数据库名必须和第二步在 settings.py 文件内设置的 DATABASES 配置相一致。

步骤 04 在 settings.py 所在的目录中，创建名为 models.py 的数据库模型类，在该文件内创建名为 stockInfo 的模型，代码如下。

```
1   # !/usr/bin/env python
2   # coding=utf-8
```

```
3    from django.db import models
4
5    class stockInfo(models.Model):
6        date = models.CharField('date', max_length=10)
7        open = models.FloatField('open')
8        close = models.FloatField('close')
9        high = models.FloatField('high')
10       low = models.FloatField('low')
11       vol = models.IntegerField('vol')
12       stockCode = models.CharField('stockCode', max_length=10)
13       class Meta:
14           db_table = 'stockInfo'
```

在第 5 行定义的 stockInfo 类是 Model 类，它对应 MySQL 数据库的 stockInfo 数据表。在第 6 行到第 12 行的代码中定义了 stockInfo 类的诸多对象与 stockInfo 数据表间的映射关系。比如在第 6 行定义了 stockInfo 类的 date 属性与 stockInfo 数据表内的 char 类型（即字符串类型）的 date 字段相对应，在第 7 行中则定义了 open 属性与 float 类型（即浮点型）的 open 字段相对应，其他各项以此类推。

在第 13 行和第 14 行的代码中，通过了 class Meta 内的 db_table 定义了第 5 行所定义的 stockInfo 这个 Model 类对应于 MySQL 数据库中的 stockInfo 数据表。

请注意，为了避免混淆，数据库名一般和 Model 类名一致，比如在这个范例程序中数据库名和 Model 类名都叫 stockInfo，而 Model 中的属性名（比如 date）往往和对应数据表中的字段名保持一致。

步骤 05 在 settings.py 内的 INSTALLED_APPS 中，添加本项目名，代码如下。

```
1    INSTALLED_APPS = [
2        'django.contrib.admin',
3        'django.contrib.auth',
4        'django.contrib.contenttypes',
5        'django.contrib.sessions',
6        'django.contrib.messages',
7        'django.contrib.staticfiles',
8        'MyDjangoDBProj',
9    ]
```

其中第 2 行到第 7 行是原来就有的代码，第 8 行是新添加的本项目名。

步骤 06 通过 Python 命令，在 MySQL 的 djangoStock 数据库中创建与 stockInfo 类相对应的数据表。启动"命令提示符"窗口，切换到 MyDjangoDBProj 项目的 manage.py 程序文件所在的目录，执行如下两条 Python 命令。

```
python manage.py makemigrations MyDjangoDBProj
python manage.py migrate MyDjangoDBProj
```

执行完这两条命令后，就能在 MySQL 的 djangoStock 数据库中看到创建好的 stockinfo 数据表，其中的字段结构如图 12-2 所示。由于在 stockInfo 这个 Model 类中并没有设置对应数据表的主键，因此 Django 会自动添加一个名为 id 的自增长主键。

名	类型	长度	小数点	允许空值	
id	int	11	0	☐	🔑1
date	varchar	10	0	☐	
open	double	0	0	☐	
close	double	0	0	☐	
high	double	0	0	☐	
low	double	0	0	☐	
vol	int	11	0	☐	
stockCode	varchar	10	0	☐	

图 12-2   通过 Python 命令创建好的 stockinfo 数据表

12.2.2   以 Model 的方式进行增删改查操作

通过 12.2.1 小节所述的步骤创建完 stockInfo 这个 Model 类和对应的数据表以后，就可以通过这个 Model 类来对数据表进行增删改查的操作，在 12.2.1 小节开发的 MyDjangoDBProj 项目的基础上，再添加如下的代码。

步骤 01   在 urls.py 文件中添加如下的映射关系。

```
1   from django.contrib import admin
2   from django.urls import path
3   from django.conf.urls import url
4   from . import DBUtil
5
6   urlpatterns = [
7       path('admin/', admin.site.urls),
8       url('^insert/$', DBUtil.insertStock),
9       url('^insertMore/$', DBUtil.insertMoreStock),
10      url('^getAll/$', DBUtil.getAllStock),
11      url('^getStockWithFilter/$', DBUtil.getStockWithFilter),
12      url('^deleteStock/$', DBUtil.deleteStock),
13      url('^updateStock/$', DBUtil.updateStock),
14  ]
```

第 8 行到第 13 行是新加的代码，其中定义的若干格式的 url 将映射到 DBUtil.py 文件中的相关方法。为了调用 DBUtil.py 的方法，需要如第 4 行那样用 import 导入相关类。

步骤 02   创建 DBUtil.py 文件，该文件和 settings.py 与 urls.py 文件在同一个目录中，其中的代码如下。

```
1   # !/usr/bin/env python
2   # coding=utf-8
3   from django.http import HttpResponse
4   from . import models
5   def insertStock(request):
6       stockInfo = models.stockInfo(date='20190101',open=10.0,
    close=10.5,high=10.7, low=10.3,vol=10,stockCode='DemoCode')
7       stockInfo.save()
8       return HttpResponse("OK!")
```

在 insertStock 方法内的第 6 行中，通过 models.stock 的方式创建了一个 stockInfo 对象，在创建时传入了诸多属性的值，并在第 7 行调用 save 方法把该 model 对象存入 MySQL 数据表。

请注意，程序中并没有直接通过数据库语句插入该条股票信息，而是通过映射关系，以"保存 Model 对象"的方式插入数据。这样做的目的是让开发者无须关注数据库底层实现的细节。

```
9   def insertMoreStock(request):
10      stockInfoList=[]
11    stock1 = models.stockInfo(date='20190101',open=10.0,close=10.5,high=10.7,
    low=10.3,vol=10,stockCode='DemoCode')
12      stockInfoList.append(stock1)
13      stock2 = models.stockInfo(date='20190102',open=10.5,close=11,
    high=11.2,low=10.8, vol=12,stockCode='DemoCode')
14      stockInfoList.append(stock2)
15      models.stockInfo.objects.bulk_create(stockInfoList)
16      return HttpResponse("OK!")
```

在往数据库中插入多条记录时，如果针对每条记录都调用 save 方法，一来代码冗余，二来会降低数据库的性能，所以在 insertMoreStock 方法内的第 15 行程序语句，是通过调用 bulk_create 方法以批量的方式插入多条记录。

请注意该方法的参数是列表（List），在第 12 行和第 14 行的程序语句分别把两条 stockInfo 数据记录以 append 的方式存放到 stockInfoList 中。在批量插入数据记录时，每次插入的条数不能过多，一般每次 100 条。

```
17  def deleteStock(request):
18      # 删除所有数据记录
19      # models.stockInfo.objects.all().delete()
20      # 删除指定数据记录
21      models.stockInfo.objects.filter
    (date='20190101',stockCode='DemoCode').delete()
22      return HttpResponse("OK!")
```

在 deleteStock 方法内的第 21 行程序语句，首先调用 filter 方法，按参数设置的条件找到对应股票的数据记录，再调用 delete 方法删除它们。在第 19 行注释掉的代码中，其作用是直接删除数据表中所有的数据记录。

```
23  def updateStock(request):
24      # 找到数据记录并更新
25      models.stockInfo.objects.filter (date='20190101',stockCode =
    'DemoCode').update(open=12,close=13)
26      return HttpResponse("OK!")
```

在 updateStock 方法内的第 25 行程序语句，首先也是调用 filter 方法找到对应的数据记录，再调用 update 方法把对应的数据记录更新成为参数指定的数据记录。

```
27  def getAllStock(request):
28      stockInfoList = models.stockInfo.objects.all()
29      response = ""
30      for stock in stockInfoList:
31          response += 'stockCode is:' + stock.stockCode + ',date is:' + stock.date
    +',open is:' +str(stock.open)+',close is:'+str(stock.close)+'<br>'
32      return HttpResponse(response)
```

在 getAllStock 方法内的第 28 行程序语句，是调用 all 方法获取 stockInfo 数据表中的所有数据记录，并通过第 30 行的 for 循环，依次把每条数据记录中的 stockCode 等属性添加到 response 对象中，请注意每条数据记录之间是用
换行，最后在第 32 行返回 response 对象。

```
33  def getStockWithFilter(request):
34      stockInfoList = models.stockInfo.objects.filter(date='20190101')
35      response = ""
36      for stock in stockInfoList:
37          response += 'stockCode is:' + stock.stockCode + ',date is:' + stock.date
    +',open is:' +str(stock.open)+',close is:'+str(stock.close)+'<br>'
38      return HttpResponse(response)
```

在第 33 行的 getStockWithFilter 方法中，通过第 34 行的 filter 方法返回符合指定条件的数据记录，之后同样是通过第 36 行的 for 循环逐条打印返回的结果。这里的 filter 条件只有一个，如果要带多个参数，请参考上面的第 21 行程序语句，多个条件之间用逗号分隔。

编写完上述代码后，以带 "runserver localhost:8080" 参数的方式启动 manage.py 程序，监听 localhost 的 8080 端口，随后通过如下的 url 来验证对数据库的增删改查操作。

步骤 01 输入 http://localhost:8080/insert/，该 HTTP 请求会触发 DBUtil.insertStock 方法向 stockInfo 数据表中插入一条数据记录，结果如图 12-3 所示。

id	date	open	close	high	low	vol	stockCode
1	20190101	10	10.5	10.7	10.3	10	DemoCode

图 12-3　插入一条数据记录后的结果

步骤 02 输入 http://localhost:8080/deleteStock/，该 HTTP 请求会触发 DBUtil.deleteStock 方法删除数据记录，执行完成之后，会看到 stockInfo 数据表内的数据被清空。

步骤 03 输入 http://localhost:8080/insertMore/，该 HTTP 请求会触发 DBUtil.insertMoreStock 方法，向 stockInfo 数据表中插入两条数据记录，结果如图 12-4 所示。

id	date	open	close	high	low	vol	stockCode
2	20190101	10	10.5	10.7	10.3	10	DemoCode
3	20190102	10.5	11	11.2	10.8	12	DemoCode

图 12-4　插入两条数据记录后的结果

步骤 04 输入 http://localhost:8080/getAll/，该 HTTP 请求会触发 DBUtil.getAllStock 方法，查找并返回 stockInfo 表中的所有数据记录，运行之后可以在浏览器中看到如下的输出。

```
stockCode is:DemoCode,date is:20190101,open is:10.0,close is:10.5
stockCode is:DemoCode,date is:20190102,open is:10.5,close is:11.0
```

步骤 05 输入 http://localhost:8080/getStockWithFilter/，该 HTTP 请求会触发 DBUtil.getStockWithFilter 方法，在该方法中通过 filter 传入的条件，返回对应的数据记录，运行后可以在浏览器中看到如下的输出。

```
stockCode is:DemoCode,date is:20190101,open is:10.0,close is:10.5
```

步骤 06 输入 http://localhost:8080/updateStock/，该 HTTP 请求会触发 DBUtil.updateStock 方法，

更新后的数据记录如图 12-5 所示，其中 open 值设置为 12，close 值设置为 13。

id	date	open	close	high	low	vol	stockCode
2	20190101	12	13	10.7	10.3	10	DemoCode

图 12-5　更新后的数据记录

12.2.3　使用查询条件获取数据

在 12.2.2 小节，讲述了通过 filter 方法传入查询条件过滤数据的用法，这其实和 select 语句中的 where 从句很相似，不过当时实现的是完全匹配，比如通过如下的 filter 参数，将得到所有 date 是 20190101 的数据。

```
stockInfoList = models.stockInfo.objects.filter(date='20190101')
```

在 select 语句的 where 从句中，可以通过 like 进行模糊匹配的查询，也可以用大于或小于符号进行范围查询，在本节中将示范此类用法。

在 12.2.2 小节给出的 MyDjangoDBProj 项目的基础上，在 DBUtil.py 程序代码的后面，再加上如下的程序代码。

```
1   def demoLike(request):
2       # 返回包含 2019 的股票数据
3       stockInfoList = models.stockInfo.objects.filter(date__contains='2019')
4       response = ""
5       for stock in stockInfoList:
6           response += 'stockCode is:' + stock.stockCode + ',date is:' + stock.date
    +',open is:' +str(stock.open)+',close is:'+str(stock.close)+'<br>'
7       return HttpResponse(response)
```

在 demoLike 方法内的第 3 行程序语句中，在 filter 方法内的参数是 date__contains，其中 date 是字段名，contains 表示"包含"，连起来的含义等价于 where date like '%2019%'，即返回 date 字段中包含 2019 的股票信息。

```
8    def demoStartswith(request):
9        # 返回以 2019 开头的股票数据
10       stockInfoList = models.stockInfo.objects.filter(date__startswith='2019')
11       response = ""
12       for stock in stockInfoList:
13           response += 'stockCode is:' + stock.stockCode + ',date is:' + stock.date
     +',open is:' +str(stock.open)+',close is:'+str(stock.close)+'<br>'
14       return HttpResponse(response)
15
16   def demoEndswith(request):
17       # 返回以 2019 结束的股票数据
18       stockInfoList = models.stockInfo.objects.filter(date__endswith='2019')
19       response = ""
20       for stock in stockInfoList:
21           response += 'stockCode is:' + stock.stockCode + ',date is:' + stock.date
     +',open is:' +str(stock.open)+',close is:'+str(stock.close)+'<br>'
```

```
22      return HttpResponse(response)
```

同理，在第 8 行的 demoStartswith 方法内的第 10 行程序语句中，filter 方法的参数中包含了 demoStartswith，即返回 date 字段中以 2019 开头的股票信息，这等价于 where date like '2019%'。

在第 16 行的 demoEndswith 方法中，在第 18 行的 filter 方法的参数中包含了 endswith，即返回 date 字段中以 2019 结尾的股票信息，这等价于 where date like '%2019'。

```
23  def demoRange(request):
24      # 大于8，小于12
25      stockInfoList = models.stockInfo.objects.filter(open__gt=8,open__lt=12)
26      # 大于等于8，小于等于12
27      # stockInfoList = models.stockInfo.objects.filter(open__gte=8,
    open__lte=12)
28      response = ""
29      for stock in stockInfoList:
30          response += 'stockCode is:' + stock.stockCode + ',date is:' + stock.date
    +',open is:' +str(stock.open)+',close is:'+str(stock.close)+'<br>'
31      return HttpResponse(response)
```

在第 23 行的 demoRange 方法内的第 25 行程序语句中，在 filter 方法的条件中用到了 open__gt（gt 表示大于）和 open__lt（lt 表示小于），这句话等价于 where open>8 and open<12，而第 27 行程序语句中 filter 方法的条件是 gte（大于等于）和 lte（小于等于），这等价于 where open>=8 and open<=12。

再到 utls.py 中添加如下映射规则。

```
url('^demoLike/$', DBUtil.demoLike),
url('^demoStartswith/$', DBUtil.demoStartswith),
url('^demoEndswith/$', DBUtil.demoEndswith),
url('^demoRange/$', DBUtil.demoRange),
```

同样再以带 "runserver localhost:8080" 参数的方式启动 manage.py 程序。

步骤01 在浏览器中输入 http://localhost:8080/demoLike/，在如下执行的结果中能看到类似SQL 语句中 like 操作的结果。

```
stockCode is:DemoCode,date is:20190101,open is:12.0,close is:13.0
stockCode is:DemoCode,date is:20190102,open is:10.5,close is:11.0
```

步骤02 输入 http://localhost:8080/demoStartswith/，等价于 date like '2019%'，和上述调用 demoLike 方法的结果相同。

步骤03 输入 http://localhost:8080/demoEndswith/，等价于 date like '%2019'，无数据。

步骤04 输入 http://localhost:8080/demoRange/，会得到 open 介于 8~12 之间（但不含 8 和 12）的股票数据，结果如下所示。

```
stockCode is:DemoCode,date is:20190102,open is:10.5,close is:11.0
```

如果注释掉第 25 行的程序语句，去除掉第 27 行的注释使之生效，再输入 http://localhost:8080/demoRange/，就会得到 open 介于 8~12 之间（同时包含 8 和 12）的数据，如下所示。和之前 gt 和 lt 的结果相比，多了第 1 行 open 等于 12 的数据。

```
stockCode is:DemoCode,date is:20190101,open is:12.0,close is:13.0
stockCode is:DemoCode,date is:20190102,open is:10.5,close is:11.0
```

12.2.4 以 SQL 语句的方式读写数据库

在很多场合中，可以像 12.2.3 小节所述那样，通过调用 Model 类的 filter 或 save 等方法来读写数据库，不过在有些场合中，可能还得用到 SQL 语句。

比如在 select 语句中包含 group by 或 having 等复杂关键字，或者在 update 语句中包含比较复杂的 where 条件。这时单纯调用 Model 类的相关方法就不大方便了。

下面将演示在 Django 框架内直接通过 SQL 语句访问数据库，具体做法是，在 DBUtil.py 文件中添加如下代码。

```
1  from django.db import connection
2  def demoSQL(request):
3      cursor = connection.cursor()
4      try:
5          cursor.execute('select * from stockInfo')
6          result=cursor.fetchall()
7      finally:
8          cursor.close()
9      return HttpResponse(result)
```

在第 1 行导入所需的库，在第 2 行的 demoSQL 方法内的第 3 行程序语句中，是通过 connection 对象得到 cursor 游标对象，在第 5 行中通过 cursor 对象执行了一条 SQL 语句，并在第 6 行把读取的结果赋值给 result 对象。

上面代码中执行的 select 语句，其实是通过第 5 行的 cursor.execute 方法。当然，还可以执行 insert、delete 和 update 等其他类型的 SQL 语句。最后在第 9 行通过 return 语句返回了包含结果的 result 对象。

同时，还需要在 urls.py 中添加触发上述 demoSQL 方法的映射关系，代码如下。

```
url('^demoSQL/$', DBUtil.demoSQL),
```

以带 "runserver localhost:8080" 参数的方式启动 manage.py 程序，在浏览器中输入 http://localhost:8080/demoSQL/，就能看到如下的结果。这说明通过直接调用方法执行 SQL 语句的方式，就可以从数据库中获取数据。

```
(2, '20190101', 12.0, 13.0, 10.7, 10.3, 10, 'DemoCode')(3, '20190102', 10.5,
11.0, 11.2, 10.8, 12, 'DemoCode')
```

12.3 绘制 OBV 指标图

OBV 指标的英文全称为 On Balance Volume，中文含义是平衡交易量，是由美国的投资分析家乔·葛兰碧（Joe Granville）所创造。具体而言，该指标是将成交量量化后绘制成曲线，再结合股价的上涨或下跌的趋势，从价格变动和成交量增减的关系中，预测市场的涨跌情况。

12.3.1 OBV 指标的原理以及算法

形象地讲，OBV 指标是将成交量与股价的关系数字化，并根据股市成交量的变化情况来衡量股市上涨或下跌的支持力，以此来研判股价的走势。OBV 指标的设计是基于如下的原理。

（1）如果投资者对当前股价的看法越有分歧，那么成交量就越大，反之成交量就越小，所以可以用成交量来衡量多空双方的力量。

（2）股价在上升时，尤其是在上升初期，必须要较大的成交量相配合；相反，股价在下跌时，无须耗费很大的动量，因此成交量未必放大，甚至下跌阶段成交量会有萎缩趋势。

（3）受关注的股票在一段时间内成交量和股价波动会很大，而冷门股票的成交量和价格波动会比较小。

根据上述原则，OBV 的算法如下，主要是以日为单位累积成交量。

当日 OBV 值 = 本日值 + 前日 OBV 值

如果本日收盘价高于前一日的收盘价，本日的值为正，反之为负，如果本日收盘价和前一日的收盘价相同，则本日值不参与计算，按照这种规则累积计算成交量。成交量可以选择多种计算单位，OBV 用到的是成交手数。参考表 12-3，通过范例来了解一下 OBV 的算法。

表 12-3　OBV 指标算法的实例表

日期	收盘价（元）	成交量（手）	当日 OBV 累计值
第 1 天	10	10000	不计算
第 2 天	10.2	+11000	+11000
第 3 天	10.3	+12000	+23000
第 4 天	10.2	-10000	+13000
第 5 天	10.1	-5000	+8000

其中，第一天不计算，第 2 天的收盘价高于第 1 天，所以当日 OBV 是当日成交量（为正数）。第 3 天收盘价也高于第 2 天，所以该日的 OBV 是第 2 天的值（+11000）加上该日成交量（+12000）。

第 4 天股票下跌，所以当日的 OBV 累计值是前日的 23000 减去当日的成交量，结果是+13000，同理第 5 天也是下跌，当日的 OBV 是前日值 13000 减去当日成交量 5000，结果是 8000。

之后的 OBV 值按同理计算，将每日算得的 OBV 值作为纵坐标，交易的日期作为横坐标，将这些点连接起来就是 OBV 指标线了。

12.3.2 绘制 K 线、均线和 OBV 指标图的整合效果图

在绘制 K 线、均线与 OBV 指标图时，是从 csv 文件（其实源于网站爬取的股票交易数据）中的 Volume 字段获得的成交量，它的单位是"股数"，而计算 OBV 时成交量的单位是"手"，两者的对应关系是 1 手等于 100 股。

　　在 DrawKwithOBV.py 范例程序中，将绘制整合的效果图，该范例程序存放在 MyDjangoDBProj 项目中，与 DBUtil.py 处于同一目录。为了突出 OBV 算法，范例程序不导入数据库相关的操作，也不输出日志。

```python
1   # !/usr/bin/env python
2   # coding=utf-8
3   import pandas as pd
4   import matplotlib.pyplot as plt
5   from mpl_finance import candlestick2_ochl
6   # 计算 OBV 的方法
7   def calOBV(df):
8       # 把成交量换算成万手
9       df['VolByHand'] = df['Volume']/1000000
10      # 创建 OBV 列，先全填充为 0
11      df['OBV'] =0
12      cnt=1     # 索引从 1 开始，即从第 2 天算起
13      while cnt<=len(df)-1:
14          if(df.iloc[cnt]['Close']>df.iloc[cnt-1]['Close']):
15              df.ix[cnt,'OBV'] = df.ix[cnt-1,'OBV'] + df.ix[cnt,'VolByHand']
16          if(df.iloc[cnt]['Close']<df.iloc[cnt-1]['Close']):
17              df.ix[cnt,'OBV'] = df.ix[cnt-1,'OBV'] - df.ix[cnt,'VolByHand']
18          cnt=cnt+1
19      return df
```

　　在第 7 行的 calOBV 方法中封装了计算 OBV 指标的程序逻辑。具体执行步骤是，在第 9 行中为 df 对象新增 VolByHand 列，把成交量转换成"万手"，虽然 OBV 的计算单位是手，但以此绘制出来的指标图上 y 轴的 OBV 数值还是过大，所以这里在除以 100 的基础上再除以 10000，转换成"万手"。

　　随后在第 11 行新增 OBV 列，该列的初始值是 0。之后在第 13 行的 while 循环中，从第 2 天开始依次遍历 df 对象，根据 OBV 的计算规则给每天的 OBV 列赋值，比如通过第 14 行的 if 语句处理当天收盘价上涨的情况，从第 15 行的程序代码中可以看到，在上涨情况下，当日的 OBV 值是前日 OBV 值加上当日的成交量，在第 17 行中处理了当日下跌的情况，当日的 OBV 值是前日值减去当日的成交量。

```python
20  filename='D:\\stockData\ch12\\6004602019-01-012019-05-31.csv'
21  df = pd.read_csv(filename,encoding='gbk')
22  # 调用方法计算 OBV
23  df = calOBV(df)
24  # print(df)       # 可以去除这段注释以查看结果
```

　　在第 21 行从指定的 csv 文件中读到 600460（士兰微）从 20190101 到 20190531 的交易数据，并在第 23 行调用 calOBV 方法计算 OBV 值，在该方法的返回结果存放到 df 对象中，其中 OBV 值包含在 df['OBV']这一列中。如果要检验计算的 OBV 结果，可以去掉第 24 行的注释，使得打印语句生效。

```python
25  figure = plt.figure()
26  # 创建子图
27  (axPrice, axOBV) = figure.subplots(2, sharex=True)
```

```
28  # 调用方法，在 axPrice 子图中绘制 K 线图
29  candlestick2_ochl(ax = axPrice,
30              opens=df["Open"].values, closes=df["Close"].values,
31              highs=df["High"].values, lows=df["Low"].values,
32              width=0.75, colorup='red', colordown='green')
33  axPrice.set_title("K 线图和均线图")      # 设置子图标题
34  df['Close'].rolling(window=3).mean().plot(ax=axPrice,color="red",label='3
    日均线')
35  df['Close'].rolling(window=5).mean().plot(ax=axPrice,color="blue",label='5
    日均线')
36  df['Close'].rolling(window=10).mean().plot(ax=axPrice,
    color="green",label='10 日均线')
37  axPrice.legend(loc='best')              # 绘制图例
38  axPrice.set_ylabel("价格（单位：元）")
39  axPrice.grid(linestyle='-.')            # 带网格线
40  # 在 axOBV 子图中绘制 OBV 图形
41  df['OBV'].plot(ax=axOBV,color="blue",label='OBV')
42  plt.legend(loc='best')                  # 绘制图例
43  plt.rcParams['font.sans-serif']=['SimHei']
44  # 在 OBV 子图上加上负值效果
45  plt.rcParams['axes.unicode_minus'] = False
46  axOBV.set_ylabel("单位：万手")
47  axOBV.set_title("OBV 指标图")           # 设置子图的标题
48  axOBV.grid(linestyle='-.')              # 带网格线
49  # 设置 x 轴坐标的标签和旋转角度
50  major_index=df.index[df.index%5==0]
51  major_xtics=df['Date'][df.index%5==0]
52  plt.xticks(major_index,major_xtics)
53  plt.setp(plt.gca().get_xticklabels(), rotation=30)
54  plt.show()
```

在第 27 行的程序语句设置了两个子图，其中 axPrice 用于绘制 K 线和均线，而 axOBV 则用于绘制 OBV 指标图。

从第 29 行到第 39 行的程序语句用于绘制 K 线以及三条均线，这部分代码在之前几章中的范例程序中都讲过，所以不再重复说明。在第 41 行中通过调用 df['OBV'].plot 方法绘制 OBV 指标图。

在绘制 OBV 子图时请注意两个细节：

（1）在第 46 行中，在 axOBV 子图内通过调用 set_ylabel 方法设置了 OBV 子图的 y 坐标标签为"万手"。

（2）通过第 45 行的程序代码，让 OBV 子图上的 y 坐标数字有正有负，如果去掉这行语句，OBV 子图上 y 坐标的数字均为正数。

运行这个范例程序，即可看到如图 12-6 所示的执行结果。

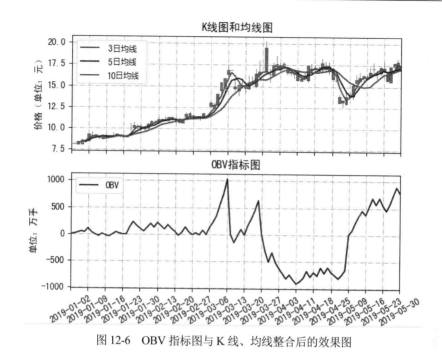

图 12-6　OBV 指标图与 K 线、均线整合后的效果图

12.4　在 Django 框架内整合日志与数据库

在前面的章节中，讲述了在 Django 框架内引入日志和连接 MySQL 数据库的用法，也讲述了 OBV 指标图的绘制方式，在本节中还将以 OBV 指标为范例，演示一下 Django 整合 MVC、日志与数据库的用法。

12.4.1　搭建 Django 环境

首先创建名为 MyDjangoOBVProj 的基于 Django 的项目，在其中实现上述整合功能，在绘制 OBV 指标之前，先通过如下的步骤设置日志和数据库的相关配置。

（1）在 src 目录下创建 log 目录，并在其中新建 myLog.log 文件来存放日志信息。随后，在 settings.py 文件中新加配置针对日志输出的 LOGGING 元素，这部分代码和 12.1.2 小节范例程序内的代码很相似，读者可以参考本书提供下载的完整源代码，这里就不再详细给出了。读者在看源代码的时候就能看到，在其中的 loggers 子元素中，不再有 'error' 部分，这是因为，已经把各种级别的日志统一输出到 myLog.log 文件中了。

（2）在 settings.py 中修改 DATABASES 配置项，以配置和 MySQL 数据库的连接，这部分的代码和 12.2.1 小节的范例程序内的代码完全一致。

（3）在 settings.py 文件的 INSTALLED_APPS 元素中添加本项目名 'MyDjangoOBVProj'。

（4）在 manage.py 和 __init__.py 程序文件中添加如下两行代码，以用 PyMySQL 库来连接

MySQL。

```
import pymysql
pymysql.install_as_MySQLdb()
```

（5）在与 settings.py 同级的目录中，创建 models.py，其中的代码和 12.2.1 小节的范例程序内的代码一致，以此和 MySQL 的 stockInfo 数据表建立关联关系。

至此，就完成了对日志和数据库的配置。

12.4.2 把数据插入到数据表中（含日志打印）

步骤 01 在 MyDjangoOBVProj 项目的 urls.py 文件中建立 url 和处理方法的映射关系，具体代码如下，其中 mainForm 和 mainAction 的两种格式的请求，分别会用 mainForm.py 中对应的两个方法来处理。

```
1  from django.contrib import admin
2  from django.urls import path
3  from django.conf.urls import url
4  from . import mainForm
5  urlpatterns = [
6      path('admin/', admin.site.urls),
7      url('^mainForm/$', mainForm.display),
8      url('^mainAction/$', mainForm.draw)
9  ]
```

步骤 02 创建和 urls.py 平级的 templates 目录，并在其中编写 main.html 文件，代码如下。

```
1  <html>
2  <meta charset="utf-8">
3  <head>
4  <title>分析股票</title>
5  </head>
6  <body>
7      <form name="mainForm" action="/mainAction/" method="POST">
8          {% csrf_token %}
9          <table>
10             <tr>
11                 <td>股票代码:</td>
12                 <td><input type="text" name="stockCode" id="stockCode"
   value="600007"/></td>
13             </tr>
14             <tr>
15                 <td>开始时间</td>
16                 <td><input type="text" name="startDate" id="startDate"
   value="2019-01-01" /></td>
17             </tr>
18             <tr>
19                 <td>结束时间</td>
```

```
20              <td><input type="text" name="endDate" id="endDate"
   value="2019-05-31" /></td>
21          </tr>
22          <tr>
23              <td colspan="2" align="center">
24            <input type="submit" name="submit" value="提交" />  
25              <input type="reset" name="reset" value="重置" />
26              </td>
27          </tr>
28      </table>
29    </form>
30 </body>
31 </html>
```

在第 7 行的 Form 表单中，是用三个文本框来接收股票代码、开始时间和结束时间这三个值，且它们均有默认值。单击第 24 行的"提交"按钮，会以 POST 的方式发送名为 mainAction 的请求。

在 templates 目录中创建 stock.html，代码如下。其中在第 7 行，根据传来的参数显示股票代码，在第 8 行中，根据传来的 img 数据流显示 Matplotlib 格式的图片。

```
1  <html>
2  <meta charset="utf-8">
3  <head>
4  <title>以 OBV 指标分析股票</title>
5  </head>
6  <body>
7      股票代码:{{ stockCode }}<br>
8    <img src="{{ img }}">
9  </body>
10 </html>
```

步骤 03　在 urls.py 同级的目录中创建 mainForm.py 文件，在其中定义跳转以及绘制 OBV 指标的程序代码，其中引入了日志和数据库，由于程序代码比较长，下面分段说明。

```
1  # !/usr/bin/env python
2  # coding=utf-8
3  from django.shortcuts import render
4  import pandas_datareader
5  import matplotlib.pyplot as plt
6  import pandas as pd
7  from mpl_finance import candlestick2_ochl
8  import sys
9  from io import BytesIO
10 import base64
11 import imp
12 from . import models
13 imp.reload(sys)
14 import logging
15 from django.db import connection
16 # 引用 django 日志实例
17 logger = logging.getLogger(__name__)
```

```
18
19   def display(request):
20       logger.info("start to display main.html")
21       return render(request, 'main.html')
```

从第 3 行到第 15 行导入所需的库，其中在第 14 行导入了日志库，在第 15 行导入了连接 MySQL
所需的 connection 库。在第 17 行中定义了日志的实例。

在第 19 行的 display 方法中通过在第 21 行调用 render 方法，跳转到 main.html 页面，同时请
注意在第 20 行，通过 INFO 级别的日志来记录该方法的执行时间。

```
22   # 计算 OBV 的方法
23   def calOBV(df):
24       ......
25       return df
```

第 23 行定义的 calOBV 方法和 12.3.2 小节的范例程序内的同名方法完全一致，在此不再重复
说明。在第 25 行返回的 df 对象中包含了 OBV 值。

```
26   def insertData(stockCode,startDate,endDate):
27       logger.info("start insertData")
28       # 先删除
29       models.stockInfo.objects.filter(stockCode=stockCode). delete()
30       stock = pandas_datareader.get_data_yahoo(stockCode+'.ss',
startDate,endDate)
31       # 删除最后一天多余的股票交易数据
32       stock.drop(stock.index[len(stock)-1],inplace=True)
33       filename='D:\\stockData\ch12\\'+stockCode+startDate+ endDate+'.csv'
34       stock.to_csv(filename)
35       stock = pd.read_csv(filename,encoding='gbk')
36       cnt=0
37       # 存入数据库
38       stockInfoList=[]
39       while cnt<=len(stock)-1:
40           date=stock.iloc[cnt]['Date']
41           open=float(stock.iloc[cnt]['Open'])
42           close=float(stock.iloc[cnt]['Close'])
43           high=float(stock.iloc[cnt]['High'])
44           low=float(stock.iloc[cnt]['Low'])
45           vol=int(stock.iloc[cnt]['Volume'])
46           stockOne = models.stockInfo(date=date,open=open,close=close,
high=high,low=low, vol=vol,stockCode=stockCode)
47           stockInfoList.append(stockOne)
48           cnt=cnt+1
49       models.stockInfo.objects.bulk_create(stockInfoList)
50       return stock
51
52   def loadStock(stockCode,startDate,endDate):
53       logger.info("start loadStock")
54       # 先从数据表中获取数据
55       cursor = connection.cursor()
```

```
56        try:
57            cursor.execute("select date,high,low,open,close,vol from stockInfo
    where stockCode='"+stockCode+"' and date>='"+startDate+"' and
    date<='"+endDate+"'")
58            heads = ['Date','High','Low','Open','Close','Volume']
59            # 依次把每个 cols 元素中的第一个值放入 col 数组
60            result = cursor.fetchall()
61            df = pd.DataFrame(list(result))
62        except:
63            logger.error("in loadStock,error during visiting stockInfo table")
64        finally:
65            cursor.close()
66        # 数据表中存在数据，则从数据表中读取
67        if(len(df)>0):
68            df.columns=heads
69            return df;
70        # 如果没有读取到，则从网站爬取，并插入数据表中
71        else:
72            logger.info("No data in DB, get from Web")
73            df = insertData(stockCode,startDate,endDate)
74            return df
```

在之后绘制图形的 draw 方法中会调用第 52 行的 loadStock 方法获取股票数据。具体而言，先从第 55 行获得游标对象，并在第 57 行通过游标 cursor 对象执行一条 select 语句，根据传入的 stockCode，startDate 和 endDate 值，从 stockInfo 数据表中获得股票数据。

如果通过第 67 行的 if 语句判断数据表中存在所需的数据，则通过第 69 行返回找到的数据，如果数据不存在，则在第 73 行的代码中调用 insertData 方法从网站爬取数据，再插入到 stockInfo 数据表中。

insertData 方法是在第 26 行定义的，它的具体执行步骤是：先通过第 30 行的代码从网站爬取股票数据，随后在第 34 行把数据保存到 csv 文件中，再通过第 39 行的 while 循环，依次把每行数据（即每个交易日的数据）放入 stockInfoList 对象中，而后通过调用第 49 行的 bulk_create 方法，一次性把所有股票数据插入到 stockInfo 数据表中，最后再返回包含股票数据的 df 对象。

```
75  def draw(request):
76      logger.info("start draw")
77      # 获取页面参数
78      stockCode = request.POST.get('stockCode')
79      logger.info("stockCode is:" + stockCode)
80      startDate = request.POST.get('startDate')
81      logger.info("startDate is:" + startDate)
82      endDate = request.POST.get('endDate')
83      logger.info("endDate is:" + endDate)
84      # 获取股票数据
85      df = loadStock(stockCode,startDate,endDate)
86      # 计算 OBV 值
87      df = calOBV(df)
88
89      figure = plt.figure()
```

```
90      # 创建子图
91      (axPrice, axOBV) = figure.subplots(2, sharex=True)
92      # 调用方法，在 axPrice 子图中绘制 K 线图
93      candlestick2_ochl(ax = axPrice,
94              opens=df["Open"].values, closes=df["Close"].values,
95              highs=df["High"].values, lows=df["Low"].values,
96              width=0.75, colorup='red', colordown='green')
97      axPrice.set_title("K 线图和均线图")      # 设置子图标题
98      df['Close'].rolling(window=3).mean().plot(ax=axPrice,color="red",
        label='3 日均线')
99      df['Close'].rolling(window=5).mean().plot(ax=axPrice,color="blue",
        label='5 日均线')
100     df['Close'].rolling(window=10).mean().plot(ax=axPrice,color="green",
        label='10 日均线')
101     axPrice.legend(loc='best')          # 绘制图例
102     axPrice.set_ylabel("价格（单位：元）")
103     axPrice.grid(linestyle='-.')        # 带网格线
104     # 在 axOBV 子图中绘制 OBV 图形
105     df['OBV'].plot(ax=axOBV,color="blue",label='OBV')
106     plt.legend(loc='best')              # 绘制图例
107     plt.rcParams['font.sans-serif']=['SimHei']
108     # 在 OBV 子图上加上负值效果
109     plt.rcParams['axes.unicode_minus'] = False
110     axOBV.set_ylabel("单位：万手")
111     axOBV.set_title("OBV 指标图") # 设置子图的标题
112     axOBV.grid(linestyle='-.')          # 带网格线
113     # 设置 x 轴坐标的标签和旋转角度
114     major_index=df.index[df.index%5==0]
115     major_xtics=df['Date'][df.index%5==0]
116     plt.xticks(major_index,major_xtics)
117     plt.setp(plt.gca().get_xticklabels(), rotation=30)
118     logger.debug("convert plt to buffer")
119     buffer = BytesIO()
120     plt.savefig(buffer)
121     plt.close()
122     base64img = base64.b64encode(buffer.getvalue())
123     img = "data:image/png;base64,"+base64img.decode()
124     logger.debug("start to Render in stock.html")
125     return render(request, 'stock.html', {
126             'img': img,'stockCode':stockCode})
```

在第 75 行的 draw 方法中，首先通过第 78 行到第 82 行的程序代码，获取从 main.html 页面以 POST 方式传来的股票代码、开始时间和结束时间，再通过调用第 85 行的 loadStock 方法获取股票数据。

前文已经讲述了 loadStock 方法的执行过程，先从 stockInfo 数据表中根据股票代码、开始时间和结束时间去查找，如果找到就直接返回，如果没有找到，就从网站去爬取，爬取到股票数据后再插入到 stockInfo 数据表中。

在获得股票数据后，再通过调用第 87 行的 calOBV 方法计算 OBV 值，随后通过第 89 行到第

117 行的程序代码绘制该股票的 K 线、均线和 OBV 指标的整合图。这部分绘制图形的程序代码和 12.3.2 小节的范例程序内绘制图形的程序代码很相似，只不过最后不是调用 plt.show 方法进行绘制，而是通过第 119 行到第 123 行的程序代码把图形以 base64 编码的形式放入 img 对象中，最后通过第 125 行的程序语句，携带包含股票代码的 stockCode 对象和包含图形二进制流的 img 对象，跳转到 stock.html 页面。

同时，请注意在上述方法中的日志打印语句，一般在进入方法时，会打印 INFO 级别的日志，在第 63 行，当触发 exception 时，会打印 ERROR 级别的日志，为了在本地调试时，确保图形转换成流，并发送到 stock.html 页面，所以在第 118 行和第 124 行打印了 DEBUG 级别的日志。

编写完上述程序代码之后，以带 "runserver localhost:8080" 参数的方式启动 manage.py 程序，在浏览器中输入 http://localhost:8080/mainForm/，即可看到如图 12-7 所示的结果。

股票代码：	600007
开始时间	2019-01-01
结束时间	2019-05-31

提交　　重置

图 12-7　用于输入股票代码、开始时间和结束时间的页面

在其中可以更改股票代码，也可以更改时间，不过在本文中使用默认值。此时，MySQL 数据库中的 stockInfo 表内没有数据。单击 "提交" 按钮后，就会看到如图 12-8 所示的页面。

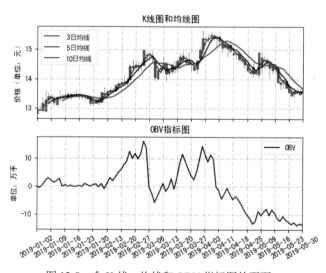

图 12-8　含 K 线、均线和 OBV 指标图的页面

同时，可以在 MySQL 数据库的 stockInfo 数据表中看到相应股票代码在相应日期范围内的股票交易数据。另外，还可以在 myLog.log 文件中看到如下和该范例程序相匹配的日志，尤其是从下面第 6 行到第 8 行的日志可以看到，在调用 loadStock 方法时，由于数据表中没有数据，因此调用了 insertData 方法从网站去爬取股票数据。

```
1    [2019-07-24 21:54:29,140][Thread-2:1444][task_id:MyDjangoOBVProj.mainForm]
     [INFO] start to display main.html
```

```
2  [2019-07-24 21:59:56,296][Thread-5:3024][task_id:MyDjangoOBVProj.mainForm]
   [INFO] start draw
3  [2019-07-24
   21:59:56,296][Thread-5:3024][task_id:MyDjangoOBVProj.mainForm][INFO]
   stockCode is:600007
4  [2019-07-24 21:59:56,296][Thread-5:3024][task_id:MyDjangoOBVProj.mainForm]
   [INFO] startDate is:2019-01-01
5  [2019-07-24 21:59:56,296][Thread-5:3024][task_id:MyDjangoOBVProj.mainForm]
   [INFO] endDate is:2019-05-31
6  [2019-07-24 21:59:56,296][Thread-5:3024][task_id:MyDjangoOBVProj.mainForm]
   [INFO] start loadStock
7  [2019-07-24 21:59:56,312][Thread-5:3024][task_id:MyDjangoOBVProj.mainForm]
   [INFO] No data in DB, get from Web
8  [2019-07-24 21:59:56,312][Thread-5:3024][task_id:MyDjangoOBVProj.mainForm]
   [INFO] start insertData
9  [2019-07-24 22:01:28,437][Thread-5:3024][task_id:MyDjangoOBVProj.mainForm]
   [INFO] start calOBV
```

执行网站爬取数据之后， stockInfo 数据表中就有了股票数据，如果回到 main.html 页面再次单击"提交"按钮，就能看到和图 12-8 所示相同的结果，只不过，这次从 myLog.log 文件中看到的日志情况稍有不同。

```
1  [2019-07-24 22:05:25,656][Thread-6:4048][task_id:MyDjangoOBVProj.mainForm]
   [INFO] start to display main.html
2  [2019-07-24 22:05:27,281][Thread-7:5024][task_id:MyDjangoOBVProj.mainForm]
   [INFO] start draw
3  [2019-07-24 22:05:27,281][Thread-7:5024][task_id:MyDjangoOBVProj.mainForm]
   [INFO] stockCode is:600007
4  [2019-07-24 22:05:27,281][Thread-7:5024][task_id:MyDjangoOBVProj.mainForm]
   [INFO] startDate is:2019-01-01
5  [2019-07-24 22:05:27,281][Thread-7:5024][task_id:MyDjangoOBVProj.mainForm]
   [INFO] endDate is:2019-05-31
6  [2019-07-24 22:05:27,281][Thread-7:5024][task_id:MyDjangoOBVProj.mainForm]
   [INFO] start loadStock
7  [2019-07-24 22:05:27,281][Thread-7:5024][task_id:MyDjangoOBVProj.mainForm]
   [INFO] start calOBV
```

从第 6 行和第 7 行的日志情况来看，由于数据表中存在数据，因此 loadStock 方法并没有调用 insertData 方法，而是直接返回。

DEBUG 级别的日志输出到控制台上，如下所示，这也是和范例程序中的程序代码相符合的。

```
1  [2019-07-24 22:05:27,703][DEBUG] convert plt to buffer
2  [2019-07-24 22:05:27,937][DEBUG] start to Render in stock.html
```

12.4.3 验证基于 OBV 指标的买卖策略

根据之前讲述的 OBV 指标的算法，针对 OBV 的交易策略是比较多的，因为本书的核心还是学习 Python 语言的知识，所以仅给出如下的买卖策略。

（1）当 OBV 指标下降但股价上升，说明股票上升动力不足，股价可能随时下跌，是卖出信号。Python 程序的具体实现是，收盘价连续两天上涨，但 OBV 指标连续两天下跌。

（2）反之，当 OBV 上升但股票下降，说明股票支撑力比较强，之后反弹的可能性比较大。Python 程序的实现是，收盘价连续两天下跌，但 OBV 连续两天上涨。

在 MyDjangoOBVProj 项目中，通过如下的步骤改写 mainForm.py 和 stock.html 来实现上述交易策略。在 mainForm.py 中，改写如下代码。

修改点 1：增加计算买点的 calBuyPoints 方法和计算卖点的方法 calSellPoints，代码如下。

```
1   def calBuyPoints(df):
2       cnt=0
3       buyDate=''
4       while cnt<=len(df)-1:
5           if(cnt>=5):  # 前几天有误差，从第 5 天算起
6               # 买点规则：股价连续两天下跌，而 OBV 连续两天上涨
7               if df.iloc[cnt-1]['Close']>df.iloc[cnt]['Close'] and
    df.iloc[cnt-2]['Close']>df.iloc[cnt-1]['Close']:
8                   logger.debug("calBuyPoints, decrease for 2 days." +
    df.iloc[cnt]['Date'])
9                   logger.debug("obv on first day is:" +
    str(df.iloc[cnt-2]['OBV']))
10                  logger.debug("obv on second day is:" +
    str(df.iloc[cnt-1]['OBV']))
11                  logger.debug("obv on third day is:" + str(df.iloc[cnt]['OBV']))
12                  if(df.iloc[cnt-1]['OBV']<df.iloc[cnt]['OBV'] and
    df.iloc[cnt-2]['OBV']<df.iloc[cnt-1]['OBV']):
13                      buyDate = buyDate+df.iloc[cnt]['Date'] + ','
14          cnt=cnt+1
15      return buyDate
16
17  def calSellPoints(df):
18      cnt=0
19      sellDate=''
20      while cnt<=len(df)-1:
21          if(cnt>=5):  # 前几天有误差，从第 5 天算起
22              # 卖点规则：股价连续两天上涨，而 OBV 连续两天下跌
23              if df.iloc[cnt-1]['Close']<df.iloc[cnt]['Close'] and
    df.iloc[cnt-2]['Close']<df.iloc[cnt-1]['Close']:
24                  logger.debug("calSellPoints, increase for 2 days." +
    df.iloc[cnt]['Date'])
25                  logger.debug("obv on first day is:" +
    str(df.iloc[cnt-2]['OBV']))
26                  logger.debug("obv on second day is:" +
    str(df.iloc[cnt-1]['OBV']))
27                  logger.debug("obv on third day is:" + str(df.iloc[cnt]['OBV']))
28                  if(df.iloc[cnt-1]['OBV']>df.iloc[cnt]['OBV'] and
    df.iloc[cnt-2]['OBV']>df.iloc[cnt-1]['OBV']):
29                      sellDate = sellDate+df.iloc[cnt]['Date'] + ','
30          cnt=cnt+1
```

```
31        return sellDate
```

在第 1 行计算买点的方法中，首先是通过第 4 行的 while 循环依次遍历每个交易日的数据，在遍历过程中，先通过第 7 行的 if 语句判断收盘价是否连续两天下跌，如果满足的话，再通过第 12 行的 if 语句判断 OBV 值是否连续两天上涨。如果满足两个条件，则在第 13 行的语句，把当天的日期记录到 buyDate 变量中作为买点日期。

而第 17 行的计算卖点的 calSellPoints 方法与之相反，首先通过第 23 行的代码判断收盘价是否连续两天上涨，如果是的话，则通过第 28 行的语句判断 OBV 值是否连续两天下跌，如果同时满足两个条件，则在第 29 行的语句，把当天的日期记录到 sellDate 变量中作为卖点日期。

在 mainForm.py 文件中的第二个修改之处是，在 draw 方法的 return 语句之前，调用上述的两个方法，并在 return 语句中，通过 buyDate 和 sellDate 两个参数把买点日期和卖点日期传到 stock.html 页面，相关代码如下。

```
1        buyDate = calBuyPoints(df)
2        sellDate = calSellPoints(df)
3        return render(request, 'stock.html', {
4              'img': img,'stockCode':stockCode,
5              'buyDate':buyDate,'sellDate':sellDate})
```

在 stock.html 页面中，添加如下两行显示买点日期和卖点日期的代码。

```
1        买点日期:{{ buyDate }}<br>
2        卖点日期:{{ sellDate }}<br>
```

修改完成后重启服务，再回到 main.html 页面中，在使用默认股票数据的前提下再单击"提交"按钮，即可看到如图 12-9 所示的结果，其中的图形和之前图 12-8 中的完全相同，只是多了显示买点和卖点的功能。

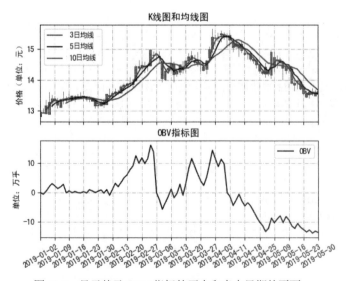

图 12-9　显示基于 OBV 指标的买点和卖点日期的页面

从图 12-9 中可以看到，目前没有符合上述买卖点策略的日期。在 calBuyPoints 和 calSellPoints 方法中已经加入了向控制台输出的 DEBUG 级别的日志，可以通过日志来验证这一结果，比如有如下的日志。

```
1    [2019-07-25 07:10:25,546][DEBUG] calBuyPoints, decrease for 2 days.2019-01-10
2    [2019-07-25 07:10:25,546][DEBUG] obv on first day is:3.1010940000000002
3    [2019-07-25 07:10:25,546][DEBUG] obv on second day is:2.3395650000000003
4    [2019-07-25 07:10:25,546][DEBUG] obv on third day is:1.4282660000000003
```

从第 1 行的日志中可以看到，在计算买点的方法中，虽然 20190110 这天符合第一个条件，即收盘价连续两天下跌，但从第 2 行到第 4 行的日志中可以发现，OBV 值并没有连续两天上升，因此不把这一天作为买点日期的判别是正确的。

同理，经过验证 DEBUG 级别的其他日志，也可以发现根据上述策略，确实无法计算出买卖点日期，这就说明策略本身没问题，而是根据股票数据在指定日期的范围内没有找到匹配该策略的买卖点日期。

12.5   本章小结

在本章的开始部分，给出了在 Django 框架内引入日志的相关用法，以及讲述了分类处理不同级别日志的方法；之后介绍了 Django 框架与 MySQL 数据库的整合方式，其中包含了通过 Model 类对象操作数据库的方法和直接通过 SQL 语句操作数据库的方法。

随后本章借助基于 OBV 指标的范例程序，示范了在 Django 框架内整合日志和数据库，涉及第 11 章介绍的 MVC 知识，让读者体会在实际环境中基于 Django 框架开发 Web 项目的过程。

第13章

以股票预测范例入门机器学习

说到机器学习，大家或许会望而却步。的确，如果要从复杂的数学原理开始学，读懂各种算法，并在算法的基础上了解机器学习，这确实有点难。不过，在 Python 的 Sklearn 等库中，已经封装了机器学习相关算法的实现。

在初学阶段，可以在了解简单原理的基础上，通过调用相关方法来实现基于机器学习的预测功能。因此，在本章中会用通俗易懂的文字来向读者介绍机器学习的原理以及关键性步骤，并通过调用相关的方法，单纯地从数学角度预测股票价格。

和本书的目的一样，本章的核心目的不是"深入讲解"，而是"帮助读者入门机器学习"，在读完本章的文字描述和范例程序后，相信读者会对机器学习中基于线性回归和 SVM 的预测方法有一定的了解，这样读者在今后的学习过程中，以此为基础继续深入机器学习领域。

13.1　用线性回归算法预测股票

线性回归是机器学习中的常用算法，它是用数理统计中的回归分析方法来确定两个或两个以上变量间的相互依赖关系。

在本节中，不会讲述过于复杂的线性回归的数学公式，而是在简单描述其数学原理的基础上，调用 Sklearn 库中封装的相关方法，来实现线性回归的预测功能。

13.1.1　安装开发环境库

Scikit-learn（Sklearn）是 Python 语言在机器学习领域常用的模块，在其中封装了经常使用的机器学习的方法（Method），比如封装了回归（Regression）和分类（Classification）等方法。在本章中，将用它来进行机器学习的相关开发，具体的安装步骤如下。

步骤 01　进入"命令提示符"窗口，到 pip .exe 所在的目录，在其中执行 pip install scipy 命令安装 SciPy 库，因为这个库是安装 Sklearn 库的必要条件。

步骤 02　完成后再通过 pip install sklearn 命令安装 Sklearn 库。

13.1.2　从波士顿房价范例初识线性回归

安装好 Sklearn 库后，在安装包下的路径中就能看到描述波士顿房价的 csv 文件，具体路径是 "python 安装路径\Lib\site-packages\sklearn\datasets\data"，比如安装路径是 D 盘的 Python34 目录，那么在\Lib\site-packages\sklearn\datasets\data 目录中就能看到如图 13-1 所示的数据文件。

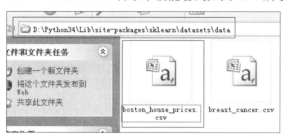

图 13-1　包含波士顿房价数据的 csv 文件

在这个目录中还包含了 Sklearn 库会用到的其他数据文件，本节用到的是包含在 boston_house_prices.csv 文件中的波士顿房价信息。打开这个文件，可以看到如图 13-2 所示的数据。

A	B	C	D	E	F	G	H	I	J	K	L	M	N
506	13												
CRIM	ZN	INDUS	CHAS	NOX	RM	AGE	DIS	RAD	TAX	PTRATIO	B	LSTAT	MEDV
0.00632	18	2.31	0	0.538	6.575	65.2	4.09	1	296	15.3	396.9	4.98	24
0.02731	0	7.07	0	0.469	6.421	78.9	4.9671	2	242	17.8	396.9	9.14	21.6
0.02729	0	7.07	0	0.469	7.185	61.1	4.9671	2	242	17.8	392.83	4.03	34.7
0.03237	0	2.18	0	0.458	6.998	45.8	6.0622	3	222	18.7	394.63	2.94	33.4
0.06905	0	2.18	0	0.458	7.147	54.2	6.0622	3	222	18.7	396.9	5.33	36.2
0.02985	0	2.18	0	0.458	6.43	58.7	6.0622	3	222	18.7	394.12	5.21	28.7

图 13-2　boston_house_prices.csv 文件中的部分波士顿房价数据

第 1 行的 506 表示该文件中包含 506 条样本数据，即有 506 条房价数据，而 13 表示有 13 个影响房价的特征值，即从 A 列到 M 列这 13 列的特征值数据会影响第 N 列 MEDV（即房价值），在表 13-1 中列出了部分列的英文标题及其含义。

表 13-1　波士顿房价文件部分中英文标题一览表

标题名	中文含义	标题名	中文含义
CRIM	城镇人均犯罪率	DIS	到波士顿五个中心区域的加权距离
ZN	住宅用地超过某数值的比例	RAD	辐射性公路的接近指数
INDUS	城镇非零售商用土地的比例	TAX	每 10000 美元的全值财产税率
CHAS	查理斯河相关变量，如边界是河流则为 1，否则为 0	PTRATIO	城镇师生比例
NOX	一氧化氮浓度	MEDV	是自住房的平均房价
RM	住宅平均房间数		
AGE	1940 年之前建成的自用房屋比例		

从表 13-1 中可以看到，波士顿房价的数值（即 MEDV）和诸如"住宅用地超过某数值的比例"等 13 个特征值有关。而线性回归要解决的问题是，量化地找出这些特征值和目标值（即房价）的线性关系，即找出如下的 k1 到 k13 系数的数值和 b 这个常量值。

$$MEDV = k1*CRIM + k2*ZN + … + k13*LITAT + b$$

上述参数有 13 个，为了简化问题，先计算 1 个特征值（DIS）与房价（MEDV）的关系，然后在此基础上讲述 13 个特征值与房价关系的计算方式。

如果只有 1 个特征值 DIS，它与房价的线性关系表达式如下所示。在计算出 k1 和 b 的值以后，如果再输入对应 DIS 值，即可据此计算 MEDV 的值，以此实现线性回归的预测效果。

$$MEDV = k1*DIS + b$$

在下面的 OneParamLR.py 范例程序中，通过调用 Sklearn 库中的方法，以训练加预测的方式，推算出一个特征值（DIS）与目标值（MEDV，即房价）的线性关系，该范例程序文件名中的 LR 是线性回归英文 Linear Regression 的缩写。

```
1   # !/usr/bin/env python
2   # coding=utf-8
3   import numpy as np
4   import pandas as pd
5   import matplotlib.pyplot as plt
6   from sklearn import datasets
7   from sklearn.linear_model import LinearRegression
```

在上述代码中导入了必要的库，其中第 6 行和第 7 行用于导入 sklearn 相关库。

```
8    # 从文件中读数据，并转换成 DataFrame 格式
9    dataset=datasets.load_boston()
10   data=pd.DataFrame(dataset.data)
11   data.columns=dataset.feature_names        # 特征值
12   data['HousePrice']=dataset.target         # 房价，即目标值
13   # 这里单纯计算离中心区域的距离和房价的关系
14   dis=data.loc[0:data['DIS'].size-1,'DIS'].as_matrix()
15   housePrice=data.loc[0:data['HousePrice'].size-1,'HousePrice'].as_matrix()
```

在第 9 行中，加载了 Sklearn 库下的波士顿房价数据文件，并赋值给 dataset 对象。在第 10 行通过 dataset.data 读取了文件中的数据。在第 11 行通过 dataset.feature_name 读取了特征值，如前文所述，data.columns 对象中包含了 13 个特征值。在第 12 行通过 dataset.target 读取目标值，即 MEDV 列的房价，并把目标值设置到 data 的 HousePrice 列中。

在第 14 行读取了 DIS 列的数据，并调用 as_matrix 方法把读到的数据转换成矩阵中一列的格式，如图 13-3 所示。

图 13-3　DIS 转换成矩阵的格式

在第 15 行中，是用同样的方法把房价数值转换成矩阵中列的格式，如图 13-3 所示。

```
16  # 转置一下，否则数据是竖排的
17  dis=np.array([dis]).T
18  housePrice=np.array([housePrice]).T
19  # 训练线性模型
20  lrTool=LinearRegression()
21  lrTool.fit(dis,housePrice)
22  # 输出系数和截距
23  print(lrTool.coef_)
24  print(lrTool.intercept_)
```

由于当前在 dis 和 housePrice 变量中保存的是"列"形式的数据，因此在第 16 行和第 17 行中，需要把它们转换成行形式的数据。

在第 20 行中，通过调用 LinearRegression 方法创建了一个用于线性回归分析的 lrTool 对象，在第 21 行中，通过调用 fit 方法进行基于线性回归的训练。这里训练的目的是，根据传入的一组特征值 dis 和目标值 MEDV，推算出 MEDV = k1*DIS + b 公式中的 k1 和 b 的值。

调用 fit 方法进行训练后，lrTool 对象就内含了系数和截距等线性回归相关的参数，通过第 23 行的打印语句输出了系数，即参数 k1 的值，而第 24 行的打印语句输出了截距，即参数 b 的值。

```
25  # 画图显示
26  plt.scatter(dis,housePrice,label='Real Data')
27  plt.plot(dis,lrTool.predict(dis),c='R',linewidth='2',label='Predict')
28  # 验证数据
29  print(dis[0])
30  print(lrTool.predict(dis)[0])
31  print(dis[2])
32  print(lrTool.predict(dis)[2])
33
34  plt.legend(loc='best')  # 绘制图例
35  plt.rcParams['font.sans-serif']=['SimHei']
36  plt.title("DIS 与房价的线性关系")
37  plt.xlabel("DIS")
38  plt.ylabel("HousePrice")
39  plt.show()
```

在第 26 行中，通过调用 scatter 方法绘制出 x 值是 DIS，y 值是房价的诸多散点，第 27 行则是调用 plot 方法绘制出 DIS 和预测结果的关系，即一条直线。

之后就是用 Matplotlib 库中的方法绘制出 x 轴 y 轴文字和图形标题等信息。运行上述代码，即可看到如图 13-4 所示的结果。

图 13-4 中各个点表示真实数据，每个点的 x 坐标是 DIS 值，y 坐标是房价。红线则表示根据当前 DIS 值，通过线性回归预测出的房价结果。

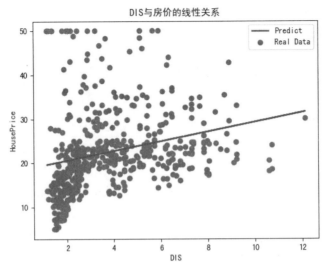

图 13-4　根据 DIS 特征值预测房价的结果图

下面通过输出的数据，进一步说明图 13-3 中以红线形式显示的预测数据的含义。通过代码的第 23 行和第 24 行输出了系数和截距，结果如下。

```
[[1.09161302]]
[18.39008833]
```

即房价和 DIS 满足如下的一次函数关系：MEDV = 1.09161302*DIS + 18.39008833。

从第 29 行到第 32 行输出了两组 DIS 和预测房价数据，每两行是一组，结果如下。

```
[4.09]
[22.85478557]
[4.9671]
[23.81223934]
```

在已经得到的公式中，MEDV = 1.09161302*DIS + 18.39008833，把第 1 行的 4.09 代入 DIS，把第 2 行的 22.85478557 代入 MEDV，发现结果吻合。同理，把第 3 行的 DIS 和第 4 行 MEDV 值代入上述公式，结果也吻合。

也就是说，通过基于线性回归的 fit 方法，训练了 lrTool 对象，使之包含了相关参数，这样如果输入其他的 DIS 值，那么 lrTool 对象根据相关参数也能算出对应的房价值。

从可视化的效果来看，用 DIS 预测 MEDV 房价的效果并不好，原因是毕竟只用了其中一个特征值。不过，通过这个范例程序，还是可以看出基于线性回归实现预测的一般步骤：根据一组（506条）数据的特征值（本范例中是 DIS）和目标值（房价），调用 fit 方法训练 lrTool 等线性回归中的对象，让它包含相关系数，随后再调用 predict 方法，根据由相关系数组成的公式，通过计算预测目标结果。

看到这里，读者可能会产生两大问题。第一，上例中的特征值数量就一个，如果遇到多个特征值情况该怎么办呢？比如在这个波士顿房价范例中，如何通过 13 个特征值来预测？第二，在诸如 fit 等计算方法的内部，是怎么通过机器学习确定参数的？在后续的章节中，将讲述这两大问题。

13.1.3 实现基于多个特征值的线性回归

在 13.1.2 小节的范例中，特征值的数量就一个，如果要用到波士顿房价范例中 13 个特征值来进行预测，那么对应的公式如下，这里要做的工作是，通过 fit 方法，计算如下的 k1 到 k13 系数以及 b 截距值。

MEDV = k1*CRIM + k2*ZN + ... + k13*LITAT + b

在下面的 MoreParamLR.py 范例程序中，实现用 13 个特征值预测房价的功能。

```python
1   # !/usr/bin/env python
2   # coding=utf-8
3   from sklearn import datasets
4   from sklearn.linear_model import LinearRegression
5   import matplotlib.pyplot as plt
6   # 加载数据
7   dataset = datasets.load_boston()
8   # 特征值集合，不包括目标值房价
9   featureData = dataset.data
10  housePrice = dataset.target
```

在第 7 行中加载了波士顿房价的数据，在第 9 行和第 10 行分别把 13 个特征值和房价目标值放入 featureData 和 housePrice 这两个变量中。

```python
11  lrTool = LinearRegression()
12  lrTool.fit(featureData, housePrice)
13  # 输出系数和截距
14  print(lrTool.coef_)
15  print(lrTool.intercept_)
```

上述代码和前文推算一个特征值和目标值关系的代码很相似，只不过在第 12 行的 fit 方法中，传入的特征值是 13 个，而不是 1 个。在第 14 行和第 15 行的程序语句同样输出了各项系数和截距数值。

```python
16  # 画图显示
17  plt.scatter(housePrice,housePrice,label='Real Data')
18  plt.scatter(housePrice,lrTool.predict(featureData),c='R',label='Predicted
    Data')
19  plt.legend(loc='best')  # 绘制图例
20  plt.rcParams['font.sans-serif']=['SimHei']
21  plt.xlabel("House Price")
22  plt.ylabel("Predicted Price")
23  plt.show()
```

在第 17 行绘制了 x 坐标和 y 坐标都是房价值的散列点，这些点表示原始数据，在第 19 行绘制散列点时，x 坐标是原始房价，y 坐标是根据线性回归推算出的房价。

运行上述代码，即可看到如图 13-5 所示的结果。其中蓝色散列点表示真实数据，红色散列点表示预测出的数据，和图 13-4 相比，预测出的房价结果数据更靠近真实房价数据，这是因为这次用了 13 个特征值来预测，而在图 13-4 中只用了其中一个特征数据来预测。

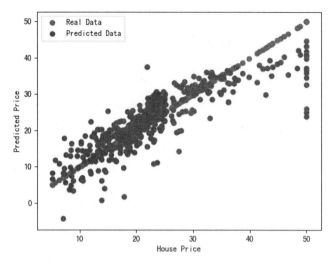

图 13-5　根据 13 个特征值来预测房价的结果图

另外，从控制台中可以看到由第 14 行和第 15 行的程序语句打印出的各项系数和截距。

```
1   [-1.08011358e-01  4.64204584e-02  2.05586264e-02  2.68673382e+00
    -1.77666112e+01  3.80986521e+00 6.92224640e-04 -1.47556685e+00
    3.06049479e-01 -1.23345939e-02 -9.52747232e-01  9.31168327e-03
    -5.24758378e-01]
2   36.459488385089855
```

其中，第 1 行表示 13 个特征值的系数，而第 2 行表示截距。代入上述系数，即可看到如下的 13 个特征值与目标房价的对应关系——预测公式。得出如下的公式后，再输入其他的 13 个特征值，即可预测出对应的房价。

$$MEDV = -1.08011358e\text{-}01*CRIM + 4.64204584e\text{-}02*ZN + \ldots + -5.24758378e\text{-}01*LITAT + 36.459488385089855$$

13.1.4　fit 函数训练参数的标准和方法

在 13.1.3 小节，首先介绍了通过 fit 方法来计算出房价和 DIS 关系的一元线性函数的系数和常数项，其中该方法学习了 506 个 DIS 和房价的样本，并在此基础上用一次函数拟合了两者的关系。

$$MEDV = k*DIS + b$$

在上述公式中，将用 fit 方法计算出来的 k 和 b 来推算房价，在计算 k 和 b 的值时，希望预测值和真实值误差最小，这里需要用"方差"评估误差。

比如已经有若干个值，(k1, b1) (k2, b2)…, (kn, bn)，怎么评估哪组预测出的房价最准呢？Sklearn 库中的 fit 方法将用 506 个 DIS 值来训练（也可以说是学习），具体的步骤如下。

步骤01　把第一个 DIS 的真实数据 4.09 代入，算出 k1*4.09 + b1，得到一个房价值 m1。

步骤02　计算 m1 和 4.09 对应的真实房价（即 24）的方差 s1，具体算法是，s1 等于 24-m1 的平方，用 s1 这个方差来评估预测结果 m1 和真实房价 24 的偏离程度。

步骤 03 同理，以 k2*4.9671 + b2 计算第二个 DIS 真实数据 4.9671 预测出的房价 m2，再计算 m2 与该 DIS 对应真实房价 21.6 的方差 m2，如果 m2 小于 m1，那么说明用(k2，b2)参数预测出的房价要比用(k1，b1)参数预测出的房价要准，反之亦然，同理计算出剩下(kn, bn)预测出的房价与真实房价的方差。

在只有 1 个特征值的应用场景中，是用"方差"来训练，在有 13 个特征值的应用场景中，方法是一样的，即用多组已知的值 (k1, k2…kn, b)预测房价，再计算预测结果与真实房价的方差，方差越小说明预测越准，也可以说是用方差来训练的。

在训练过程中，会用到数学分析理论中的最小二乘法，这里不讲具体的公式，因为 Sklearn 库已经封装了这个方法，我们直接使用即可。归纳一下，请记得如下的结论。

（1）在机器学习的训练过程中，需要有个标准来评估训练效果，本章范例用的是方差，在其他场景中也可以用其他的标准，甚至可以自己定义评估的标准。

（2）在训练过程中，会用到数学方法，本章范例用的是最小二乘法，在其他场景中可能会遇到其他方法。不过，其实没有必要在完全理解数学公式含义的基础上才去开发机器学习的功能（如果能理解当然更好），因为 Python 的机器学习的相关库中已经封装了相关数学公式。

13.1.5 训练集、验证集和测试集

在 13.1.4 小节，选择把训练的主动权交给了"最小二乘法"，也就是说，没有人工干预训练过程。不过在某些场合中，需要在训练过程中，根据训练的结果与真实数据间的误差，动态地改变训练参数甚至训练策略，这时候就需要引入"验证集"和"测试集"，先来看一下相关的概念。

一般会把样本数的 60%作为训练集，比如在波士顿房价范例中，把总数为 506 条样本数据中 60%的数据用来计算各项参数。

一般也会把 20%的样本数作为验证集，验证集不会像训练集一样参与拟合参数等工作，而是专门被用来验证调整训练参数乃至训练策略后的结果，以此不断优化训练过程。

而测试集的比例一般也是 20%，它不参与训练，而且也不能像验证集那样作为调整训练参数以及调整训练策略等的依据，测试集是用来评估最终训练结果的优劣程度。

在给出相关的范例程序前，请记住如下的结论：

（1）在采用同一种训练策略和训练参数的前提下，如果把原本属于训练集的样本划分给验证集和训练集，一定会降低预测的准确性，从这角度来看，划分验证集和测试集是有代价的。

（2）划分出验证集和测试集后，可以动态地调整训练过程，并可以根据测试集评估训练后的结果，这就是付出代价后得到的收获。换句话说，如果有必要在训练过程中进行调整并评估训练结果，这才有必要再划分验证集和测试集。

（3）训练集、验证集和测试集的比例一般是 6:2:2，不过这不是绝对的，可以根据需要适当地调整。而且，如果不涉及动态调整，则无须划分验证集。

在下面的 MoreParamLRWithTestSet.py 范例程序中，将把样本划分成训练集和测试集，用训练集来计算 13 个特征值的参数和常数项，再用测试集来评估训练的结果。

```
1   # !/usr/bin/env python
2   # coding=utf-8
3   import numpy as np
4   from sklearn import datasets
5   from sklearn.model_selection import train_test_split
6   from sklearn.linear_model import LinearRegression
7   import matplotlib.pyplot as plt
8
9   dataset = datasets.load_boston()
10  # 特征值集合，不包括目标值房价
11  featureData = dataset.data
12  housePrice = dataset.target
13  # 划分训练集和测试集，测试集的比例是 10%
14  featureTrain, featureTrainTest, housePriceTrain, housePriceTest =
    train_test_split(featureData, housePrice, test_size=0.1)
```

在第 11 行把特征值放入 featureData 对象，在第 12 行把目标房价放入 housePrice 对象。在第 14 行的 train_test_split 方法中，分别把特征值和房价目标值划分为训练集和测试集，而且通过 test_size=0.1 指定测试集的大小是 10%。

在调用该方法生成训练集和测试集时，返回了 4 个参数，其中 featureTrain 和 featureTrainTest 分别表示特征值的训练集和测试集，而 housePriceTrain 和 housePriceTest 分别表示目标房价的训练集和测试集。

```
15  # 构建线性回归对象
16  lrTool = LinearRegression()
17  # 用训练集来拟合参数
18  lrTool.fit(featureTrain, housePriceTrain)
19  # 用训练集绘图
20  plt.scatter(housePriceTrain,lrTool.predict(featureTrain),c='R',
            label='Predicted Data')
21  plt.scatter(housePriceTrain,housePriceTrain,label='Real Data')
```

请注意，在 18 行通过 fit 方法训练时，是用训练集，而不是像之前那样用特征值和目标值的全集来训练。而且，在第 20 行和第 21 行绘制散点图时，也是基于训练集来绘制的。

```
22  # 用测试集来计算方差
23  predictByTest = lrTool.predict(featureTrainTest)
24  # 用测试集计算方差
25  testResult = np.sum(((predictByTest - housePriceTest) ** 2) /
    len(housePriceTest))
26  print(testResult)
27  plt.show()
```

第 23 行的程序语句通过特征值的测试集计算出了目标房价的预测结果，并在第 25 行计算了基于特征值预测结果和房价测试集之间的方差，以此来量化训练结果，由此可知测试集的目的主要是用于验证。

运行上述代码，即可看到如图 13-6 所示的结果，而且可以在控制台看到输出的方差结果是 17.025243707185318，由此可以量化地分析预测结果和真实结果的偏差。

在这个例子中，由于在训练时，使用了特征值或目标房价的样本，也就是说训练前后样本值

有可能变化，因此需要专门保留一定比例的测试集，以便用来评估线性回归的结果。另外，在本范例程序中，因为只用了一种算法来训练，所以无须划分出验证集。

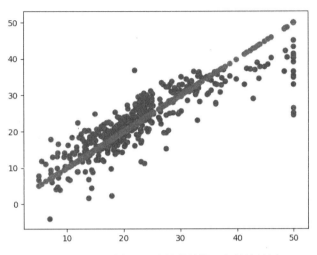

图 13-6　用训练集预测房价的线性回归的结果图

13.1.6　预测股票价格

在 13.1.5 小节，讲述了线性回归的概念以及 Sklearn 库中的相关方法，还讲述了通过测试集来评估训练结果的方式。在此基础上，在本节中将在下面的 predictStockByLR.py 范例程序中，根据股票历史的开盘价、收盘价和成交量等特征值，从数学角度来预测股票未来的收盘价。

```python
1   # !/usr/bin/env python
2   # coding=utf-8
3   import pandas as pd
4   import numpy as np
5   import math
6   import matplotlib.pyplot as plt
7   from sklearn.linear_model import LinearRegression
8   from sklearn.model_selection import train_test_split
9   # 从文件中获取数据
10  origDf = pd.read_csv('D:/stockData/ch13/6035052018-09-012019-05-31.csv',
    encoding='gbk')
11  df = origDf[['Close', 'High', 'Low','Open' ,'Volume']]
12  featureData = df[['Open', 'High', 'Volume','Low']]
13  # 划分特征值和目标值
14  feature = featureData.values
15  target = np.array(df['Close'])
```

第 10 行的程序语句从包含股票信息的 csv 文件中读取数据，在第 14 行设置了特征值是开盘价、最高价、最低价和成交量，同时在第 15 行设置了要预测的目标列是收盘价。

在后续的代码中，需要将计算出开盘价、最高价、最低价和成交量这四个特征值和收盘价的线性关系，并在此基础上预测收盘价。

```
16   # 划分训练集，测试集
17   feature_train, feature_test, target_train ,target_test =
     train_test_split(feature,target,test_size=0.05)
18   pridectedDays = int(math.ceil(0.05 * len(origDf)))        # 预测天数
19   lrTool = LinearRegression()
20   lrTool.fit(feature_train,target_train) # 训练
21   # 用测试集预测结果
22   predictByTest = lrTool.predict(feature_test)
```

第 17 行的程序语句通过调用 train_test_split 方法把包含在 csv 文件中的股票数据分成训练集和测试集，这个方法前两个参数分别是特征列和目标列，而第三个参数 0.05 则表示测试集的大小是总量的 0.05。该方法返回的四个参数分别是特征值的训练集、特征值的测试集、要预测目标列的训练集和目标列的测试集。

第 18 行的程序语句计算了要预测的交易日数，在第 19 行中构建了一个线性回归预测的对象，在第 20 行是调用 fit 方法训练特征值和目标值的线性关系，请注意这里的训练是针对训练集的，在第 22 行中，则是用特征值的测试集来预测目标值（即收盘价）。也就是说，是用多个交易日的股价来训练 lrTool 对象，并在此基础上预测后续交易日的收盘价。至此，上面的程序代码完成了相关的计算工作。

```
23   # 组装数据
24   index=0
25   # 在前 95%的交易日中，设置预测结果和收盘价一致
26   while index < len(origDf) - pridectedDays:
27       df.ix[index,'predictedVal']=origDf.ix[index,'Close']
28       df.ix[index,'Date']=origDf.ix[index,'Date']
29       index = index+1
30   predictedCnt=0
31   # 在后 5%的交易日中，用测试集推算预测股价
32   while predictedCnt<pridectedDays:
33       df.ix[index,'predictedVal']=predictByTest[predictedCnt]
34       df.ix[index,'Date']=origDf.ix[index,'Date']
35       predictedCnt=predictedCnt+1
36       index=index+1
```

在第 26 行到第 29 行的 while 循环中，在第 27 行把训练集部分的预测股价设置成收盘价，并在第 28 行设置了训练集部分的日期。

在第 32 行到第 36 行的 while 循环中，遍历了测试集，在第 33 行的程序语句把 df 中表示测试结果的 predictedVal 列设置成相应的预测结果，同时也在第 34 行的程序语句逐行设置了每条记录中的日期。

```
37   plt.figure()
38   df['predictedVal'].plot(color="red",label='predicted Data')
39   df['Close'].plot(color="blue",label='Real Data')
40   plt.legend(loc='best')  # 绘制图例
41   # 设置 x 坐标的标签
42   major_index=df.index[df.index%10==0]
43   major_xtics=df['Date'][df.index%10==0]
44   plt.xticks(major_index,major_xtics)
```

```
45    plt.setp(plt.gca().get_xticklabels(), rotation=30)
46    # 带网格线，且设置了网格样式
47    plt.grid(linestyle='-.')
48    plt.show()
```

在完成数据计算和数据组装的工作后，从第 37 行到第 48 行程序代码的最后，实现了可视化。

第 38 行和第 39 行的程序代码分别绘制了预测股价和真实收盘价，在绘制的时候设置了不同的颜色，也设置了不同的 label 标签值，在第 40 行通过调用 legend 方法，根据收盘价和预测股价的标签值，绘制了相应的图例。

从第 42 行到第 45 行设置了 x 轴显示的标签文字是日期，为了不让标签文字显示过密，设置了"每 10 个日期里只显示 1 个"的显示方式，并且在第 47 行设置了网格线的效果，最后在第 48 行通过调用 show 方法绘制出整个图形。运行本范例程序，即可看到如图 13-7 所示的结果。

图 13-7　用线性回归方法预测股票价格的结果图

从图 13-7 中可以看出，蓝线表示真实的收盘价（图中完整的线），红线表示预测股价（图中靠右边的线）。因为本书黑白印刷的原因，在书中读者看不到蓝色和红色，请读者在自己的计算机上运行这个范例程序即可看到红蓝两色的线）。虽然预测股价和真实价之间有差距，但涨跌的趋势大致相同。而且在预测时没有考虑到涨跌停的因素，所以预测结果的涨跌幅度比真实数据要大。

股票价格不仅由技术层面决定，还受政策方面、资金量以及消息面等诸多因素的影响，这也能解释预测结果和真实结果间有差异的原因。

13.2　通过 SVM 预测股票涨跌

SVM 是英文 Support Vector Machine 的缩写，中文名为支持向量机，通过它可以对样本数据进行分类。以股票为例，SVM 能根据若干特征样本的数据，把要预测的目标结果划分成"涨"和"跌"

两种，从而实现对股票涨跌的预测。

13.2.1　通过简单的范例程序了解 SVM 的分类作用

在 Sklearn 库中，同样封装了 SVM 分类的相关方法，也就是说，我们无须了解其中复杂的算法，即可用它实现基于 SVM 的分类。在本节中，通过下面 SimpleSVMDemo.py 范例程序，来看一下使用 SVM 库实现分类的用法以及相关方法的调用方式。

```
1    # !/usr/bin/env python
2    # coding=utf-8
3    import numpy as np
4    import matplotlib.pyplot as plt
5    from sklearn import svm
6    # 给出平面上的若干点
7    points = np.r_[[[-1,1],[1.5,1.5],[1.8,0.2],[0.8,0.7],[2.2,2.8],
     [2.5,3.5],[4,2]]]
8    # 按 0 和 1 标记成两类
9    typeName = [0,0,0,0,1,1,1]
```

第 5 行的程序语句导入了基于 SVM 的库。在第 7 行定义了若干个点，并在第 9 行把这些点分成了两类，比如[-1,1]点是第一类，而[4,2]是第二类。

请注意，在第 7 行定义点的时候，是通过 np.r_方法把数据转换成"列矩阵"，这样做的目的是让数据结构满足 fit 方法的要求。

```
10   # 建立模型
11   svmTool = svm.SVC(kernel='linear')
12   svmTool.fit(points,typeName)    # 传入参数
13   # 确立分类的直线
14   sample = svmTool.coef_[0]         # 系数
15   slope = -sample[0]/sample[1]      # 斜率
16   lineX = np.arange(-2,5,1)         # 获取-2 到 5，间距是 1 的若干数据
17   lineY = slope*lineX-(svmTool.intercept_[0])/sample[1]
```

在第 11 行中，创建了基于 SVM 的对象，并指定该 SVM 模型采用比较常用的"线性核"来实现分类操作。

第 12 行通过调用 fit 方法训练样本，这里的 fit 方法和之前基于线性回归范例程序中的 fit 方法是一样的，只不过这里是基于线性核的相关算法，而之前是基于线性回归的相关算法（比如最小二乘法）。

训练完成后，通过第 14 行和第 15 行的程序代码得到了可以分隔两类样本的直线，包括直线的斜率和截距，并通过第 16 行和第 17 行的程序代码设置了分隔线的若干个点。

```
18   # 画出划分直线
19   plt.plot(lineX,lineY,color='blue',label='Classified Line')
20   plt.legend(loc='best') # 绘制图例
21   plt.scatter(points[:,0],points[:,1],c='R')
22   plt.show()
```

计算完成后，通过调用第 19 行的 plot 方法绘制了分隔线，并在第 21 行调用 scatter 方法绘制所有的样本点。由于 points 是"列矩阵"的数据结构，因此是用 points[:,0]来获取绘制点的 x 坐标，用 points[:,1]来获取 y 坐标，最后是通过调用第 22 行的 show 方法来绘制图形。

运行这个范例程序，即可看到如图 13-8 所示的结果，从图中可以看到，边界线能有效地分隔两类样本。

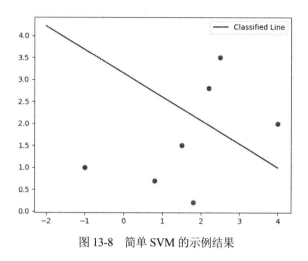

图 13-8　简单 SVM 的示例结果

从这个例子可以看到，SVM 的作用是：根据样本训练出可以划分不同种类数据的边界线，由此实现"分类"的效果。而且，在根据训练样本确定好边界线的参数后，还可以根据其他没有明确种类的样本，计算出它的种类，以此实现"预测"。

13.2.2　数据标准化处理

标准化（Normalization）处理是将特征样本按一定算法进行缩放，让它们落在某个范围比较小的区间内，同时去掉单位限制，让样本数据转换成无量纲的纯数值。

在用机器学习进行训练时，一般需要对训练数据进行标准化处理，原因是 Sklearn 等库封装的一些机器学习算法对样本有一定的要求，如果有些特征值的数量级偏离大多数特征值的数量级，或者有些特征值偏离正态分布，那么预测结果就不准确。

需要说明的是，虽然在训练前对样本进行了标准化处理，改变了样本值，但由于在标准化的过程中是用同一个算法对全部样本进行转换，属于"数据优化"，不会对后续的训练起到不好的作用。

下面通过 Sklearn 库提供的 preprocessing.scale 方法实现标准化，该方法是让特征值减去平均值然后除以标准差。下面通过 ScaleDemo.py 范例程序来实际示范一下 preprocessing.scale 方法。

```
1  # !/usr/bin/env python
2  # coding=utf-8
3  from sklearn import preprocessing
4  import numpy as np
5
6  origVal = np.array([[10,5,3],
7                      [8,6,12],
8                      [14,7,15]])
```

```
9    # 计算均值
10   avgOrig = origVal.mean(axis=0)
11   # 计算标准差
12   stdOrig=origVal.std(axis=0)
13   # 减去均值，除以标准差
14   print((origVal-avgOrig)/stdOrig)
15   scaledVal=preprocessing.scale(origVal)
16   # 直接输出 preprocessing.scale 后的结果
17   print(scaledVal)
```

第 6 行初始化了一个长宽各为 3 的矩阵，在第 10 行通过调用 mean 方法计算了该矩阵的均值，在第 12 行则通过调用 std 方法来计算标准差。

第 14 行是用原始值减去均值，再除以标准差，在第 17 行是直接输出 preprocessing.scale 的结果。第 14 行和第 17 行的输出结果相同，如下所示。

```
1    [[-0.26726124 -1.22474487 -1.37281295]
2     [-1.06904497  0.          0.39223227]
3     [ 1.33630621  1.22474487  0.98058068]]
```

13.2.3 预测股票涨跌

在 13.2.1 小节的范例程序中，用基于 SVM 的方法，通过一维直线来分类二维的点。据此可以进一步推论：通过基于 SVM 的方法，还可以分类具有多个特征值的样本。

比如可以通过开盘价、收盘价、最高价、最低价和成交量等特征值，用 SVM 的算法训练出这些特征值和股票"涨"和"跌"的关系，即通过特征值划分指定股票"涨"和"跌"的边界。采用这种方法，一旦输入其他的股票特征数据，即可预测出对应的涨跌情况。

在下面的 PredictStockBySVM.py 范例程序中，给出了基于 SVM 预测股票涨跌的功能，这个范例程序比较长，下面逐段说明。

```
1    # !/usr/bin/env python
2    # coding=utf-8
3    import pandas as pd
4    from sklearn import svm,preprocessing
5    import matplotlib.pyplot as plt
6    origDf=pd.read_csv('D:/stockData/ch13/
     6035052018-09-012019-05-31.csv',encoding='gbk')
7    df=origDf[['Close', 'High', 'Low','Open' ,'Volume','Date']]
8    # diff 列表示本日和上日收盘价的差
9    df['diff'] = df["Close"]-df["Close"].shift(1)
10   df['diff'].fillna(0, inplace = True)
11   # up 列表示本日是否上涨，1 表示涨，0 表示跌
12   df['up'] = df['diff']
13   df['up'][df['diff']>0] = 1
14   df['up'][df['diff']<=0] = 0
15   # 预测值暂且初始化为 0
16   df['predictForUp'] = 0
```

第 6 行从指定的 csv 文件读取股票数据，该 csv 格式文件中的股票数据其实是从网站爬取到的，

具体做法可以参考前面的章节。

第 9 行设置了 df 的 diff 列为本日收盘价和前日收盘价的差值，通过第 12 行到第 14 行的程序代码，设置了 up 列的值，具体的执行过程是：如果当日股票上涨，即本日收盘价大于前日收盘价，则 up 值是 1；反之，如果当日股票下跌，up 值则为 0。

第 16 行的程序语句在 df 对象中新建了表示预测结果的 predictForUp 列，该列的值暂且都设置为 0，在后续的代码中，将根据预测结果填充这列的值。

```
17    # 目标值是真实的涨跌情况
18    target = df['up']
19    length=len(df)
20    trainNum=int(length*0.8)
21    predictNum=length-trainNum
22    # 选择指定列作为特征列
23    feature=df[['Close', 'High', 'Low','Open' ,'Volume']]
24    # 标准化处理特征值
25    feature=preprocessing.scale(feature)
```

在第 18 行中设置了训练目标值为表示涨跌情况的 up 列，在第 20 行设置了训练集的数量是总量的 80%，在第 23 行则设置了训练的特征值，请注意这里去掉了日期这个不相关的列，而且在第 25 行对特征值进行了标准化处理。

```
26    # 训练集的特征值和目标值
27    featureTrain=feature[0:trainNum]
28    targetTrain=target[0:trainNum]
29    svmTool = svm.SVC(kernel='linear')
30    svmTool.fit(featureTrain,targetTrain)
```

在第 27 行和第 28 行中通过截取指定行的方式，得到了特征值和目标值的训练集，在第 26 行中以线性核的方式创建了 SVM 分类器对象 svmTool。

在第 30 行中通过调用 fit 方法，用特征值和目标值的训练集来训练 svmTool 分类对象。如前文所述，训练所用的特征值是开盘收盘价、最高价、最低价和成交量，训练所用的目标值是描述涨跌情况的 up 列。在训练完成后，svmTool 对象中就包含了用于划分股票涨跌的相关参数。

```
31    predictedIndex=trainNum
32    # 逐行预测测试集
33    while predictedIndex<length:
34       testFeature=feature[predictedIndex:predictedIndex+1]
35       predictForUp=svmTool.predict(testFeature)
36       df.ix[predictedIndex,'predictForUp']=predictForUp
37       predictedIndex = predictedIndex+1
```

在第 33 行的 while 循环中，通过 predictedIndex 索引值，依次遍历测试集。在遍历过程中，通过调用第 35 行的 predict 方法，用训练好的 svmTool 分类器，逐行预测测试集中的股票涨跌情况，并在第 36 行中把预测结果设置到 df 对象的 predictForUp 列中。

```
38    # 该对象只包含预测数据，即只包含测试集
39    dfWithPredicted = df[trainNum:length]
40    # 开始绘图，创建两个子图
41    figure = plt.figure()
```

```
42  # 创建子图
43  (axClose, axUpOrDown) = figure.subplots(2, sharex=True)
44  dfWithPredicted['Close'].plot(ax=axClose)
45  dfWithPredicted['predictForUp'].plot(ax=axUpOrDown,color="red",
    label='Predicted Data')
46  dfWithPredicted['up'].plot(ax=axUpOrDown,color="blue",label='Real Data')
47  plt.legend(loc='best')  # 绘制图例
48  # 设置 x 轴坐标的标签和旋转角度
49  major_index=dfWithPredicted.index[dfWithPredicted.index%2==0]
50  major_xtics=dfWithPredicted['Date'][dfWithPredicted.index%2==0]
51  plt.xticks(major_index,major_xtics)
52  plt.setp(plt.gca().get_xticklabels(), rotation=30)
53  plt.title("通过 SVM 预测 603505 的涨跌情况")
54  plt.rcParams['font.sans-serif']=['SimHei']
55  plt.show()
```

由于在之前的代码中只设置测试集的 predictForUp 列，并没有设置训练集的该列数据，因此在第 39 行中，用切片的手段，把测试集数据放置到 dfWithPredicted 对象中，请注意这里切片的起始值和结束值是测试集的起始和结束索引值。至此就完成了数据准备工作，在之后的代码中，将用 Matplotlib 库开始绘图。

在第 43 行中，通过调用 subplots 方法设置了两个子图，并通过 sharex=True 让这两个子图的 x 轴具有相同的刻度和标签。在第 44 行的程序代码中，调用 plot 方法在 axClose 子图中绘制了收盘价的走势。第 45 行的程序代码在 axUpOrDown 子图中绘制了预测到的涨跌情况，而第 46 行的程序代码，还是在 axUpOrDown 子图中绘制了这些交易日期间股票真实的涨跌情况。

在从第 49 行到第 52 行的程序语句中，设置了 x 标签的文字以及旋转角度，目的是让标签文字看上去不至于太密集。第 53 行的程序语句用于设置了中文标题，由于要显示中文，因此需要第 54 行的代码，最后在第 55 行通过调用 show 方法显示出整个图形。

运行这个范例程序，即可看到如图 13-9 所示的结果。

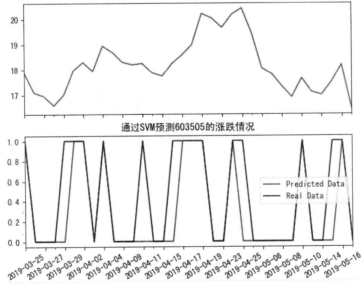

图 13-9　通过 SVM 预测股票涨跌的结果图

图 13-9 显示了收盘价，下图的蓝色线条表示真实的涨跌情况，0 表示下跌，1 表示上涨，而红色线条表示预测后的结果。

对比一下，虽有偏差，但大体相符。综上所述，本范例程序从数学角度演示了通过 SVM 进行分类，包括如何划分特征值和目标值，如何对样本数据进行标准化处理，如何用训练数据训练 SVM，以及如何用训练后的结果预测分类结果。

13.2.4　定量观察预测结果

在前面的章节中，采用线性回归和 SVM 等算法完成了预测工作后，通过可视化的方式观察预测的结果，这种方式虽然直观，但没有定量分析。

在 Sklearn 库中，还提供了 score 方法用于定量地描述预测结果，比如，在 13.2.3 小节的范例程序中，可以在调用 svmTool.fit 方法后，像下面第 7 行的程序语句那样调用 score 方法来评估预测的结果，即给预测结果评分。

```
1   # 省略之上的代码
2   # 训练集的特征值和目标值
3   featureTrain=feature[0:trainNum]
4   targetTrain=target[0:trainNum]
5   svmTool = svm.SVC(kernel='linear')
6   svmTool.fit(featureTrain,targetTrain)
7   print(svmTool.score(featureTrain,targetTrain))
8   predictedIndex=trainNum
9   # 逐行预测测试集
10  while predictedIndex<length:
11  # 省略之后的代码
```

一般来说，该方法的调用主体是训练对象，比如这里是完成调用 fit 方法后的 svmTool 对象，而常用参数是特征值和目标值。加上该方法之后，再次运行这段代码，就能在控制台中看到预测结果的评分，比如 0.7803030303030303。这个值一般介于 0 与 1 之间，越接近 1 分表示越好。

而在通过线性回归模型预测股票的 predictStockByLR.py 范例程序中，也可以加入 score 方法，如第 7 行的代码所示。

```
1   # 省略之前的代码
2   # 划分训练集，测试集
3   feature_train, feature_test, target_train ,target_test =
    train_test_split(feature,target,test_size=0.05)
4   pridectedDays = int(math.ceil(0.05 * len(origDf)))    # 预测天数
5   lrTool = LinearRegression()
6   lrTool.fit(feature_train,target_train)                # 训练
7   print(lrTool.score(feature_train,target_train))
8   # 用测试集预测结果
9   predictByTest = lrTool.predict(feature_test)
10  # 组装数据
11  index=0
12  # 省略之后的代码
```

这里调用的主体是经过 fit 方法训练后的线性回归 lrTool 对象，参数还是特征值和目标值，运行后同样可以在控制台中看到对预测结果的评分。

13.3　本章小结

在本章中，虽然没有高深的机器学习算法的描述，但不影响大家入门机器学习。本章首先用 Sklearn 库自带的波士顿房价数据，让读者了解了基于线性回归的机器学习相关的知识，包括如何在特征值训练的基础上预测目标值，如何划分训练集和测试集，并在此基础上给出了基于线性回归预测股票价格的范例程序。

随后，通过范例程序讲述了 SVM 分类器的用法，数据标准化处理，最后给出了基于 SVM 预测股票涨跌的范例程序。

相信通过本章的学习，大家能感受到，其实用 Python 入门机器学习并不难，这将为大家今后继续深入了解机器学习领域打下良好的基础。